suhrkamp taschenbuch 4527

Im Jahr 2000 wurde eine Liste mit sieben Rätseln der Mathematik veröffentlicht, mit einem Preisgeld von jeweils einer Million US-Dollar. Eines dieser berühmten »Millennium-Probleme« war der Beweis der Poincaré-Vermutung, an dem sich bereits die klügsten Köpfe die Zähne ausgebissen hatten. 2002 wurde der Beweis erbracht – von Grigori Jakowlewitsch »Grischa« Perelman, einem exzentrischen russisch-jüdischen Mathematiker. Aber Perelman lehnte ab – nicht nur das Geld, sondern zunehmend auch die Welt. Heute lebt er ohne Festanstellung und völlig zurückgezogen bei seiner Mutter in St. Petersburg. Warum war gerade er in der Lage, das Problem zu lösen – und was ist danach mit ihm geschehen?

Masha Gessen begibt sich auf Perelmans Spuren, von seinen Anfängen als Wunderkind bis zu seinem Rückzug. Nach und nach entsteht das Bild eines Mannes, dessen fast übermenschliche gedankliche Strenge ihn zu mathematischen Höchstleistungen befähigt, aber auch immer stärker von der Welt entfremdet.

Masha Gessen wurde 1967 in der Sowjetunion geboren und hat sich in ihrer Jugend intensiv mit Mathematik beschäftigt. 1981 emigrierte sie mit ihrer Familie in die USA, kehrte aber 1994 nach Russland zurück und lebt heute hauptsächlich dort, aber auch in den USA. Sie schrieb u. a. für die *New York Times*, *Slate*, *Vanity Fair* und *The New Statesman*, ist feste Mitarbeiterin der Zeitschrift *Itogi* sowie politische Kolumnistin der Zeitung *Matador*; außerdem arbeitet sie als Russlandkorrespondentin für *New Republic* und hat mehrere Bücher verfasst.

Masha Gessen

Der Beweis des Jahrhunderts

Die faszinierende Geschichte des Mathematikers Grigori Perelman

Aus dem Englischen von
Michael Müller

Suhrkamp

Im Original erschienen unter dem Titel
Perfect Rigor.
A Genius and the Mathematical Breakthrough of the Century
bei Houghton Mifflin Harcourt.

Klimaneutral
Druckprodukt
ClimatePartner.com/14438-2110-1001

4. Auflage 2023

Erste Auflage 2014
suhrkamp taschenbuch 4527

Umschlagfotos: delfi.lv; StockphotoPro
Umschlaggestaltung: Göllner, Michels, Zegarzewski
Druck und Bindung: CPI books GmbH, Leck
Printed in Germany
ISBN 978-3-518-46527-1

www.suhrkamp.de

Inhalt

Prolog
Eine Aufgabe für eine Million Dollar

Zahlen können jeden Menschen verzaubern. Besonders anfällig aber sind Mathematiker; sie verstehen es, Zahlen mit Bedeutung aufzuladen. So war es auch, als im Jahr 2000 einige der weltweit besten Mathematiker in Paris zu einer Konferenz zusammenkamen. Die Erwartungen waren groß: Sie würden die Gelegenheit zu einer Bestandsaufnahme ihres Forschungsfelds nutzen. Sie würden über das sprechen, woran kein Zweifel bestand und was sie so liebten – die Schönheit der Mathematik. Und sie würden sich die Zeit nehmen, sich gegenseitig zu loben und, noch wichtiger, zu träumen: von der Eleganz und Bedeutsamkeit zukünftiger Errungenschaften auf dem Gebiet der Mathematik.

Veranstaltet wurde diese Millennium-Konferenz vom Clay Mathematics Institute, einer gemeinnützigen Organisation zur Verbreitung und Erforschung mathematischer Ideen, die der Bostoner Geschäftsmann Landon Clay und seine Frau Lavinia gegründet hatten. Das Institut bestand seit zwei Jahren, hatte sich in einem Gebäude in der Nähe des Harvard Square in Cambridge im US-Bundesstaat Massachusetts ein schönes Büro eingerichtet und auch schon einige Forschungspreise vergeben. Nun aber verfolgte das Institut einen wirklich ehrgeizigen Plan. Es ging um die Zukunft der Mathematik. »Die mathematischen Probleme des zwanzigsten Jahrhunderts« sollten dokumentiert werden, »die sich einer Lösung am erfolgreichsten widersetzt haben und die wir am liebsten gelöst sähen« – so formulierte Andrew Wiles, der britische Zahlentheoretiker und berühmte Bezwinger des Letzten Satzes von Fermat, das Ziel. »Wir wissen nicht, wie noch wann [diese Fragen] gelöst werden, vielleicht in fünf, vielleicht in hundert Jahren. Aber wir glauben, dass wir mit den Lösungen dieser Probleme neue Aussichten auf mathematische Entdeckungen und Landschaften eröffnen werden.«[1]

In vielen Volkstraditionen ist die Sieben eine magische Zahl. Und als wollte es ein mathematisches Märchen in die Welt setzen, benannte das Clay Mathematics Institute exakt sieben Probleme und setzte für die Lösung jedes einzelnen von ihnen die sagenhafte Preissumme von einer Million Dollar aus. Im Lauf der Konferenz hielten die ungekrönten Könige der Mathematik Vorträge zu diesen sieben großen Fragen. Sir Michael Francis Atiyah, einer der bedeutendsten Mathematiker des letzten Jahrhunderts, sprach über die von Henri Poincaré 1904 formulierte Vermutung.[2] Mit diesem Klassiker der mathematischen Topologie hätten sich, so Atiyah, schon »viele berühmte Mathematiker [...] herumgeschlagen, aber das Problem ist noch immer ungelöst. Es hat viele falsche Beweise gegeben. Viele haben sich bemüht und Fehler gemacht. Manchmal entdeckten sie die Fehler selbst, manchmal waren es befreundete Mathematiker.« Die Zuhörer lachten, mit Sicherheit befanden sich einige unter ihnen, die bei ihren Lösungsversuchen der Poincaré-Vermutung auf dem Holzweg waren.

Die Lösung des Problems, so vermutete Atiyah, werde aus der Physik kommen. Und fügte scherzhaft hinzu, dies sei die Art von Hinweis, »die ein Lehrer, der ein Problem nicht lösen kann, seinem Schüler gibt, der es zu lösen versucht«. Und in der Tat arbeiteten einige unter den Zuhörern an Fragestellungen, von denen sie hofften, sie würden die Mathematik einem Sieg über die Poincaré-Vermutung näherbringen. Doch so recht mochte keiner von ihnen glauben, dass eine Lösung in Sicht sei.

Manche Mathematiker machen aus ihrer Arbeit an berühmten Problemen ein Geheimnis – auch Wiles tat dies, als er über Fermats Letzten Satz arbeitete. Im Allgemeinen aber halten sie sich gegenseitig über ihre Forschungen auf dem Laufenden. Fast jährlich haben Mathematiker mutmaßliche Beweise für die Poincaré-Vermutung veröffentlicht, aber keiner hatte bislang einer Überprüfung standgehalten. Der letzte große Durchbruch war fast zwanzig Jahre alt. 1982 legte der Amerikaner Richard Hamilton so etwas wie ein Konzept zur Lösung des Problems vor. Doch auch Hamilton musste feststellen, dass sein eigener Lösungsentwurf – sein Programm, wie die Mathematiker sagen – zu schwer zu verfolgen war, und seitdem hatte sich niemand mehr mit einer aussichtsreichen Alternative zu Wort gemeldet. Möglicherweise würde die Poincaré-Vermutung, wie die anderen sechs Millennium-Probleme des Clay Mathematics Institute auch, nie gelöst werden.

Sollte es dennoch gelingen, es wäre eine Heldentat. Alle diese Probleme haben jahrzehntelange Forschungsarbeit in Anspruch genommen, und so mancher Mathematiker hat das Zeitliche gesegnet, ohne auf die Frage, mit der er so lange gerungen hat, eine Antwort gefunden zu haben. »Das Clay Mathematics Institute möchte eine deutliche

Botschaft aussenden, nämlich dass die Mathematik vor allem deshalb so wertvoll ist, weil es diese enorm schwierigen Probleme gibt, diese Himalayagipfel, diese Mount Evereste der Mathematik«, so der französische Mathematiker Alain Connes, ein anderer Gigant des zwanzigsten Jahrhunderts. »Und sollten wir den Gipfel tatsächlich erklimmen, dann wird das äußerst schwierig gewesen sein – vielleicht werden wir dafür sogar mit dem Leben bezahlen. Wahr bleibt indes, dass, sollten wir den Gipfel erreichen, die Aussicht fantastisch sein wird.«

In absehbarer Zukunft also war für keines der Millennium-Probleme eine Lösung zu erwarten. Gleichwohl legte das Clay Mathematics Institute klare Regeln fest, nach denen jeder der Preise vergeben wird. Die erste entspricht den üblichen wissenschaftlichen Gepflogenheiten: Die Lösung muss in einer anerkannten Fachzeitschrift präsentiert werden. Dann folgt eine zweijährige Wartefrist, die Mathematikern aus aller Welt die Gelegenheit gibt, die Lösung zu prüfen und zu einem Konsens über ihre Richtigkeit und die Urheberschaft zu gelangen. Nach Ablauf dieser Frist soll in einem dritten Schritt ein Ausschuss eine abschließende Empfehlung für die Verleihung des Preises geben. Erst dann, viertens, wird das Institut die ausgesetzte Preissumme von einer Million Dollar freigeben. Es werde, so Wiles' Schätzung, mindestens fünf Jahre dauern, bis die erste Lösung kommen werde – vorausgesetzt, irgendeines dieser Probleme werde überhaupt gelöst –, so dass das Verfahren keineswegs umständlich erschien.

Und dann die Überraschung: Gerade einmal zwei Jahre später, nämlich im November 2002, stellte ein russischer Mathematiker seinen Beweis für Poincarés Vermutung ins

Internet. Er war nicht der Erste, der behauptete, die Poincaré bewiesen zu haben – er war noch nicht einmal der erste Russe, der *in ebendiesem Jahr* einen angeblichen Beweis für die Vermutung ins Netz gestellt hatte –, doch wie sich herausstellte, war sein Beweis korrekt.

Und nun lief nichts mehr nach Plan – weder nach dem des Clay Mathematics Institute noch nach irgendeinem anderen, den ein Mathematiker für vernünftig halten konnte. Grigori Perelman, der Russe, der sich im Internet gemeldet hatte, hatte seine Arbeit nicht in einer anerkannten Fachzeitschrift veröffentlicht. Er zeigte sich auch nicht bereit, die Erklärungen für seinen Beweis, die von seinen Kollegen kamen, zu prüfen oder auch nur durchzusehen. Er lehnte Angebote der besten Universitäten der Welt ab. Er nahm, als sie ihm 2006 verliehen werden sollte, die Fields-Medaille nicht an, die höchste Auszeichnung für Mathematiker (quasi der Nobelpreis für Mathematik, den Alfred Nobel nicht gestiftet hat). Und schließlich zog er sich nicht nur aus den mathematischen Fachdiskussionen zurück, sondern sprach auch sonst mit praktisch keinem Menschen mehr.

Perelmans sonderbares Verhalten lieferte den Stoff, der der Poincaré-Vermutung eine Aufmerksamkeit verschaffte, wie sie wahrscheinlich keiner anderen Geschichte aus der Welt der Mathematik je zuteilgeworden ist.[3] Die unerhört hohe Preissumme, die er wohl zu erwarten hatte, tat das ihre, um das Interesse anzuheizen, dazu kam eine plötzlich aufkommende Plagiatskontroverse, als nämlich zwei chinesische Mathematiker behaupteten, eigentlich hätten sie mit ihrer Arbeit die Vermutung schon bewiesen. Je mehr Rumor aber um Perelman entstand, desto mehr zog er sich selbst von allem zurück; sogar diejenigen, die ihn gut kannten, sagten, er sei »verschwunden«. Dabei lebte und lebt er nach wie vor in St. Petersburg, in der Wohnung, in der er bereits seit vielen Jahren wohnt. Gelegentlich ging er ans Telefon – aber nur um zu sagen, man möge ihn als tot betrachten.

Als ich begonnen habe, an diesem Buch zu arbeiten, suchte ich Antworten auf drei Fragen: Warum war Perelman in der Lage, Poincarés Vermutung zu beweisen, das heißt: Was unterschied seinen Geist von dem all der anderen Mathematiker, die sich zuvor erfolglos an der Vermutung abgearbeitet hatten? Warum gab er, als er den Beweis gefunden hatte, die Mathematik und auch sonst fast alles auf? Schließlich: Würde er sich weigern, den Preis des Clay Mathematics Institute anzunehmen, obwohl er ihn verdient hat und das Geld sicher gut gebrauchen könnte? Und wenn ja, warum?

Dieses Buch ist keine gewöhnliche Biografie. Ich habe keine längeren Gespräche mit Perelman geführt, ja, um die Wahrheit zu sagen: Ich habe überhaupt nicht mit ihm gesprochen. Als ich mit dem Projekt begann, redete er bereits nicht mehr mit Journalisten, und auch zu anderen Leuten hatte er so gut wie keinen Kontakt mehr. Dadurch wurde die Aufgabe, die ich mir gestellt hatte, nicht leichter – ich musste mir einen Menschen vorstellen, dem ich nie begegnet bin. Zugleich wurde sie aber auch interessanter: nämlich zu einer Erkundung, zu einer wirklichen Recherche. Zum Glück waren fast alle, die mit ihm und der Poincaré-Geschichte zu tun hatten, bereit, mit mir zu sprechen. Manchmal kam mir sogar der Gedanke, es sei leichter, über jemanden zu schreiben, der die Mitarbeit verweigert, denn ich musste mich nicht mit Perelmans eigener Darstellung, mit seinem Selbstbild auseinandersetzen. Ich musste nur herausfinden, was es war und was geschehen ist.

1.
Flucht in imaginäre Welten

Wie jeder, der die Grundschule besucht hat, weiß, lässt sich Mathematik mit nichts anderem in dieser Welt vergleichen. Praktisch jeder kennt dieses Gefühl von Offenbarung, das sich einstellt, wenn etwas sehr Abstraktes plötzlich Sinn ergibt. Und auch wenn sich das Rechnen in der Grundschule zur wirklichen Mathematik wie die Rechtschreibung zur Kunst des Romanschreibens verhält, ist der Wunsch, Muster, Formen oder Strukturen zu erkennen und zu begreifen – sowie die kindliche Begeisterung, wenn es gelingt, ein rätselhaftes Muster, das sich partout nicht fügen will, endlich doch den Gesetzen der Logik anzupassen –, die treibende Kraft hinter aller Mathematik.

Diese Begeisterung hat viel damit zu tun, dass die Lösung eines mathematischen Problems etwas so Einzigartiges ist. Es gibt eine und nur eine richtige Antwort, weswegen die meisten Mathematiker ihre Disziplin für eine harte und exakte, für die reine und grundlegende Wissenschaft halten. Dabei ist sie gar keine Wissenschaft im naturwissenschaftlichen Sinn. Naturwissenschaftliche Wahrheiten werden experimentell überprüft. Mathematische Wahrheiten dagegen allein durch Argumente, womit die Mathematik der Philosophie näher steht oder, besser noch, der Rechtswissenschaft, einer Disziplin, die ebenfalls davon ausgeht, dass es nur eine einzige Wahrheit gibt.

Die anderen »harten« Wissenschaften finden im Labor

oder im Feld statt, unterstützt von ganzen Armeen von Technikern; die Mathematik dagegen passiert ausschließlich im Kopf beziehungsweise im Geist. Ihr Lebenselixier ist das Denken, das den Mathematiker bis in den Schlaf begleitet und ihn mit einer neuen Idee wieder aus dem Schlaf reißt, sowie das Gespräch, in dem sich die Idee verändert, in dem sie korrigiert oder bestätigt wird.

»Der Mathematiker braucht kein Labor und keine Gerätschaften«, schreibt der russische Zahlentheoretiker Alexander Chintschin, »ein Stück Papier, ein Stift und kreative Fähigkeiten – das sind die Grundlagen seiner Arbeit. Wenn noch eine anständige Bibliothek und eine ordentliche Prise wissenschaftliche Begeisterung (die fast jeder Mathematiker besitzt) dazukommen, ist die schöpferische Tätigkeit vor jedem destruktiven Einfluss sicher.«[1] Die anderen Wissenschaften, wie sie seit Anfang des zwanzigsten Jahrhunderts praktiziert werden, sind im Wesentlichen kollektive Tätigkeiten; die Mathematik dagegen ist ein einsames Geschäft – eines jedoch, bei dem jeder Mathematiker einen Gleichgesinnten vor Augen hat, der sich mit ähnlichen Fragen befasst. Die Räume, in denen dieses permanente Gespräch tatsächlich stattfindet – in denen die Argumente ausgetauscht werden –, sind Tagungen, Fachzeitschriften und seit einiger Zeit auch das Internet.

Dass Russland einige der bedeutendsten Mathematiker des zwanzigsten Jahrhunderts hervorgebracht hat, ist im Grunde ein Wunder. Denn die Mathematik steht so ziemlich für alles, was in der Sowjetunion verpönt war: die argumentative Auseinandersetzung, das Studium von Mustern und Strukturen, und dies in einem Land, das seine

Bürger kontrollierte, indem es sie zwang, in einer wechselhaften und unberechenbaren Wirklichkeit zu leben. Die Mathematik setzt auf Logik und Widerspruchsfreiheit in einer Kultur, die auf Propaganda und Angst aufgebaut war. Es bedarf eines hochspezialisierten Wissens, um mitreden zu können, was das mathematische Gespräch zu einem für Außenstehende unentzifferbaren Code macht. Am prekärsten allerdings war der Anspruch der Mathematik auf singuläre und erkennbare Wahrheiten; das Sowjetregime dagegen hatte seine Legitimität mit seiner eigenen singulären Wahrheit begründet. Aber gerade deshalb übte die Mathematik auf ebenjene Menschen in der Sowjetunion einen einzigartigen Reiz aus, die nach einem logischen, widerspruchsfreien Denken verlangten, das in anderen Wissensgebieten praktisch unerreichbar war, vom Alltag ganz zu schweigen. Und es machte die Mathematik und die Mathematiker verdächtig. Was diese an der Mathematik als so bedeutsam, als schön empfinden, erklärt der russische Algebraiker Michail Zfasman damit, dass »die Mathematik uns auf einzigartige Weise lehren kann, zwischen dem Richtigen und dem Falschen, dem Bewiesenen und dem Unbewiesenen, dem Wahrscheinlichen und dem Unwahrscheinlichen zu unterscheiden. Auch lehrt sie uns, das, was wahrscheinlich oder wahrscheinlich wahr ist, von dem zu unterscheiden, was scheinbar wahrscheinlich, in Wirklichkeit aber offensichtlich gelogen ist. Dies ist eine Eigenschaft der mathematischen Kultur, die der [russischen] Gesellschaft so sehr fehlt.«[2]

Kein Wunder also, dass die Bürgerrechtsbewegung in der Sowjetunion von einem Mathematiker gegründet wurde. Es war Alexander Jessenin-Wolpin, ein Spezialist auf dem Gebiet mathematischer Logik, der im Dezember 1965 die erste Demonstration in Moskau organisierte. Die Parolen der Bewegung entsprachen dem sowjetischen Recht und ihre Gründer hatten nur eine einzige Forderung: Sie riefen die sowjetischen Behörden auf, sich an ebendieses geltende Recht zu halten. Anders gesagt: Sie gingen für Logik und Widerspruchsfreiheit auf die Straße. Das ging dem Regime deutlich zu weit und so wanderte Jessenin-Wolpin für insgesamt vierzehn Jahre ins Gefängnis und wurde schließlich gezwungen, das Land zu verlassen.[3]

Die sowjetische Wissenschaft und die sowjetischen Wissenschaftler existierten, um dem Staat zu dienen. Im Mai 1927, keine zehn Jahre nach der Oktoberrevolution, ließ das Zentralkomitee der KPdSU eine entsprechende Klausel in die Statuten der sowjetischen Akademie der Wissenschaften einfügen. Ein Mitglied der Akademie, hieß es dort, kann seinen Status verlieren, »wenn seine Tätigkeit offenkundig darauf abzielt, der UdSSR Schaden zuzufügen«. Seitdem stand jedes Mitglied der Akademie grundsätzlich unter dem Verdacht, der Sowjetunion schaden zu wollen. Öffentliche Verhöre von Historikern, Literaturwissenschaftlern und Chemikern endeten damit, dass sie in Ungnade fielen, ihre akademischen Ämter und Würden verloren sowie häufig wegen Verrats im Gefängnis oder im Lager landeten. Ganze Forschungsbereiche – namentlich die Genetik – wurden zerstört, weil sie offenkundig in Widerspruch zur sowjetischen Ideologie gerieten. Stalin persönlich herrschte über die Wissenschaft. Er ließ sogar eigene wissenschaftliche Arbeiten veröffentlichen und setzte damit in bestimmten Gebieten auf Jahre hinaus die Maßstäbe für Forschungsarbeiten. Sein Artikel über Linguistik zum Beispiel löste zwar die Wolken der Verdächtigungen auf, die sich über der vergleichenden Sprachwissenschaft zusammengezogen hatten, sorgte aber auch dafür, dass die Kategorie des Klassengegensatzes aus der Sprachwissenschaft sowie aus dem ganzen Bereich der Semantik verbannt wurde.[4] Stalin unterstützte Trofim Denissowitsch Lyssenko bei seinem Kreuzzug gegen die Genetik und war wohl auch Koautor jener Rede Lyssenkos, die geradewegs zum Verbot der Genetik in der Sowjetunion führte.[5]

Die russische Mathematik entging jedoch ihrer Vernichtung per Dekret. Dabei spielten drei voneinander unabhängige Faktoren eine Rolle. Erstens war die russische Mathematik gerade zu der Zeit ungewöhnlich stark, in der sie ansonsten am meisten zu leiden gehabt hätte. Zweitens zeigte sich, dass die Mathematik zu undurchsichtig war für die Art von Einmischung, die der sowjetische Führer besonders liebte. Und drittens erwies sie sich in einer kritischen Situation als äußerst nützlich für den Staat.

In den 1920er, 1930er Jahren hatte Moskau eine Reihe sehr fähiger Mathematiker vorzuweisen, die Bahnbrechendes auf jenen Gebieten leisteten, die den Grundstein für die Mathematik des zwanzigsten Jahrhunderts legten: Topologie, Wahrscheinlichkeitstheorie, Zahlentheorie, funktionelle Analysis, Differentialgleichungen und dergleichen. Mathematische Forschung ist billig, und dies half: Während die Naturwissenschaften unter mangelhafter Ausstattung oder unbeheizten Arbeitsräumen litten, blieben Mathematiker arbeitsfähig, denn sie brauchten nichts weiter als Stifte, Papier und Gespräche. »Der Mangel an aktueller Forschungsliteratur«, schreibt Chintschin über diese

Periode, »ließ sich zum Teil durch die unablässige wissenschaftliche Kommunikation ausgleichen, die in diesen Jahren organisiert und aufrechterhalten werden konnte.« Eine ganze Generation junger Mathematiker, von denen viele ihre Ausbildung teilweise im Ausland erhalten hatten, wurde damals im Schnellverfahren auf Lehrstühle und in die Akademie der Wissenschaften berufen.

Die älteren Mathematiker freilich – die vor der Revolution Karriere gemacht hatten – waren verdächtig. Einer von ihnen, Dmitri Fjodorowitsch Jegorow, der Star der russischen Mathematik um die Jahrhundertwende, wurde verhaftet und starb 1931 in der inneren Emigration.[6] Seine Verbrechen: Er war, woraus er kein Geheimnis machte, religiös, und er widersetzte sich Bestrebungen, die Mathematik zu ideologisieren, indem er zum Beispiel (erfolglos) versuchte, die Grußbotschaft eines Mathematikerkongresses an einen Parteitag versickern zu lassen. Jegorows Anhänger wurden aus der Führung der Moskauer mathematischen Institutionen verdrängt, doch gemessen am damals Üblichen handelte es sich dabei eher um eine Warnung als um eine Säuberung: Kein Forschungsgebiet wurde verboten, und der Kreml schrieb auch keine allgemeine Linie vor. Dennoch waren Mathematiker damals gut beraten, sich gegen derbere Schläge zu wappnen.

Tatsächlich wurde in den 1930er Jahren dann auch ein mathematischer Schauprozess vorbereitet. Jegorows Juniorpartner in der Leitung der mathematischen Institutionen in Moskau war sein wichtigster Schüler Nikolai Lusin. Auch er war ein charismatischer Lehrer mit zahlreichen Studenten, die ihren Kreis Lusitanija nannten, als sei er ein Zauberland oder eine geheime, von gemeinsamen Vorstellungen zusammengehaltene Bruderschaft. Tatsächlich kann die Mathematik, wenn sie von einem Visionär gelehrt wird, leicht den Eindruck erwecken, es handele sich um die Praxis einer Geheimgesellschaft, und die meisten Mathematiker machen keinen Hehl aus ihrer Überzeugung, dass es nur sehr wenige Menschen auf der Welt gibt, die überhaupt verstehen, wovon sie reden. Für Außenstehende kann es tatsächlich sehr erheiternd sein, wenn sie Zeuge eines Gesprächs unter Mathematikern werden oder, noch besser, wenn sie eine Gruppe von ihnen beobachten, die zusammen lernt und lebt.

»Lusins militanter Idealismus«, schrieb der Kollege, der ihn denunzierte, »zeigt sich deutlich in folgendem Zitat aus dem vor der Akademie vorgetragenen Bericht über seine Auslandsreise: ›Anscheinend gehört die Menge der natürlichen Zahlen nicht einer absolut objektiven Formation an, sondern ist funktional abhängig vom Denken des Mathematikers, der gerade über eine Menge von natürlichen Zahlen spricht. Es sieht so aus, als seien bestimmte Probleme der Arithmetik absolut unlösbar.‹«

Die Denunziation war eine Meisterleistung. Der, an den sie adressiert war, brauchte keinen blassen Schimmer von Mathematik zu haben. Er oder sie musste lediglich wissen, dass Solipsismus, Subjektivität und Skepsis als zutiefst unsowjetische Eigenschaften galten. Im Juli 1936 inszenierte die *Prawda*, das Zentralorgan der KPdSU, eine Kampagne gegen Lusin; der berühmte Mathematiker wurde als »Feind, der eine sowjetische Maske trägt«, an den Pranger gestellt.[7]

Die Kampagne ging weiter: mit Zeitungsartikeln, Mitarbeiterversammlungen und einem fünftägigen Verhör durch einen von der Akademie der Wissenschaften einberufenen Dringlichkeitsausschuss; weil sie ihre Arbeiten im Ausland publizierten, wurden Lusin und andere Mathematiker zu Feinden stilisiert. Der übliche Gang der Dinge bei Schauprozessen also. Dann allerdings schien plötzlich alles im Sand zu verlaufen: Lusin übte öffentlich Selbstkritik, wurde schwer gerügt, durfte aber Mitglied der Akademie bleiben. Eine strafrechtliche Ermittlung wegen Verrats wurde stillschweigend eingestellt.

Forscher haben den Fall Lusin untersucht und sind zu dem Ergebnis gekommen, dass Stalin selbst für die Einstellung der Kampagne sorgte. Die Mathematik, so meinen sie, gab für Propagandazwecke einfach zu wenig her: »Die ideologische Analyse des Falls wäre in eine Debatte darüber ausgeartet, was Mathematiker unter einer Menge von natürlichen Zahlen verstehen, und das hätte sich nur mit Mühe und Not als Sabotage einstufen lassen, denn im kollektiven Bewusstsein der Sowjetbürger wurde Sabotage eher mit Explosionen in Kohlebergwerken oder mit Mörderärzten assoziiert«, so Sergei Demidow und Wladimir Jessakow, zwei Mathematiker, die sich zusammentaten, um den Fall zu untersuchen, sobald nach 1990 die Möglichkeit dazu bestand. »Eine derartige Debatte wäre leichter zu führen gewesen, hätte man für Propagandazwecke besser geeignetes Material gehabt, zum Beispiel Biologie und Darwins Evolutionstheorie, über die der große Führer ja selbst gern diskutierte. Dabei wäre es um Dinge gegangen, die ideologisch besetzt und leicht zu verstehen waren: Affen, Menschen, die Gesellschaft und das Leben an sich. Verglichen damit sind die Menge der natürlichen Zahlen oder die Funktion einer reellen Variablen recht unergiebig.«

Lusin und die russischen Mathematiker haben tatsächlich sehr viel Glück gehabt.

Zwar überlebte die Mathematik den Angriff, aber sie wurde permanent behindert und gegängelt. Am Ende fiel Lusin in Ungnade und wurde öffentlich dafür getadelt, dass er Mathematik auf die ihr eigene Weise betrieb, also in internationalen Zeitschriften publizierte, Kontakte zu ausländischen Kollegen pflegte und sich am Gespräch, dem Lebenselixier der Mathematik, beteiligte. Die Botschaft der Lusin-Verhöre, die von sowjetischen Mathematikern bis in die 1960er Jahre, ja, in gewissem Maß bis zum Zusammenbruch der Sowjetunion beherzigt wurde, war sonnenklar: Bleibe hinter dem Eisernen Vorhang! Tue so, als sei die »sowjetische« Mathematik nicht nur die fortschrittlichste der Welt – das war die offizielle Parole –, sondern auch die einzige! So kam es, dass sowjetische und westliche Mathematiker, die von den Bemühungen ihrer Kollegen auf der jeweils anderen Seite nichts wussten, an denselben Problemen arbeiteten und dass bestimmte Konzepte bis heute mit Doppelnamen bezeichnet werden wie zum Beispiel die Chaitin-Kolmogorow-Komplexität oder der Satz von Cook und Lewin. (In beiden Fällen hatten die Autoren unabhängig voneinander gearbeitet.)[8] Wie der sowjetische Spitzenmathematiker Lew Pontrjagin in seinen Erinnerungen schreibt, habe er – als damals fünfzigjähriger Forscher von Weltrang – während seiner ersten Auslandsreise im Jahr 1958 Kollegen fragen müssen, ob sein neuestes Ergebnis wirklich neu sei; eine andere Möglichkeit, an diese Information zu gelangen, hatte er nicht. So standen die Dinge noch fünf Jahre nach Stalins Tod.[9]

»In den 1960er Jahren durften ein paar Leute für ein halbes oder ein ganzes Jahr nach Frankreich gehen«, erinnerte sich Sergei Gelfand, ein russischer Mathematiker, der jetzt den Verlag der American Mathematical Society leitet. »Wenn sie fuhren und zurückkamen, war das für alle sowjetischen Mathematiker sehr hilfreich, denn dort drüben konnten sie sich ja mit anderen Leuten unterhalten; auf ihren Reisen wurde ihnen klar – und sie konnten dann andere darauf aufmerksam machen –, dass selbst die begabtesten Leute den Überblick verlieren, wenn sie hinter dem Eisernen Vorhang im eigenen Saft schmoren. Sie müssen mit anderen reden, die Arbeiten anderer lesen. Und das ging in beide Richtungen: Ich kenne amerikanische Mathematiker, die extra Russisch lernten, um mathematische Fachzeitschriften aus der Sowjetunion lesen zu können.«[10] Es gibt in der Tat eine Generation amerikanischer Mathematiker, die mathematisches Russisch lesen konnte – eine ziemlich spezielle Fähigkeit, selbst für Leute, die Russisch als Muttersprache gelernt haben. Jim Carlson, der Präsident des Clay Mathematics Institute, ist einer von ihnen. Gelfand wiederum verließ Russland Anfang der 1990er Jahre und wurde von der American Mathematical Society angeworben, um die Wissenslücke zu füllen, die sich in den Jahren der Sowjetherrschaft gebildet hatte: Er koordinierte die Übersetzung der von russischen Mathematikern akkumulierten Arbeiten und deren Veröffentlichung in den Vereinigten Staaten.

In der Sowjetunion wurden die Mathematiker der Arbeitsmittel beraubt, die Chintschin beschrieben hat: »eine mehr oder weniger anständige Bibliothek« und die Möglichkeit zu »ständiger wissenschaftlicher Kommunikation«.

»Ein Stück Papier, einen Stift und kreative Fähigkeiten« hatten sie jedoch – und vor allem hatten sie sich gegenseitig: Die Mathematiker schlüpften bei den ersten Säuberungen durch, weil die Mathematik zu undurchsichtig und zu unbedeutend war, sich von daher propagandistisch nicht ausschlachten ließ. Unter Stalins fast vier Jahrzehnte währender Herrschaft zeigte sich allerdings, dass nichts zu obskur war, um der Vernichtung zu entgehen. Auch die Mathematik wäre drangekommen, hätte sie nicht an einem entscheidenden Punkt in der Geschichte des zwanzigsten Jahrhunderts den Bereich des abstrakten Gesprächs verlassen und sich plötzlich unverzichtbar gemacht. Es waren der Zweite Weltkrieg und das anschließende Wettrüsten, die die sowjetischen Mathematiker und die sowjetische Mathematik letztendlich gerettet haben.

Am 22. Juni 1941 wurde die Sowjetunion von Nazi-Deutschland überfallen. Drei Wochen später gab es keine sowjetische Luftwaffe mehr: Die meisten Maschinen waren, noch bevor sie starten konnten, auf den Flugplätzen zerstört worden.[11] Daraufhin ließ die russische Militärführung zivile Verkehrsmaschinen zu Bombern umrüsten. Doch die Flugzeuge für den zivilen Flugverkehr waren deutlich langsamer als die Militärmaschinen, so dass die bisherigen Zielvorgaben nicht mehr stimmten. Das Militär brauchte einen Mathematiker – vielmehr: eine kleine Armee von Mathematikern –, um die Geschwindigkeiten und Entfernungen neu zu berechnen, damit die Luftwaffe ihre Ziele auch treffen konnte. Andrei Kolmogorow, der bedeutendste russische Mathematiker des zwanzigsten Jahrhunderts, kehrte aus Tatarstan, wohin viele Akademiker bei Kriegsausbruch geflohen waren, nach Moskau zurück und berechnete mit Studenten, die mit Addiermaschinen bewaffnet waren, die Bomben- und Geschütztabellen der Roten Armee.[12] Nachdem dies erledigt war, entwickelte er ein neues System zur statistischen Kontrolle und Vorhersage für das sowjetische Militär.

Bei Kriegsbeginn war Kolmogorow achtunddreißig Jahre alt, bereits Mitglied im Präsidium der sowjetischen Akademie der Wissenschaften – womit er zu den wenigen sehr einflussreichen Akademikern in der UdSSR gehörte – und weltberühmt für seine Arbeiten zur Wahrscheinlichkeitstheorie. Zugleich war er ein ungewöhnlich produktiver, erfolgreicher Lehrer: Bis zu seinem Lebensende betreute er neunundsiebzig Dissertationen, war maßgeblich an den Mathematik-Olympiaden beteiligt und gab wichtige Impulse für die mathematischen Bildungseinrichtungen der Sowjetunion.[13] Diese wissenschaftliche Karriere unterbrach Kolmogorow jedoch während des Krieges, um direkt für den Staat zu arbeiten – nicht zuletzt, weil er auch gerne nachweisen wollte, dass Mathematiker für den Staat von überlebenswichtiger Bedeutung sind.

Am 9. Mai 1945 erklärte die Sowjetunion den, wie er dort hieß, Großen Vaterländischen Krieg für beendet und sich zum Sieger. Im August warfen die Vereinigten Staaten Atombomben auf die japanischen Städte Hiroshima und Nagasaki. Daraufhin hüllte sich Stalin monatelang in Schweigen. Als er nach seiner sogenannten Wiederwahl im Februar 1946 erstmals wieder öffentlich in Erscheinung trat, versprach er seinen Landsleuten, dass die Sowjetunion eine eigene Atomstreitmacht entwickeln und den

Westen überholen werde.[14] Seit knapp einem Jahr liefen bereits alle möglichen Anstrengungen, um eine Armee von Physikern und Mathematikern aufzubauen und so mit dem Manhattan-Projekt der Amerikaner gleichzuziehen.[15] Damit sie am Wettlauf um die Bombe mitwirken konnten, waren junge Wissenschaftler von der Front abgezogen, einige sogar aus der Haft entlassen worden.

In der Nachkriegszeit investierte die Sowjetunion kräftig in die Grundlagenforschung zur Entwicklung moderner militärischer Technologien; über vierzig neue Städte wurden aus dem Boden gestampft, in denen Naturwissenschaftler und Mathematiker abgeschirmt von der Außenwelt arbeiteten. In ihrer Dringlichkeit erinnert diese Mobilisierung in der Tat an das amerikanische Manhattan-Projekt – nur war sie sehr viel umfangreicher und die Einrichtungen haben länger bestanden. Bekanntlich sind die Schätzungen zu der Anzahl der im sowjetischen Rüstungsprogramm der zweiten Hälfte des letzten Jahrhunderts Beschäftigten ungenau, es werden aber etwa zwölf Millionen Menschen gewesen sein; allein in militärischen Forschungseinrichtungen arbeiteten einige Millionen.[16] Ein junger Mathematiker oder Physiker, der gerade seinen Abschluss gemacht hatte, landete mit hoher Wahrscheinlichkeit in einer Einrichtung, die militärischen Zwecken diente. Wer dorthin abkommandiert wurde, arbeitete unter Bedingungen fast vollständiger Isolation: Angestellte des Verteidigungsministeriums waren, ob sie nun Zugang zu sensiblen militärischen Informationen hatten oder nicht, nicht einfach nur verdächtig, sondern galten als potenzielle Verräter, wenn sie Kontakte ins Ausland unterhielten. Außerdem lagen viele dieser Arbeitsplätze in den meist weit abgelegenen Forschungsstädten, wo man zwar mit materiellen Privilegien ausgestattet, aber völlig abgeschirmt lebte; es gab einfach keine Möglichkeit, mit der Außenwelt in geistigen Austausch zu treten. Doch ohne stetigen Meinungsaustausch werden auch Papier und Stift zu nutzlosen Werkzeugen. Die Sowjetunion brachte es fertig, ihre besten mathematischen Köpfe vor aller Augen wegzusperren.

Nach Stalins Tod 1953 änderte die Sowjetunion ihre Haltung zum Ausland: Jetzt sollte das Land nicht nur gefürchtet, sondern auch geachtet werden. Die meisten Mathematiker mussten sich weiterhin am Bau von Bomben und Raketen beteiligen, einige wenige aber durften für das Prestige sorgen. Ende der 1950er Jahre zeigte der Eiserne Vorhang die ersten kleinen Risse – nicht so groß, um den dringend nötigen Gedankenaustausch zwischen sowjetischen und nichtsowjetischen Mathematikern zuzulassen, aber doch groß genug, um einige der stolzesten Errungenschaften der sowjetischen Mathematiker vorzuführen.

In den 1970er Jahren hatte sich ein sowjetisches Mathematikerestablishment gebildet – als totalitäres Subsystem im totalitären System. Es versorgte seine Mitglieder nicht nur mit Arbeit und Geld. Wer dazugehörte, bekam auch Wohnungen und Lebensmittel und konnte, vor allem, reisen. Das System bestimmte, wo man zu wohnen hatte, wann, wohin und wie man zur Arbeit fahren oder die Freizeit verbringen konnte. Kontrollierend und streng, aber auch fürsorglich – wie eine Mutter sorgte das System für seine Kinder: Sie wurden gehegt und gepflegt und waren, verglichen mit Normalbürgern und deren Lebensbedingungen, zweifellos eine privilegierte Gruppe. Wurden Grundnahrungsmittel knapp, konnten Mathematiker und andere Wissenschaftler im unmittelbaren Staatsdienst in besonderen Geschäften einkaufen, die in der Regel bessere Waren führten und weniger überfüllt waren als die normalen Läden.[17] Wohneigentum gab es im sowjetischen Jahrhundert für die meisten Menschen nicht, Wohnungen wurden staatlich verwaltet und den Sowjetbürgern zugewiesen. Mitglieder wissenschaftlicher Organisationen dagegen bekamen ihre Wohnungen von ihren jeweiligen Einrichtungen, und diese Wohnungen waren in der Regel größer und auch günstiger gelegen als die ihrer Landsleute. Schließlich kamen die Mitglieder des mathematischen Establishments in den Genuss eines der seltensten Privilegien im Leben eines Sowjetbürgers: Sie durften ins Ausland reisen. Die Akademie der Wissenschaften konnte, natürlich unter den strengen Augen der Partei und der staatlichen Sicherheitsdienste, selbst entscheiden, ob ein Mathematiker etwa eine Einladung zu einem Vortrag auf einer wissenschaftlichen Tagung annehmen durfte; die Akademie entschied, wer ihn auf der Reise begleitete, wie lange sie dauern sollte, und in vielen Fällen auch, wo er im Ausland zu wohnen hatte. Sergei Nowikow, der erste sowjetische Gewinner der Fields-Medaille, durfte beispielsweise 1970 nicht nach Nizza reisen, um die Auszeichnung entgegenzunehmen. Sie wurde ihm erst ein Jahr später überreicht, als die Internationale Mathematische Union in Moskau tagte.[18]

Doch auch für Mitarbeiter mathematischer Institute blieben die Mittel dauerhaft knapp. Die Zahl der Bewerber überstieg die der guten Wohnungen, stets wollten mehr Wissenschaftler auf eine Tagung fahren, als zugelassen wurden. So war es eine bösartige, hinterhältige kleine Welt voller Intrigen, Denunziationen und Konkurrenzkämpfen, die mit unfairen Mitteln ausgetragen wurden. Wer in diesen Club eintreten wollte, hatte hohe Barrieren zu überwinden: Ein Mathematiker musste ideologisch zuverlässig und nicht nur der Partei, sondern auch bestimmten Mitgliedern des Establishments treu ergeben sein. Juden und Frauen hatten so gut wie keine Chance.

Und wer es geschafft hatte, konnte jederzeit wegen schlechter Führung wieder ausgestoßen werden. Das widerfuhr Kolmogorows Schüler Eugene Dynkin, dem man vorwarf, er verbreite an der von ihm geleiteten Mathematikschule in Moskau die Atmosphäre eines gewissenlosen Liberalismus. Leonid Lewin, auch er ein Schüler Kolmogorows, wurde ausgestoßen, weil man ihm Kontakte zu Dissidenten vorwarf. Er schreibt: »Ich wurde für jeden zur Last, der mit mir in Verbindung stand; ich wurde von keiner ernst zu nehmenden Forschungseinrichtung angestellt, und ich denke, ich hätte noch nicht einmal das Recht gehabt, an Seminaren teilzunehmen, denn die Teilnehmer wurden angewiesen, [die Behörden] zu benachrichtigen, wenn ich auftauchte. Meine Moskauer Existenz schien sinnlos geworden zu sein.«[19] Sowohl Dynkin als auch Lewin emigrierten. Es muss bald nach seiner Ankunft in den Vereinigten Staaten gewesen sein, als Lewin erfuhr, dass ein Problem, das er in Mathematikseminaren in Moskau beschrieben hatte (und das teilweise an Kolmogorows Arbeiten über Komplexitäten anschloss), auch vom amerikanischen Computerwissenschaftler Stephen Cook definiert worden war. Cook und Lewin, der eine Professur an der Boston University bekam, gelten als gemeinsame Entdecker des Theorems der NP-Vollständigkeit – des sogenannten Satzes von Cook und Lewin, der wiederum einem jener sieben Millennium-Probleme zugrunde liegt, für deren Lösung das Clay Mathematics Institute jeweils eine Million Dollar ausgesetzt hat.[20] Der Satz besagt im Wesentlichen, dass manche Probleme zwar leicht zu formulieren sind, aber so viele Rechenoperationen benötigen, dass es eine Maschine, die sie lösen könnte, nicht geben kann.

Daneben lebten in der Sowjetunion auch solche Mathematiker, die praktisch nie Mitglieder des Establishments wurden: solche, die das Pech hatten, Juden oder Frauen zu sein, sowie diejenigen, die an ihren Universitäten die falschen Ratgeber hatten, und auch jene, die sich nicht entschließen konnten, der Partei beizutreten. Menschen also, »denen klar war, dass sie nie in die Akademie aufgenommen werden würden, und die nur hoffen konnten, ihre Doktorarbeit an irgendeinem Institut in Minsk verteidigen zu können, vorausgesetzt, sie hatten Beziehungen dort«, so Sergei Gelfand, der Verleger der American Mathematical Society und Sohn von Israel Gelfand, einem der zwanzig besten russischen Mathematiker des zwanzigsten Jahrhunderts, auch er ein Schüler Kolmogorows. »Diese Leute besuchten Seminare an der Universität und wurden offiziell beispielsweise als Mitarbeiter eines Forschungsinstituts der Holzwirtschaft geführt. Sie waren gute Mathematiker, konnten irgendwann sogar Kontakte ins Ausland knüpfen und wurden gelegentlich im Westen veröffentlicht – es war hart, sie mussten beweisen, dass sie keine Staatsgeheimnisse weitergaben, aber es war möglich. Auch einige Mathematiker aus dem Westen kamen, manche sogar für einen längeren Aufenthalt, weil sie wussten, dass es in Russland eine Menge talentierter Leute gab. Das war die inoffizielle Mathematik.«

Unter denen, die für einen längeren Aufenthalt kamen, war auch Dusa McDuff, eine britische Algebraikerin (jetzt emeritierte Professorin der State University of New York in Stony Brook).[21] Sechs Monate studierte sie beim älteren Gelfand. Diese Erfahrung habe ihr die Augen geöffnet, wie Mathematik zu betreiben ist – unter anderem im ständigen Gespräch mit anderen Mathematikern –, und was Mathematik wirklich ist. »Es war eine wunderbare Zeit, in der die Lektüre von Puschkins *Mozart und Salieri* ebenso eine Rolle spielte wie die Möglichkeit, etwas über Lie-Gruppen zu lernen oder Cartan und Eilenberg zu lesen. Gelfand verblüffte mich, er sprach über Mathematik nicht anders als über Dichtung. Über einen langen Aufsatz, der vor Formeln nur so strotzte, sagte er einmal, er enthalte die vagen Anfänge einer Idee, die ihm nur andeutungsweise klar sei und die er nie klarer habe herausbringen können. Ich dachte immer, Mathematik sei etwas ganz Eindeutiges: Eine Formel ist eine Formel, und Algebra ist Algebra, aber Gelfand entdeckte noch ganz andere Dinge zwischen den Zeilen seiner Spektralsequenzen!«[22]

Auf dem Papier waren die Stellen, auf denen die Mitglieder der mathematischen Gegenkultur saßen, durchweg anspruchslos und uninteressant, ganz nach der bekanntesten Formel für das sowjetische Arbeitssystem: »Wir tun so, als arbeiteten wir, und sie tun so, als bezahlten sie uns.« Die Mathematiker erhielten bescheidene Gehälter, die im Laufe eines Arbeitslebens etwas stiegen und ausreichten, um die Grundbedürfnisse zu decken, so dass sie ihre Zeit tatsächlich mit Forschung verbringen konnten. »Niemand«, so erklärte mir Gelfand, »kam auf den Gedanken, seine Arbeit auf ein enges Gebiet zu begrenzen, um schneller veröffentlichen zu können und so an eine Festanstellung zu kommen«. »Mathematik war fast so etwas wie ein Hobby. Man konnte sich mit Dingen befassen, die in den nächsten zehn Jahren niemandem etwas nützen würden.« Unter Mathematikern hieß das »Mathematik um der Mathematik willen« – und die Parallele zu den Künstlern, die um der Kunst willen ans Werk gehen, gefiel den Mathematikern durchaus.[23] Für diese Arbeit gab es keine materielle Anerkennung – keine Professur, kein Geld, keine Wohnung, keine Auslandsreisen; alles, was sich mit ihrer glänzenden Arbeit erwerben ließ, war die Anerkennung der Kollegen. Und wer sich unlauterer Methoden bediente, etwa um sich Konkurrenzvorteile zu verschaffen, musste damit rechnen, die Achtung der Kollegen zu verlieren, ohne dadurch irgendetwas zu gewinnen. Das alternative mathematische Establishment in der Sowjetunion war also etwas, was es sonst in der wirklichen Welt so gut wie gar nicht und nirgendwo gab: Reine Meritokratie; hier zählte tatsächlich nichts anderes als die intellektuelle Leistung.

Inoffizielle Vorlesungen und Seminare waren es, in denen das mathematische Gespräch in der Sowjetunion wiedergeboren wurde; und der Reiz, den die Mathematik auf einen Geist ausübt, der die Herausforderung sucht, der logisches und widerspruchsfreies Denken liebt, machte sich erneut deutlich bemerkbar. »In der Sowjetunion nach Stalin war [Mathematik] für einen frei denkenden Intellektuellen eine naheliegende Möglichkeit, sich selbst zu verwirklichen«, sagte mir Grigori Schabat, ein bekannter Moskauer Mathematiker. »Wenn ich meinen Beruf frei hätte wählen können, wäre ich Literaturkritiker geworden. Aber ich wollte arbeiten und mich nicht mein Leben lang mit der Zensur herumschlagen.«[24] Nicht nur, dass man geistig arbeiten konnte, ohne dass sich der Staat einmischte (allerdings gewährte er auch keine Unterstützung), versprach die Mathematik, sondern darüber hinaus, dass man für sich etwas finden würde, das es in der spätsowjetischen Gesellschaft sonst nirgendwo gab: eine erkennbare singuläre Wahrheit. »Mathematiker sind Leute, für die eine bestimmte intellektuelle Redlichkeit alles ist«, so Schabat weiter. »Wenn zwei Mathematiker gegensätzliche Dinge behaupten, dann hat einer von ihnen recht und der andere unrecht. Und sie werden die Sache auf jeden Fall ausfechten, und derjenige, der unrecht hatte, wird auf jeden Fall einräumen, dass er sich geirrt hat.« Die Suche nach der Wahrheit kann lange dauern – aber in der späten Sowjetunion stand die Zeit ohnehin still. So hatten die Bewohner des alternativen mathematischen Universums alle Zeit der Welt.

2.
Wie Mathematiker gemacht werden

Mitte der 1960er Jahre bot Professor Garold Natanson einer Studentin namens Ljubow eine Doktorandenstelle an. Ein solches Angebot machte niemand so ohne Weiteres: Doktorandinnen sind bekanntlich unzuverlässig, werden irgendwann schwanger und lassen sich auch sonst durch alles Mögliche ablenken. Zudem war diese Studentin auch noch Jüdin. Professor Natanson musste also strategisch vorgehen, musste um die Unterstützung seiner Kollegen buhlen. In den Augen des Systems waren Juden noch unzuverlässiger als Frauen, und es gab ausgeklügelte Praktiken antisemitischer Diskriminierung, die die Kraft ungeschriebener Gesetze hatten. Natanson, der selbst Jude war, lehrte am Pädagogischen Institut Herzen, das in der Hierarchie unterhalb der Leningrader Staatsuniversität angesiedelt war und daher auch Juden als Studenten und Lehrer aufnehmen durfte – in »vertretbarem Umfang« oder was als solcher in der Nachkriegssowjetunion durchging. Die Studentin war schon älter, knapp dreißig, womit sie das für Frauen übliche Heiratsalter bereits ein gutes Stück überschritten hatte. Natanson konnte also annehmen, dass sie sich entschlossen hatte, ihr Leben der Mathematik zu widmen.

Damit lag er nicht völlig daneben: Diese Frau war der Mathematik ganz und gar ergeben – und doch lehnte sie das großzügige Angebot ab. Sie erklärte, sie habe vor Kurzem geheiratet und wolle eine Familie gründen. Sie nahm eine Stelle als Mathematiklehrerin an einer Berufsschule an und verschwand für mehr als zehn Jahre aus der Leningrader Mathematikszene.

Zehn oder zwölf Jahre – das war in sowjetischer Zeitrechnung so gut wie nichts. In Leningrad wurden neue Wohnungen gebaut, und so konnten einige Familien die übervölkerte und verfallende Innenstadt verlassen und stattdessen in die Betonhochhäuser der Randbezirke ziehen. Kleidung und Lebensmittel waren nach wie vor knapp und von erbärmlicher Qualität, aber die Industrieproduktion zog etwas an, und so konnten sich die neuen Vorortbewohner immerhin halbautomatische Waschmaschinen und Fernsehapparate zulegen. Die vorgeblichen Schwarzweißfernseher zeigten aber meistens nur graue Schatten, also ein ziemlich genaues Bild der Lebenswirklichkeit. Ansonsten änderte sich wenig. Professor Natanson lehrte weiter am Herzen-Institut, an dem sich immer mehr Studenten drängten und dessen Gebäude nach und nach verfiel. Irgendwann tauchte seine ehemalige Studentin Ljubow wieder in seinem Büro auf. Sie war älter und auch ein bisschen fülliger geworden, hatte tatsächlich ein Kind bekommen, einen Jungen, der mittlerweile zur Schule ging und eine mathematische Begabung zeigte. Er hatte in einem der Neubaugebiete, in dem sie wohnten, an einem Mathematikwettbewerb teilgenommen und gut abgeschnitten. Im zeitlosen System der russischen Mathematik war er an genau dem Punkt angelangt, an dem seine Mutter ausgestiegen war.

Natanson wird das, was ihm seine ehemalige Studentin erzählte, bekannt vorgekommen sein, stammte er doch selbst aus einer Mathematikerdynastie: Sein Vater Isidor hatte das maßgebliche Analysis-Lehrbuch Russlands geschrieben und bis zu seinem Tod 1963 ebenfalls am Herzen-Institut unterrichtet. Ljubows Sohn kam in die fünfte Klasse – war also alt genug, um in einem System zu lernen, das geschaffen worden war, um Mathematiker hervorzubringen. Natanson hatte auch schon einen jungen Mathematiktrainer im Auge, zu dem er den Jungen und dessen Mutter schicken konnte.

Das war der Beginn von Grigori Perelmans mathematischer Ausbildung.

Die Wettbewerbsmathematik hat mehr mit Sport gemein, als man sich vielleicht vorstellt. Es gibt Trainer, Clubs, praktische Übungen und eben Wettbewerbe. Man muss gewisse natürliche Anlagen mitbringen, doch um zu gewinnen, reicht das nicht aus: Das begabte Kind braucht den richtigen Trainer, das richtige Team, angemessene Unterstützung durch die Familie und, was am meisten zählt, den Willen zum Sieg. Zu Beginn einer solchen Ausbildung lässt sich fast nie sagen, worin sich zukünftige Stars von jenen anderen unterscheiden, die zwar gut sein werden, aber nie herausragend.

Im Herbst 1976 also stieß Grigori Perelman zum mathematischen Club im Leningrader Pionierpalast, pummelig und schüchtern, ein hässliches Entlein unter anderen hässlichen Entlein. Der Junge, Grischa genannt, spielte damals Geige, seine Mutter hatte nicht nur Mathematik studiert, sondern als junges Mädchen auch Violine gespielt. Ein privater Geigenlehrer wurde engagiert, als Grischa noch klein war. Wenn der Junge im Unterricht versuchte, die Lösung einer Mathematikaufgabe zu erklären, schienen sich die Worte auf seiner Zungenspitze zu verhaken, zu viele hatten sich dort zu schnell angesammelt, froren für einen Augenblick ein, um dann in einem chaotischen Schwall herauszupurzeln. Der junge Grischa war ein frühreifes Kind, ein Jahr jünger als die anderen in seiner Klasse; nur einen gab es, der war noch jünger: Alexander Golowanow. Er hatte in jedem Schuljahr das Pensum zweier Klassen absolviert und würde die Oberschule bereits mit dreizehn Jahren abschließen können.[1] Während der ersten Jahre im Club wurde Grischa in den Wettbewerben von drei anderen Jungen geschlagen.[2] Mindestens einer von ihnen schien noch begabter zu sein als er: Boris Sudakow, ein rundlicher, lebhafter, neugieriger Junge, dessen Eltern Grischas Familie zufällig kannten.[3] Sudakow und Golowanow zeigten alle Anzeichen außergewöhnlicher Brillanz: Sie preschten ständig vor und sprudelten über vor Ideen, alles sprach dafür, dass sie eine glänzende Entwicklung nehmen würden. Überall wollten sie die Besten sein, die Mathematik, für die sie sich begeisterten, war nur eine Beschäftigung unter anderen, eine Möglichkeit, ihren überragenden Verstand zu gebrauchen, ein Mittel, ihre Einzigartigkeit zur Schau zu stellen. Grischa war ihnen ein interessierter, aber stiller Partner, beinahe ein Spiegel; sie genossen es, wenn er ihre Ideen kommentierte. Er selbst aber schien das Bedürfnis, über eigene Ideen zu sprechen, nicht oft gehabt zu haben. Er baute Beziehungen zu mathematischen Problemen auf. Es waren tiefe Beziehungen, aber sie waren auch zutiefst privat. Die meisten seiner Gespräche schienen sich um Mathematisches zu drehen und vornehmlich in seinem Kopf stattzufinden. Unter den anderen Jungen wäre er einem zufälligen Besucher des Clubs nicht aufgefallen. Auch keiner derjenigen, die ihm viele Jahre später begegneten – und die ich kennenlernen konnte –, beschrieb ihn als brillant. Sehr, sehr klug sei er gewesen, sehr genau in seinem Denken, das allerdings sagen die meisten.

Welcher Art sein Denken war, blieb rätselhaft. Mathematiker lassen sich grob in zwei Kategorien einteilen: die Algebraiker, die es am einfachsten finden, alle Probleme auf Zahlen und Variablen zu reduzieren, und die Geometer, die die Welt durch Formen und Gestalten wahrnehmen. Wo die eine Gruppe

$$a^2 + b^2 = c^2$$

sieht, sieht die andere

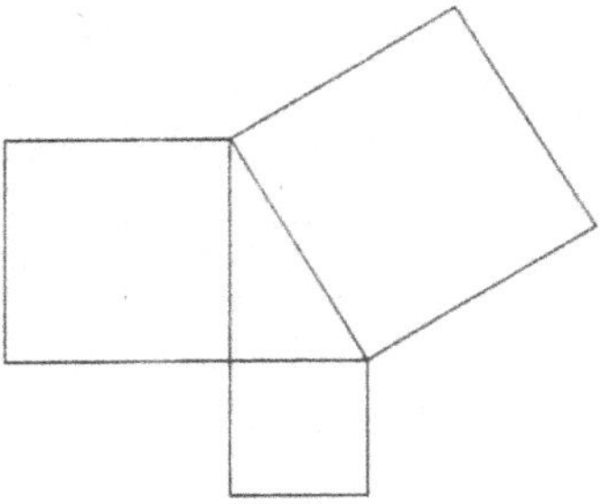

Golowanow, der über zehn Jahre mit Perelman studierte und mit ihm an Wettbewerben teilnahm, stufte ihn eindeutig als Geometer ein: Während er noch damit beschäftigt gewesen sei, ein geometrisches Problem zu verstehen, hatte Perelman die Lösung bereits gefunden. Golowanow war eben Algebraiker. Sudakow wiederum, der ungefähr sechs

Jahre mit Perelman studierte und gelegentlich im Wettbewerb gegen ihn antrat, erzählte mir, Perelman habe jedes Problem auf eine Formel reduziert. Sudakow, so scheint es, ist eben selbst Geometer: Sein Lieblingsbeweis für den oben zitierten Satz des Pythagoras ist durch und durch grafischer Natur, braucht weder Formeln noch Sprache. Worüber sich die beiden frühen Weggefährten also einig sind, ist dies: Perelman denkt anders als sie. Handfeste Beweise für ihre jeweilige Ansicht haben sie allerdings nicht. Perelman stellte seine Überlegungen fast vollständig im Kopf an, weder schrieb er etwas auf, noch kritzelte er Zeichnungen auf irgendwelche Zettel. Dafür tat er etwas anderes – er summte, stöhnte, ließ einen Tischtennisball auf dem Schreibtisch tanzen, schaukelte vor und zurück, schlug mit seinem Stift einen Rhythmus auf die Tischplatte, rieb sich die Oberschenkel, bis die Hosenbeine abgewetzt waren. Irgendwann schließlich rieb er sich die Hände – das Zeichen, dass die Lösung jetzt niedergeschrieben werden konnte, und zwar vollständig ausformuliert.[4] Während seiner ganzen Laufbahn verblüffte er Kollegen niemals mit seiner geometrischen Einbildungskraft, auch nicht, nachdem er sich entschieden hatte, mit Formen zu arbeiten. Was sie jedoch immer beeindruckte, war die unbeirrbare Präzision, mit der er sich durch die Probleme pflügte.[5] Sein Gehirn schien ein universeller mathematischer Verdichter zu sein, der das Wesentliche aus einem Problem herauspressen konnte. Was auch immer er da in seinem Kopf hatte, seine Clubkameraden nannten es den »Perelmanstock« – ein langes imaginäres Instrument, mit dem er ruhig dasaß, bis er zu einem Schlag ausholte. Und er traf jedes Mal.

Übungsstunden in Mathematikclubs laufen in allen Teilen der Welt mehr oder weniger gleich ab. Die Kinder kommen herein und finden eine Reihe von Aufgaben vor, entweder an der Tafel oder auf Blättern, die ihnen ausgehändigt werden. Sie setzen sich hin und versuchen, die Aufgaben zu lösen. Der Trainer sitzt die meiste Zeit still herum, Lehrassistenten gehen durch die Reihen und reden mit dem einen oder anderen Schüler. Sie stellen Fragen, um Anstöße zu geben oder das Denken der Kinder in eine andere Richtung zu lenken.

Für ein sowjetisches Kind war es etwas ganz Wunderbares, nach der Schule in einen Matheclub gehen zu können. Aus einem einfachen Grund: Es ging dort völlig anders zu als in der Schule. Überall in der Sowjetunion, jeden Morgen kurz nach acht Uhr, verließen Kinder die überall gleichen Wohnblocks, liefen zu den überall gleichen Schulgebäuden aus Beton, setzten sich in die überall gleichen Klassenräume mit den knallgelb gestrichenen Wänden und den Porträts bärtiger toter Männer an der Wand – Dostojewski und Tolstoi in den Literaturklassen, Mendelejew im Chemiesaal, Lenin überall. Ihre Lehrer vermerkten ihre Anwesenheit in den überall gleichen Klassenbüchern, stützten sich auf die überall gleichen Schulbücher, um ihren Schützlingen eine vollkommen uniforme Ausbildung zuteilwerden zu lassen – und erwarteten als Gegenleistung wiederum Uniformität. Meine Lehrerin in der ersten Klasse einer Grundschule in einer Siedlung am Moskauer Stadtrand, die nicht viel anders aussah als Perelmans Siedlung in Leningrad, brachte mich dazu, so zu tun, als sei ich im Lesen ebenso schlecht wie die anderen Kinder – auf diese Weise entsprach ich ihrer

Vorstellung vom Leistungsstandard in der ersten Klasse. Als ich eines Nachmittags zum ersten Mal Rechenaufgaben löste – etwa um die gleiche Zeit wie Perelman sechshundert Kilometer weiter nördlich –, saß ich ewig lange am Schreibtisch, mein Bleistift schwebte über einer geometrischen Zeichnung. An die Aufgabe kann ich mich nicht mehr erinnern, weiß aber noch, dass ich die Zeichnung hätte ändern müssen, um zu einer Lösung zu kommen. Ich saß da, unfähig, meinen Stift aufs Papier zu bringen, bis ein Lehrassistent kam und mir eine einfache Frage stellte, etwa: »Was könntest du tun?«

»Ich könnte sie umstellen, so vielleicht«, antwortete ich.

»Dann tu's«, sagte er.

Hier also wurde ganz offensichtlich von mir erwartet, selbst zu denken. Beschämt beugte ich mich über mein Blatt, und in ein paar Minuten hatte ich die Lösung aufgemalt. Und fühlte mich anschließend derart befreit, dass ich auf der Stelle zum Mathefreak wurde. Das legte sich erst wieder, als ich auf die höhere Schule wechselte. (Dort nämlich wurde ich erwischt, als ich verbotenerweise einen Analysiskurs für Fortgeschrittene belegte und nicht den vorgeschriebenen geisteswissenschaftlichen Kurs.) Ich liebte das Gefühl, wenn mein Verstand auf Touren kam, sich begierig auf die Suche nach einer Lösung machte, diese fand und dafür gelobt wurde. Es war, als würde mir alles auf einmal geschenkt: Liebe, Wahrheit, Hoffnung und Gerechtigkeit.

Perelmans Matheclub war eine recht schlichte Angelegenheit. Der Ausbilder, zu dem der alte Natanson seinen Schützling schickte, war Sergei Rukschin, ein hochaufgeschossener, hellblonder Typ mit Sommersprossen, etwas großmäulig. Nur eines war damals besonders an ihm: Er war erst neunzehn Jahre alt, es war der erste Club, den er leiten sollte, und ihm standen keine Lehrassistenten zur Seite.[6] Aber er war ungewöhnlich ehrgeizig, wollte auf keinen Fall versagen. Eigentlich war er ein ganz gewöhnlicher Student an der Leningrader Staatsuniversität, aber an zwei Nachmittagen in der Woche warf er sich in Anzug und Krawatte und schlüpfte in die Rolle eines ausgewachsenen Matheclubtrainers im Pionierpalast.

In der gesetzten, würdevollen Atmosphäre der mathematischen Gegenkultur Leningrads war Rukschin eigentlich ein Außenseiter. Er wuchs in einer Kleinstadt bei Leningrad auf, war ein unruhiges Kind, nicht anders als unruhige Kinder anderswo auf der Welt auch. Mit fünfzehn Jahren hatte er bereits einiges auf dem Kerbholz, kleinere Jugendsünden, und das Einzige, woran er wirklich Spaß hatte, war Boxen. Er wollte die Berufsschule und dann das Militär rasch hinter sich bringen, trank aber auch gern und prügelte sich, wie eben die meisten russischen jungen Männer seiner Generation. Seine Eltern sahen schwarz für ihn, taten, was sie konnten, baten und bettelten, mussten vielleicht jemanden schmieren, bis ein Wunder geschah und ihr Sohn einen Platz an einer mathematischen Oberschule in der Stadt bekam. Und dort ereignete sich ein weiteres Wunder: Rukschin verliebte sich in die Mathematik und lenkte nicht nur alle seine kreativen, sondern auch seine aggressiven und kompetitiven Energien auf sie. Er versuchte, an Mathematik-Olympiaden teilzunehmen, wurde aber von Kameraden ausgestochen, die bereits seit Jahren im Training waren. Er selbst schaffte es nicht, glaubte aber zu wissen, wie man es anstellen müsse, um sich durchzusetzen. So sammelte er ein paar Schüler um sich, die gerade mal ein Jahr jünger waren als er, trainierte sie, und siehe da: Sie schlugen sich erfolgreicher als ihr Trainer. Danach begann er, Oberschüler aus ganz Leningrad zu trainieren, wurde schließlich Lehrassistent im Pionierpalast. Knapp ein Jahr später übernahm der Trainer, bei dem er gelernt hatte, eine Arbeitsstelle in einer anderen Stadt, und Rukschin wurde sein Nachfolger.

Wie alle jungen Lehrer ließ auch er sich von seinen Schülern zunächst verunsichern. Zu seiner ersten Gruppe gehörten Perelman, Golowanow, Sudakow und andere Jungen, alle nur wenige Jahre jünger als er und alle wollten sie erfolgreiche Wettbewerbsmathematiker werden. Da gab es nur einen Weg für Rukschin: Wenn er beweisen wollte, dass er es verdiente, ihr Coach zu sein, musste er zum besten Mathetrainer werden, den die Welt je gesehen hatte.

Und das gelang ihm. In den seit damals vergangenen Jahrzehnten haben Schüler aus seinen Kursen bei Internationalen Mathematik-Olympiaden insgesamt über siebzig Medaillen gewonnen, darunter mehr als vierzig goldene. Etwa die Hälfte aller russischen Wettbewerbsteilnehmer der letzten zwanzig Jahre kam aus Rukschins Club, der immer größer wurde. Alle wollten sich von ihm oder von seinen Schülern, die seine unvergleichliche Methode anwandten, trainieren lassen.

Es war nicht ganz klar, was sein Training so einzigartig machte. »Ich verstehe bis heute nicht, was er da gemacht hat«, erzählte mir Sudakow, inzwischen ein übergewichtiger und glatzköpfiger Computerwissenschaftler, der in Jerusalem lebt. »Dabei verstehe ich von der Psychologie solcher Sachen durchaus etwas. Wir kamen rein, setzten uns und bekamen unsere Aufgaben. Während wir sie lösten, saß Rukschin an seinem Schreibtisch. War einer von uns mit einer Aufgabe fertig, ging er zu ihm nach vorne, erklärte seine Lösung und diskutierte sie mit ihm. Das war alles.« Triumphierend sah er mir über den Kaffeehaustisch hinweg, an dem wir saßen, ins Gesicht.

»Aber das machen doch alle«, antwortete ich.

Darauf hatte er nur gewartet. »Genau! Das meine ich ja!« Strahlend vor Freude zappelte er auf seinem Stuhl herum.

Ich war zu Gast in den Übungsstunden in jenem Matheclub, den Rukschin auch ein Vierteljahrhundert später noch leitete und der inzwischen Mathematisches Ausbildungszentrum heißt.[7] Ein paar hundert Kinder, alle haben ihren elften Geburtstag hinter sich, kommen regelmäßig zweimal die Woche nachmittags hierher, nicht anders als Perelman zu seiner Zeit. Am Ende jeder Sitzung – für die unteren Klassen dauern sie zwei Stunden, für die Oberstufe können sie sich in den Abend hineinziehen – bekommen die Schüler eine Liste mit Hausaufgaben. Zu seiner speziellen Strategie, so Rukschin, habe auch gehört, die Aufgabenliste jeweils dem Verlauf der Übung anzupassen: Ein Lehrer müsse unterschiedliche Aufgaben parat haben und dann aus diesen je nach den Fortschritten, die die Schüler in den Stunden machten, die geeigneten auswählen.

Drei Tage später kommen die Schüler mit ihren Lösungen wieder, die sie einer nach dem anderen während der ersten Stunde den Lehrassistenten erläutern. In der zweiten Stunde bespricht der Trainer die richtigen Lösungen an der Tafel. Wenn sie älter werden, lässt Rukschin die Schüler ihre Lösungen an der Tafel selbst erläutern, vor der ganzen Gruppe.

Ich konnte sehen, wie die jüngeren Kinder mit der folgenden Aufgabe kämpften: »Im Klassenzimmer sind sechs Personen. Zeige, dass Folgendes der Fall ist: Entweder drei von ihnen kennen sich nicht oder aber drei von ihnen kennen sich untereinander.« Die Lehrassistenten ermutigen die Schüler, mit folgendem Diagramm zu beginnen:

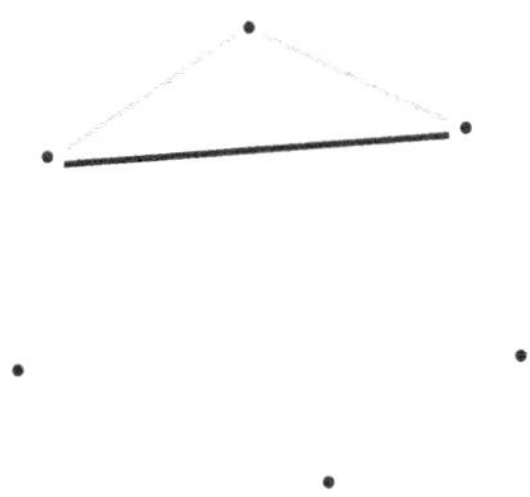

Ein halbes Dutzend Kinder brütete über dieser Aufgabe, zwei von ihnen kamen schließlich darauf, dass es drei Möglichkeiten gibt, wie sich das Diagramm entwickeln kann:

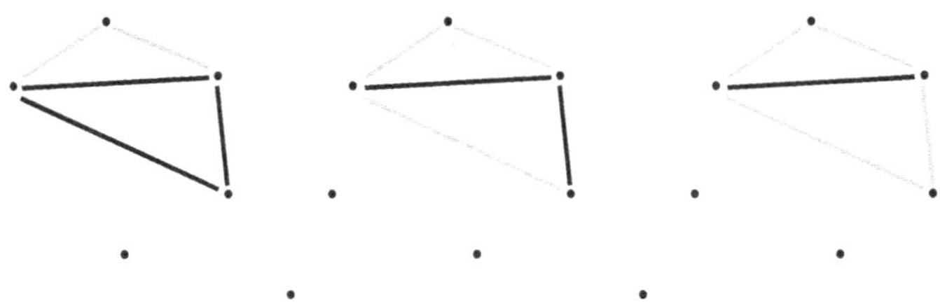

Die Herausforderung, das haben diese beiden Kinder begriffen, bestand darin zu erklären, dass man nach einer grafischen – und daher unwiderleglichen – Lösung suchen muss. Auf diesem Weg lässt sich zeigen, dass es mindestens drei Personen geben muss, die sich wechselseitig entweder kennen oder aber nicht kennen. Ich habe gesehen, wie die Kinder darum kämpften, dieses Ergebnis in Worte zu fassen, und ich habe mitgelitten.

Unter Mathematikern ist diese Aufgabe als das »Party-Problem« bekannt.[8] In seiner allgemeinen Form lautet es: Wie viele Leute muss man zu einer Party einladen, damit mindestens *m* sich kennen oder mindestens *n* sich nicht kennen? Das Party-Problem geht auf die Ramsey-Theorie zurück, auf ein System von Sätzen, das der britische Mathematiker Frank Ramsey aufgestellt hat.[9] Die meisten Probleme dieser Art betreffen die Zahl der Elemente, die erforderlich sind, damit irgendeine besondere Bedingung erfüllt wird. Wie viele Kinder muss eine Frau bekommen, damit mindestens zwei das gleiche Geschlecht haben? Drei. Wie viele Personen müssen auf einer Party anwesend sein, damit mindestens drei von ihnen sich kennen oder sich nicht kennen? Sechs. Wie viele Tauben braucht man, damit mindestens zwei oder mehr von ihnen in einem Taubenschlag wohnen? Eine Taube mehr, als Taubenschläge vorhanden sind.

Die Kinder im Mathematischen Ausbildungszentrum – zumindest einige von ihnen – werden die Ramsey-Theorie zu gegebener Zeit kennenlernen. In jener Stunde aber sollten sie lernen, einer bestimmten Art und Weise, auf die Welt zu schauen, Ausdruck zu verleihen. Das wiederum würde schlussendlich ihr Interesse an der Ramsey-Theorie wecken oder an anderen Methoden, mit denen sich eine Ordnung in einer chaotischen Umwelt erkennen lässt. Für die meisten von uns sind Kinder in einem Klassenzimmer oder Gäste auf einer Party einfach nur Menschen. Für andere jedoch sind sie Elemente einer Ordnung, und die Beziehungen, die zwischen diesen Elementen bestehen, sind Teile eines Musters. Diese anderen sind Mathematiker. Die meisten Mathematiklehrer scheinen zu glauben, dass es Kinder gibt, die mit der Neigung zur Welt kommen, solche Muster aufzuspüren. Diese Kinder gilt es zu entdecken, und ihnen muss gezeigt werden, wie sie ihre besondere Begabung zur Entfaltung bringen können, dort Dreiecke und Sechsecke zu erkennen, wo andere nur eine Party sehen.

»Das ist mein größter Wissensschatz«, erläuterte mir Rukschin in unserem Gespräch, »ich habe das vor dreißig Jahren entdeckt: Die Kinder müssen, so gut sie können, jede Aufgabe erklären, von der sie glauben, sie hätten sie gelöst.« Andere Matheclubs lassen die Kinder ihre Lösungen vor der Klasse vortragen – das aber bedeutet, dass die Diskussion mit der ersten richtigen Lösung beendet ist. Rukschins Verfahren besteht darin, mit jedem Kind über dessen besondere Erfolge, über dessen Schwierigkeiten und Fehler zu sprechen. Das ist die vielleicht aufwendigste Lehrmethode, die je entwickelt wurde. Alle waren immer »dran«. Kein Kind und kein Lehrer kann zu irgendeinem Zeitpunkt aussteigen. »Im Grunde bringen wir den Kindern bei, zu sprechen«, sagte Rukschin, »und den Lehrern, die zunächst noch unzusammenhängende Rede der Schüler zu verstehen und dieser eine Richtung zu geben. Vielleicht sollte ich besser sagen, sie müssen lernen, die unzusammenhängende Rede und die unzusammenhängenden Gedanken der Kinder zu verstehen.«

Während ich mit Rukschin sprach und ihn bei seinem Unterricht beobachtete, hatte ich große Mühe, das Gefühl, das seine Clubsitzungen vermittelten, klar zu fassen. Worin besteht ihre Besonderheit, was macht sie emotional engagierter, aber auch angespannter, konzentrierter als andere Übungen in Mathematik, Schach oder Sport, die ich gesehen habe? Monate vergingen, bis ich folgende Analogie fand: Diese Sitzungen hatten sehr viel von einer Gruppentherapie. Der Trick besteht tatsächlich darin, *jedes* Kind dazu zu bringen, seine Lösung vor der *ganzen* Gruppe vorzutragen. Die Mathematik ist die wichtigste Sache im Leben dieser Kinder, etwas anderes lässt Rukschin erst gar nicht zu. Sie verbringen den größten Teil ihrer freien Zeit damit, über die gestellten Aufgaben nachzugrübeln, dahinein stecken sie alle ihre Gefühle und ihre ganze Energie – nicht unähnlich einem gewissenhaften Mitglied der Anonymen Alkoholiker, der am Zwölf-Schritte-Programm teilnimmt und es sich auch zwischen den Sitzungen immer wieder vergegenwärtigt, indem er die einzelnen Schritte niederschreibt. Während der Übungen legen die Kinder ihre Gedanken offen, und zwar vor den Menschen, die ihnen am meisten bedeuten; sie tun das, indem sie vor der ganzen Gruppe erzählen, wie sie auf ihre jeweilige Lösung kamen.

Reicht das, um Rukschins beispiellosen Trainingserfolg zu erklären? Er selbst schwankt, schwankt wie so viele unsichere Menschen zwischen Selbsterniedrigung und Selbstüberhöhung; mal sagt er von sich, er sei nur ein mittelmäßiger Mathematiker, dann wieder, und das gleich fünf Mal in drei Tagen, dass ihm das Bildungsministerium in Moskau eine Stelle angeboten habe (die er jedoch ablehnte). Auch erzählte er mir mehrfach, dass seine Lehrmethoden reproduziert werden könnten und auch wurden, und zwar mit spektakulären Ergebnissen: Seine Schüler verdienten Geld damit, Teilnehmer für Mathematikwettbewerbe im ganzen ehemaligen Sowjetblock auszubilden. Bei anderen Gelegenheiten erzählte er mir wiederum, er sei ein Zauberer, und in diesen Momenten schien er mir am aufrichtigsten. »Es gibt mehrere Stufen der Lehre«, sagte er, »zunächst die Stufe des Schülers, des Lehrlings, wie in einer mittelalterlichen Zunft. Dann kommt der Handwerker, der Meister – das sind die Stufen der Meisterschaft. Schließlich die Stufe des künstlerischen Schaffens. Aber jenseits dessen gibt es noch eine weitere Stufe, nämlich die der Zauberei. Sie hat mit Charisma und solchen Dingen zu tun.«

Es kann durchaus sein, dass Rukschin mehr als andere Trainer vor und nach ihm ein Getriebener war. Er hatte selbst ein wenig mathematische Forschung betrieben, doch es hat fast den Anschein, als sei die Mathematik selbst nur ein Nebengleis, denn ihm ging und geht es nur um eines: Weltklassemathematiker für Wettbewerbe heranzuziehen. Das war und ist sein Lebenswerk. Eine derart unbeirrbare Leidenschaft kann tatsächlich wie Zauberei wirken und auch die gleichen Gefühle auslösen.

Zauberer brauchen willige Subjekte, Menschen, die sich beeindrucken lassen, sonst funktioniert ihr Zauber nicht. Rukschin, der aus so vielen äußeren Gründen als Mathematiklehrer ziemlich ungeeignet war, hat nicht nur nach dem Wunderkind gesucht. Er wollte auch beweisen, dass er den besten Weg kennt, wie man aus einem Kind einen Mathematiker macht. Seine Aufmerksamkeit richtete er nicht auf den lautesten Jungen, nicht auf den am schnellsten denkenden, nicht auf den ehrgeizigsten, sondern er konzentrierte sich auf den aufnahmefähigsten.

Er habe, sagte mir Rukschin, Perelmans Geisteskraft nicht von Anfang an erkannt. 1976 nahm er als Juror an einigen Bezirkswettbewerben in Leningrad teil, dazu sah er viele Millimeterpapierblätter durch, auf denen Zehn- bis Zwölfjährige ihre Lösungen mathematischer Aufgaben notiert hatten. Er suchte damals nach Jungen, die es in der Mathematik zu etwas bringen könnten. Die ungeschriebenen Gesetze der Matheclubs erlaubten die Rekrutierung, aber nicht das Abwerben von Schülern aus anderen Clubs. Ein Unbekannter wie Rukschin musste also frühzeitig und aktiv nach geeigneten Kindern Ausschau halten. So kamen Perelmans Lösungen auf seine Liste. Die Antworten des Jungen waren richtig und manchmal war er auf unerwarteten Wegen zu ihnen gelangt. Rukschin fand in diesen Lösungen nichts, was diesen Jungen über andere erhob, aber er sah ein solides Versprechen. Als Professor Natanson bei Rukschin anrief und den Namen des Jungen nannte, wusste Rukschin, um wen es sich handelte. Und als er ihn schließlich zu sehen bekam, erkannte er, dass in diesem Kind mehr steckte, als nur ein guter Mathematiker zu werden. Der ehrgeizige Trainer sah in ihm die Erfüllung seines Lebenstraums: der beste Mathetrainer auf Erden zu werden. Dass er sein Urteil über Perelman so schnell änderte, muss von ihm verlangt haben, über seinen Schatten zu springen und etwas zu tun, was er bislang nicht getan hatte. Aber als Belohnung winkte eine einzigartige Entdeckung – dass dieser Junge, der so begabt schien wie Dutzende andere, alle anderen überholen würde.

»Wenn alle Mathematik lernen und dann kommt einer, der lernt viel besser als die anderen, dann wird ihm unweigerlich auch mehr Aufmerksamkeit geschenkt: Der Lehrer besucht ihn zu Hause, er redet mit ihm über alles Mögliche, und so weiter.« Das berichtete mir Alexander Golowanow aus eigener Erfahrung: Er hatte nicht nur jahrelang mit Perelman studiert, sondern den größten Teil seines Lebens selbst Kinder und Jugendliche für Mathematikwettbewerbe trainiert. Er war Rukschins Kronprinz. Und jetzt erklärte er mir, was es bedeutet, einen Lieblingsschüler zu haben oder selber einer zu sein. Wie in allen menschlichen Beziehungen kann Liebe Hingabe bewirken, die dann dazu führt, dass man viel in die betreffende Person investiert, was wiederum die Hingabe vertieft und vielleicht sogar die Liebe. »Das ist eine Definition dessen, was ein Lieblingsschüler ist. Und das war Grischa: ein Lieblingsschüler. Denn er bekam mehr. Ein weiterer, sehr wichtiger Aspekt ist, dass jeder, der [Wettbewerbsmathematik] trainiert, ein klares Bewusstsein davon hat, wie viel er getan hat – wofür er Anerkennung verdient und wofür nicht. Da sind zum Beispiel Kinder, die drei- oder viermal bei der [Allrussischen] Olympiade dabei waren – und ich kann sagen, sie hätten, wenn ich sie nicht unterrichtet hätte, eher zwei- als dreimal teilgenommen. Ich war also nicht der Hauptgrund. Aber dann gab es auch welche, über die ich sagen kann, ja, bei denen war ich der Hauptgrund. Das soll nicht heißen, dass sie erbärmlich waren und ich ihnen alles eingetrichtert hätte. Was es aber heißt, ist Liebe. Und das empfindet Rukschin meines Erachtens für Grischa. Liebe. Und ich denke, er hat recht.« Golowanow spricht noch von einem dritten Aspekt, der einfach mit Nähe zu tun habe. Rukschin war ein ausgeprägter Hypochonder; Golowanow, ein gebildeter Mann, vergleicht ihn mit Voltaire. »Im Laufe der Monate, in denen ich mit Rukschin in Kontakt stand, verbrachte er ein Drittel seiner Zeit in Krankenhäusern.« Einmal, so erinnerte sich Golowanow, drohte Rukschin zu erblinden: »Das war in einem Sommerlager, er und Grischa schliefen im gleichen Zimmer.« Perelman sei zu dieser Zeit bereits Student gewesen, habe damals aber auch als Rukschins Lehrassistent gearbeitet. »Eines Morgens sagte Rukschin, er sei überglücklich, weil er, als er aufwachte, Grischa im anderen Bett habe liegen sehen. Und es war nicht ganz klar, was ihm mehr gefiel: dass er überhaupt sehen konnte oder dass es Grischa war, den er sah.«

Von einem bestimmten Zeitpunkt an seien es diese fürsorgliche Liebe zu Grischa und der Unterricht gewesen, die Rukschins Leben einen Sinn gaben, der sich im Gegenzug abgerackert habe, um Perelman auf die richtige Spur zu setzen. Er brachte ihn dazu, die Geige aufzugeben – das spöttische Lachen, mit dem er fast dreißig Jahre später darüber sprach, werde ich nicht vergessen. »Es ist der Traum aus dem Schtetl«, sagte er mit finsterem Gesicht, »lerne Geige und spiele auf Hochzeiten und Beerdigungen.«

Wie alle Trainer im Bereich des Wettkampfsports sah es auch Rukschin nicht gern, wenn seine Jungs noch etwas anderes taten. Er habe, wie er sagte, Alexander Chalifman, den späteren Schachweltmeister, aus dem Club geworfen, weil dieser das Schachspielen nicht aufgeben, sich nicht eindeutig für die Mathematik entscheiden wollte. Und wie viele Trainer behauptet er bis heute, sein Sport sei der fairste, der ehrlichste und schönste von allen. Er hielt und hält es für seine Aufgabe, auch darin gleicht er vielen anderen Trainern, nicht nur die kompetitiven Fähigkeiten seiner Schüler zu formen, sondern auch ihre Persönlichkeit. Wurde einer der älteren Jungen dabei ertappt, wie er ein Mädchen küsste – in den Augen Rukschins ein Akt würdeloser Zerstreuung –, so setzte er ihm unerbittlich nach. Er habe sie – wie Golowanow mir berichtete – mit derartiger Regelmäßigkeit erwischt, dass die Jungen den Verdacht nicht loswurden, er lasse sie von Spionen beschatten.[10] In dieser Hinsicht allerdings hat Perelman seinen Lehrer nie enttäuscht, denn er war, wie Rukschin mir mehrmals sagte, »nie an Mädchen interessiert«.

Zweimal in der Woche ging Rukschin abends in Begleitung seiner Mathejungs und einiger Mädchen vom Pionierpalast zum Witebsker Bahnhof, wo er und Grischa in den gleichen Zug stiegen. Rukschin hatte früh geheiratet und lebte mit Frau und Schwiegermutter außerhalb Leningrads in der historischen Stadt Puschkin. Grischa wohnte mit Mutter, Vater und kleiner Schwester in einem trostlosen Neubauwohnblock in Kuptschino, einem Vorort weit außerhalb im Süden Leningrads. Rukschin und sein Schüler nahmen zusammen die U-Bahn bis Kuptschino, der Endhaltestelle, von dort ging Grischa zu Fuß nach Hause, während Rukschin in einen Vorortzug mit harten Holzbänken umstieg und bis Puschkin noch weitere zwanzig Minuten fahren musste. Während dieser Fahrten entdeckte er neue Dinge an Grischa. Zum Beispiel, dass dieser in der U-Bahn nie die Ohrenklappen seiner Pelzmütze aufband. »Nicht nur, dass er die Mütze aufbehielt«, erinnerte er sich, »nein, nicht einmal die Ohrenklappen schlug er hoch. Seine Mutter, sagte er, würde ihn umbringen, wenn er das täte. Die Mütze, das habe sie ihm eingeschärft, solle er nie abnehmen oder aufmachen, er werde sich sonst erkälten.« Die U-Bahn war normalerweise geheizt, aber die Maschinerie, die in Grischas Hirn arbeitete, der Verdichter, ließ keinen Spielraum, um auf derartige Umstände und deren Feinheiten zu reagieren. Regeln waren Regeln.

Wenn Rukschin Grischa tadelte, weil er nicht genug las – er hielt es für seine Pflicht, die Kinder nicht nur mit der Mathematik vertraut zu machen, sondern auch mit Literatur und Musik –, fragte Grischa zurück, wozu er denn Bücher lesen solle. Und auf Rukschins Erklärung, Lesen sei »interessant«, habe er erwidert, wenn es etwas gebe, das man lesen müsse, würde es ja wohl Pflichtlektüre in der Schule sein. Mit der Musik hatte Rukschin mehr Glück. Als Grischa in den Club kam, war sein Geschmack auf klar strukturierte klassische Instrumentalmusik beschränkt, zumeist Stücke mit Violinensoli. Wenn er an einer Aufgabe arbeitete, ließ er oft etwas hören, was seine Clubkameraden das »Geheul« nannten, »akustischen Terror«. Danach gefragt, erklärte er, er summe *Introduction et Rondo capriccioso en la mineur* von Camille Saint-Saëns, eine wegen ihrer Klarheit und des Violinensolos bemerkenswerte Komposition für Violine und Orchester. Während eines Sommerlagers aber gelang es Rukschin, seinen Schüler für Vokalmusik zu interessieren, mit der sich Grischa dann auf systematische Weise mehr und mehr vertraut machte: Zuerst akzeptierte er die tieferen Stimmen, ging dann allmählich zu Sopranstimmen über. Als Rukschin dann noch versuchte, ihn auch für Kastratenstimmen zu interessieren, zog er jedoch eine Grenze: Das sei »unnatürlich« und damit »uninteressant«.

Rukschin war keineswegs enttäuscht von seinem Schüler, im Gegenteil: Ganz offensichtlich gefiel ihm Perelmans einseitige Veranlagung. In dieser liebevollen Verbindung von Lehrer und Schüler wurden beide immer mehr zur besseren Hälfte des jeweils anderen. Perelman konnte der Wettkämpfer sein, der Rukschin nie war; dieser wiederum regelte in Perelmans Namen die Kontakte mit der Außenwelt und beschützte seinen Schüler zugleich vor ihr. Auch suchten sie – wohl vor allem Rukschin – geradezu Situationen, in denen sie sich auf ganz praktische Weise ergänzten. Im Sommerlager, in dem der fünfzehnjährige Perelman zum ersten Mal in seinem Leben von seiner Mutter getrennt war, kümmerte sich Rukschin um dessen alltägliche Bedürfnisse. Die Körperpflege war eine heikle Angelegenheit, doch ab und an gelang es Rukschin, Grischa dazu zu bewegen, seine Socken und Unterwäsche zu wechseln und die schmutzigen Sachen wenigstens in eine Plastiktüte zu stecken, denn Grischa weigerte sich, sie zu waschen – so wie er sich auch oft weigerte, sich selbst zu waschen. Er ging auch nicht mit den anderen Jungen schwimmen. Er mochte Wasser nicht und vor allem sah er nicht ein, wozu ein so geistloser Zeitvertreib, einer, in dem es nicht einmal Wettbewerb gab, gut sein sollte. (Allerdings spielte er ausgezeichnet und mit großem Ehrgeiz Tischtennis.) So machte Rukschin seinen Schüler zur Erweiterung seiner selbst: Wenn er mit den anderen Jungen schwimmen ging und mit seinem Körper die Grenze zum tiefen Wasser markierte, über die sie nicht hinausschwimmen durften, saß Perelman am Ufer und zählte die Köpfe, damit keiner verloren ging. Mit der Zeit fand Rukschin weitere Möglichkeiten, um Perelmans Hirn als die effizientere Erweiterung seines eigenen zu benutzen. Als Perelman an der Universität studierte, sichtete er dort Tausende von Mathematikaufgaben, um für das Training geeignete auszuwählen. »Das war eine Arbeit, die ich, sagen wir, in einer Zeit *t* hätte machen können«, erzählte mir Rukschin. »Grischa machte sie in einem Fünftel von *t*. Diese Aufgaben sind mittlerweile Clubklassiker, und niemand kann sich mehr daran erinnern, welche von mir stammen und welche von Perelman.«

Es war eine Verbindung, gestiftet im Himmel der Mathematik.

3.
Eine schöne Schule

Mit zunehmendem Alter lernte Perelman, aus den Worten, die sich in seinem Mund zusammenballten, Sätze zu bilden – schöne, präzise, korrekte Sätze –, aber er formulierte weiterhin umständlich, und was er sagte, war stets sehr auf seine eigene, innere Welt bezogen. Der Star des Clubs in den ersten drei, vier Jahren war ein Junge namens Alexander Lewin, und der habe, wie Rukschin berichtete, »seine Lösungen erklärt, um den anderen behilflich zu sein. Perelman dagegen erzählte, wie er selbst mit dieser Aufgabe umgegangen ist. Stellen Sie sich vor, ein Arzt möchte eine Krankengeschichte aufnehmen, und die Mutter des Patienten berichtet ihm daraufhin, wie sie am Bett ihres Kindes gesessen, ihm den Schweiß von der Stirn getupft und seinem rasselnden Atem gelauscht habe. Genauso erzählte Grischa die Geschichte seiner Reise durch die Aufgabe. Und selbst wenn die Lösung anders, vielleicht sogar kürzer hätte ausfallen können, gab Grischa immer nur die Geschichte zum Besten, wie er an das Problem herangegangen war und es gelöst hatte. Wenn er fertig war, musste ich oft an die Tafel gehen und zeigen, was wichtig war und was hätte wegfallen oder vereinfacht werden können – nicht weil er es selbst nicht sah, sondern weil er nicht der Typ war, der das tun würde.«

Es ist erstaunlich, dass Perelman schlussendlich doch ein guter Erklärer wurde. Man muss sich nur vorstellen, wie schwer es für jemanden ist, mit der Alltagssprache zurechtzukommen, dem man aufgetragen hat, alles buchstäblich zu nehmen. Sprache ist nicht nur ein frustrierend ungenaues Mittel, um sich in der Welt zurechtzufinden, sondern auch ein mutwillig und hanebüchen falsches Mittel. Der Psychologe Steven Pinker hat die Beobachtung gemacht, dass »Sprache räumliche Verhältnisse auf eine Weise beschreibt, die der Geometrie völlig unbekannt ist, manchmal lässt sie Zuhörer hoch oben in der Luft, dann wieder auf dem Meer oder im Dunkeln, wenn es darum geht, wo sich etwas befindet«.[1] In der Sprache, meint Pinker, haben Gegenstände primäre und sekundäre Dimensionen, die nach ihrer Bedeutung abgestuft sind. Eine Straße werde als eindimensional vorgestellt, ebenso ein Fluss oder ein Band – sie bestehen alle nur aus Länge, wie ein Segment in der Geometrie. »Eine *Schicht* oder eine *Platte* hat zwei primäre Dimensionen, die eine Oberfläche definieren«, so Pinker weiter, »sowie eine begrenzte sekundäre Dimension, ihre Dicke. Eine *Röhre* oder ein *Balken* hat eine primäre Dimension, die Länge, und zwei sekundäre Dimensionen, die ihren Querschnitt ausloten.«[2]

Noch größere Probleme macht uns die Sprache, wenn wir Gegenstände in ihre Inhalte und ihre Grenzen zerlegen. Wir beschreiben einen Streifen als die Grenze einer Scheibe und beide Objekte als zweidimensional. Für jemanden, der solche Beschreibungen wortwörtlich nimmt, ist das schlicht falsch: Der Streifen ist nicht die Grenze der Scheibe (sondern das ist ihr Rand), und die Scheibe hat drei Dimensionen. Zugleich werden Wörter wie »Ende« und »Rand« gebraucht, um Formen zu bezeichnen, die null bis drei Dimensionen haben.[3] Noch schlimmer ist, dass unsere nachlässige Art, Dinge zu beschreiben, in der Sprache einhergeht mit einem ungeheuren Reichtum an Namen für Formen. Im Englischen gibt es wahrscheinlich an die zehntausend Ausdrücke für Formen, und in allen Sprachen übertrifft die Anzahl der Substantive für Formen bei Weitem unsere Fähigkeit, sie zu definieren. Für einen Geist, der wortwörtlich arbeitet, ist das ein unerträglicher Zustand: Wie können wir Worte gebrauchen für Dinge, die wir nicht nur nicht richtig definieren können, sondern die wir sogar beharrlich falsch definieren?

Nehmen wir zum Beispiel das Möbiusband, diesen Papierstreifen, den man auf so berühmte Weise verdreht, bevor man seine Enden zusammenklebt. Die Sprache ist hier mit ihrem Latein am Ende. Kann man etwas an diesem Streifen *entlang* bewegen wie bei einem eindimensionalen Objekt? Müsste man nicht sagen, man bewege dieses etwas um den Streifen *herum* wie bei einem zweidimensionalen Objekt? Oder ist richtig, was der Titel eines Zeichentrickfilms aus dem Jahr 2006 sagt: Wir bewegen etwas »*durch*« das Band, so als sei es ein dreidimensionales Objekt? Für einen menschlichen Geist, der alles wörtlich nimmt, liegt die Rettung in der Geometrie. Sie lebt allein in der Vorstellungskraft, wo jede Form klar definiert ist. Schon die Geometrie, die wir in der Oberstufe lernen, ist mit ihren grundlegenden Lehrsätzen und präzisen Maßen eine entscheidende Verbesserung gegenüber der Alltagssprache; der Inbegriff geometrischer Wahrheit ist indessen die Topologie. Nicht zufällig ist das Möbiusband, das sich nicht mal einfach so nebenbei verstehen lässt, eines der ersten bekannten Objekte topologischer Forschung.[4] »Klar definiert« heißt im Fall der Topologie nicht, dass jede der definierten Formen leicht zu visualisieren wäre. Ganz im Gegenteil: In der Topologie hat jede Form nur die Eigenschaften, die ihr durch ihre Definition zugesprochen werden. Eine Form hat eine bestimmte Anzahl von Dimensionen, sie mag begrenzt sein, mag eben sein oder einfach zusammenhängend oder auch nicht, will sagen: Sie kann Löcher haben oder auch nicht. Ein Objekt der Topologie könnte, beispielsweise, eine Kugel sein – eine Form also, bei der alle Punkte auf ihrer Oberfläche gleich weit von ihrem Mittelpunkt entfernt sind. Einem Topologen fällt jedoch auf, dass sich die wesentlichen Eigenschaften der Kugel auch dann nicht ändern, wenn sie eine Delle hat, denn sie kann leicht wieder in ihre alte Form gebracht werden. Die vorübergehende Veränderung ihres Erscheinungsbildes kann also vernachlässigt werden. Ganz anders sieht die Sache aus, wenn die Kugel ein Loch hat: Dann ist sie keine Kugel mehr, sondern ein Torus*, das heißt ein Objekt mit einer anderen Beziehung zu seiner Umgebung und eines, das nicht ohne Weiteres wieder zu einer Kugel gemacht werden kann. Das topologische Universum hat keinen Bedarf an so albernen Rätseln, wie sie ein Psychologe wie Pinker mag: »Was kann man in einen Eimer tun, damit er leichter wird? – Ein Loch!« Ein Mensch mit einem »wortwörtlichen Geist« findet das nicht witzig. Man kann kein Loch irgendwohin »tun«. Zudem bedeutet ein Loch – oder ein zusätzliches Loch –, dass die Form nicht mehr die ist, die sie mal ursprünglich war; der Eimer würde nicht leichter gemacht werden, denn er wäre kein Eimer mehr.

* Ein Torus ist eine wulstartige geometrische Figur. Sie entsteht, wenn ein Kreis um eine Gerade gedreht wird, die in der Kreisebene liegt, den Kreis aber nicht trifft; Anm. d. Übers.

Normalerweise beginnen auch Mathematiker erst an der Universität, sich mit Topologie zu beschäftigen. Traditionell galt diese Disziplin als zu abstrakt, um sie Kindern vorzusetzen. Aber ein Kopf wie Grischa Perelman, ein unbestreitbar mathematischer Kopf, der weder visuell noch numerisch arbeitet – ein Kopf, der in Systemen denkt und dessen Währung Definitionen sind –, war wie geboren für die Topologie. Als Perelman in der achten Klasse war (also ungefähr mit dreizehn Jahren), begann ein Gastdozent am Matheclub Topologie zu unterrichten. Die Topologie »rief« nach Perelman – aus dem Jenseits der traditionellen Geometrie, die er schon erkundet hatte; sie übte auf ihn die gleiche Anziehungskraft aus wie die Lichter des Broadway auf jenes Kind, das das Publikum bei einer Mittelschulaufführung von *Annie* zu Tränen gerührt hatte.* Fortan würde Grischa Perelman in der Welt der Topologie leben. Er würde alle ihre Regeln und Definitionen beherrschen. Er würde zum Advokaten am Gerichtshof der Formen werden, dazu imstande, klar und verständlich darzulegen, warum ein dreidimensionales, einfach verbundenes und geschlossenes Objekt stets eine Kugel sein muss. Rukschin wies ihm den Weg; er war Perelmans Sendbote aus seiner mathematischen Zukunft und gab ihm das implizite Versprechen, dass sein Leben in Leningrad ebenso sicher und geregelt war, wie es in seiner Vorstellungskraft zuging.

Die Mathematische Fachschule Nummer 239 in Leningrad bot dafür die besten Bedingungen.

* Ein Musical aus dem Jahr 1977, das auf Harold Grays Comic *Little Orphan Annie* basiert; Anm. d. Übers.

Im Sommer, in dem Grischa Perelman vierzehn Jahre alt wurde, fuhr er jeden Morgen mit dem Zug von Kuptschino nach Puschkin, um dort mit Rukschin Englisch zu lernen. Der Plan war, in einem einzigen Sommer das Pensum von vier Jahren Englischunterricht zu bewältigen, so dass Perelman im September auf die Leningrader Mathematische Fachschule Nummer 239 wechseln konnte. Das war der kürzeste Weg, um sich voll und ganz auf die Mathematik zu konzentrieren, ohne größere Störungen von außen.

Die merkwürdige Geschichte der mathematischen Fachschulen begann mit Andrei Kolmogorow. Nachdem er mit seinem Wissen so wichtig für die Kriegsführung geworden war, gelang es ihm als einzigem unter den sowjetischen Spitzenmathematikern, in der Nachkriegszeit nicht in die Dienste des Militärs eingespannt zu werden. Seine Studenten fragten sich, warum das so war – und die einzige plausible Erklärung war Kolmogorows Homosexualität.[5] Sein Partner war der Topologe Pawel Alexandrow,[6] mit dem er seit 1929 zusammenlebte. Fünf Jahre später, 1934, wurde die männliche Homosexualität in der Sowjetunion unter Strafe gestellt, aber Kolmogorow und Alexandrow, die sich wenig Zurückhaltung auferlegten – sie nannten sich gegenseitig »Freund«, machten aber kein Geheimnis aus dem Charakter ihrer Beziehung –, kamen offenbar nicht in Konflikt mit dem Gesetz. Die akademische Welt akzeptierte sie als Paar, sogar als Ehepaar: Sie bewarben sich auf akademische Stellen, die es ihnen ermöglichten, gemeinsam zu arbeiten, buchten zusammen ihre Zimmer in den Ferienhotels der Akademie der Wissenschaften, spendeten gemeinsam für militärische Hilfsfonds.[7] In seinem letzten Interview, aufgenommen für einen Dokumentarfilm über sein Leben, bat der achtzigjährige Kolmogorow den Filmemacher darum, die Szene, in der er die Wohnung zeigte, welche er zusammen mit Alexandrow eingerichtet hatte, mit Johann Sebastian Bachs Doppelkonzert für zwei Violinen zu unterlegen.[8]

Was auch immer der Grund gewesen sein mag, aus dem Kolmogorow nicht für das Militär arbeitete: Dies verschaffte ihm den nötigen Freiraum, um seine beträchtlichen Energien in die Erschaffung jener Mathematikerwelt zu stecken, die er seit seiner Jugend vor Augen hatte. Sowohl Kolmogorow als auch Alexandrow kamen aus Lusitanija, aus Lusins Zauberland der Mathematik, und genau das wollten sie in ihrer Datscha bei Moskau wiedererstehen lassen, indem sie ihre Studenten einluden, dort gemeinsam zu wandern, Ski zu laufen, Musik zu hören und über ihre mathematischen Projekte zu diskutieren.

»Die Begegnungen zwischen uns Studenten und Kolmogorow hatten etwas klassisch Griechisches«, so steht es in einer der zahlreichen Erinnerungen seiner Studenten. Praktisch jeder, der mit Kolmogorow zu tun gehabt hatte, verspürte offenbar auch den Wunsch, über ihn zu schreiben. »Ob im Wald oder am Ufer des Flusses Kljasma, zu Fuß oder auf Langlaufskiern, immer sah man den muskulösen Mathematiker, wie er sich frisch und munter bewegte, ständig von einer Schar junger Leute umgeben. Die schüchternen Studenten eilten hinter ihm her. Er redete ohne Unterlass – allerdings, vielleicht anders als bei den alten Griechen, sprach er weniger über Mathematik, sondern mehr über andere Dinge.«[9] Wer in der Mathematik etwas Großes leisten wolle, so Kolmogorows Überzeugung, müsse sich auch in der Musik, den bildenden Künsten und in der Dichtung auskennen; und er müsse – was er für ebenso wichtig hielt – von guter körperlicher Konstitution sein. Ein anderer Student Kolmogorows schrieb in seinen Memoiren, dass er von seinem Lehrer aufgrund seiner Fähigkeiten im Ringen ausgewählt worden sei.[10]

Diese Mixtur aus verschiedenen Einflüssen prägte Kolmogorows Vorstellung von einer guten mathematischen Ausbildung und wäre überall auf der Welt als merkwürdig empfunden worden; in der Sowjetunion aber, um die Mitte des zwanzigsten Jahrhunderts, war sie etwas völlig Ungewöhnliches, ja Unglaubliches. Kolmogorow entstammte einer reichen russischen Familie, die in Jaroslawl, einer über zweihundert Kilometer nördlich von Moskau gelegenen Kleinstadt, eine eigene Schule gegründet hatte. Dort gaben sie auch eine Zeitung für Kinder heraus, zu der neben anderen Familienmitgliedern auch Kolmogorow eigene Beiträge beisteuerte. In einem dieser Texte findet sich folgende Rechenaufgabe, die er als Fünfjähriger verfasst hatte: »Wie viele verschiedene Muster kann man mit dem Faden erzeugen, wenn man einen Knopf mit vier Löchern annäht?«[11] Man sollte sich Zeit nehmen, um diese Aufgabe zu lösen. Ich kenne zwei professionelle Mathematiker, beide Studenten von Kolmogorow, die zu unterschiedlichen Lösungen kamen.[12]

1922 begann Kolmogorow – er war jetzt neunzehn, Student an der Moskauer Universität, aber bereits ein aufstrebender Mathematiker mit eigenem Profil – an einer Versuchsschule in Moskau zu unterrichten.[13] Erstaunlicherweise war diese Schule nach dem Vorbild der Dalton School organisiert, jener berühmten New Yorker Institution, die unter anderem durch Woody Allens Film *Manhattan* Unsterblichkeit erlangte. Der Dalton-Plan – er lag der Gründung sowohl der gleichnamigen Schule als auch der Potylicha-Versuchsschule zugrunde, an der Kolmogorow unterrichtete – sah für jeden Schüler einen individuellen Lernplan vor:[14] Jedes Kind sollte sein monatliches Pensum selbst bestimmen und diesen Plan nach eigenem Gusto abarbeiten. »So verbrachte jeder Schüler seine Schulzeit meistens an seinem Schreibtisch oder ging in die kleine Schulbibliothek, um sich ein Buch zu holen, oder er schrieb etwas.« Das erfahren wir aus Kolmogorows letztem Interview. »Der Lehrer saß in der Ecke und las, und die Schüler kamen zu ihm, um ihm zu zeigen, was sie gemacht hatten.«[15] Hier taucht wohl zum ersten Mal die Figur des Lehrers auf, der still an seinem Tisch sitzt und liest; Jahrzehnte später tat der Trainer im Matheclub genau das Gleiche.

Zugelassen waren stets nur Jungen. Seine Schüler nannte Kolmogorow liebevoll »meine Jungs«. So berichtet er in einem Brief, den er Alexandrow von einer Fahrt mit seinen Schülern im Jahr 1965 schrieb: »In nur drei Stunden holten sich meine Jungs auf einer Höhe von 2400 Metern einen so üblen Sonnenbrand (weil sie in ihrer Badehose oder auch ohne herumliefen), dass sie die nächsten beiden Nächte kaum schlafen konnten.«[16] Kolmogorows sorglosglückliche homoerotische Anspielung schien aus einer völlig anderen Zeit und von einem ganz anderen Ort zu kommen. Bevor der Eiserne Vorhang die Sowjetunion von der übrigen Welt abriegelte, hatten Kolmogorow und Alexandrow einige Reisen unternommen. Zudem war der sieben Jahre ältere Alexandrow bereits viel gereist, bevor sich die beiden kennenlernten. Das akademische Jahr

1930/31 verbrachten sie jedenfalls im Ausland, teilweise gemeinsam.[17] Die erste Station war Berlin, wo damals alle möglichen Subkulturen und insbesondere die homosexuelle in voller Blüte standen.[18] Zurück in die Sowjetunion nahmen sie mit, was sie kriegen konnten: Bücher, Musik, Ideen. »Interessant, dass die Idee eines wahrhaft geliebten Freundes rein arisch zu sein scheint: Die Griechen und die Deutschen scheinen sie immer gehabt zu haben«, schrieb Alexandrow 1931 an seinen Freund. Nur wenige Jahre später sollte der Begriff »Arier« eine ganz andere Bedeutung bekommen.[19] »Die Theorie eines alleinigen Freundes ist in der heutigen Welt schwer zu erfüllen«, klagte Kolmogorow in seinem Antwortbrief, »immer wird die Ehefrau diese Rolle beanspruchen, aber es wäre zu traurig, würde man dem beipflichten. Zu Aristoteles' Zeiten hatten diese beiden Seiten der Sache überhaupt nichts miteinander zu tun: Die Frau war das eine und der Freund etwas ganz anderes.«[20] Aus Deutschland brachte Kolmogorow Gedichtbände seines Lieblingsdichters Goethe mit. In ihren Briefen berichteten Kolmogorow und Alexandrow von Konzertbesuchen, und als die Schallplatten aufkamen, legten sie sich eine Sammlung zu. Alexandrow organisierte wöchentliche Musikabende an der Universität, wo er Platten mit klassischer Musik vorspielte und Vorträge über die Musik sowie die Komponisten hielt. Nach Alexandrows Tod führte Kolmogorow – mit fast achtzig Jahren und durch seine Parkinson-Erkrankung gehandicapt – diese Veranstaltungen weiter.[21]

Klassische Musik und Männerfreundschaft, Mathematik und Sport, Dichtung und Ideen – das waren die Elemente, aus denen sich Kolmogorows Vorstellung vom idealen Menschen und der idealen Schule zusammensetzen. Mit vierzig Jahren entwickelte er einen Plan, »wie ich ein großer Mann werden kann, wenn ich es nur wirklich will und fleißig genug bin«.[22] Er nahm sich vor, seine Forschungstätigkeit mit sechzig zu beenden und dann nur noch Oberschüler zu unterrichten. Und er tat, was er sich vorgenommen hatte: In den 1950er Jahren erlebte er eine zweite große Schaffensperiode, veröffentlichte so viel wie in seinen Dreißigern – recht ungewöhnlich für einen Mathematiker –, gab aber dann die Forschung auf und widmete sich nur noch seiner Lehrtätigkeit.

1935 organisierten Kolmogorow und Alexandrow den ersten Moskauer Mathematikwettbewerb für Kinder, der zum Grundstein für die spätere Internationale Mathematik-Olympiade wurde.[23] Ein Vierteljahrhundert später tat sich Kolmogorow mit Isaak Kikoin zusammen, dem ungekrönten König der sowjetischen Atomphysik, der ähnliche Wettbewerbe auf dem Gebiet der Physik geleitet hatte.[24] Da der Wert, den der Staat ihren jeweiligen Wissenschaften beimaß, allein von militärischen Zwecken abgeleitet wurde, vereinbarten die beiden, die sowjetische Führung in dem Glauben zu bestärken, dass spezielle Eliteoberschulen für Mathematik und Physik dem Land die Köpfe liefern könnten, die es brauchte, um den Rüstungswettlauf zu gewinnen. Für das Projekt setzte sich ein junges Mitglied des Zentralkomitees ein: Leonid Breschnew. Fünf Jahre später würde er an die Spitze der sowjetischen Führung gelangen. Im August 1963 beschloss der Ministerrat, eine solche Schule einzurichten, eröffnet wurde sie im Dezember desselben Jahres.[25] Bald gab es in Moskau, Leningrad und Nowosibirsk ein halbes Dutzend Schulen, die nach diesem Konzept arbeiteten. Die meisten von ihnen wurden von Schülern Kolmogorows geleitet, er persönlich führte den Vorsitz in der Kommission, die für den Lehrplan zuständig war.

In jenem August 1963 organisierte Kolmogorow eine Mathematiksommerschule in einer Kleinstadt bei Moskau, an der sechsundvierzig Oberschüler, die bei der Allrussischen Mathematik-Olympiade gut abgeschnitten hatten, teilnahmen.[26] Kolmogorow und seine Studenten gaben Seminare, hielten Vorlesungen über Mathematik und gingen mit den Jungen in den umliegenden Wäldern wandern. Am Ende wurden neunzehn Jungen für die neue Internatsschule für Mathematik und Physik in Moskau ausgewählt.[27]

Die Auserwählten landeten in einer seltsamen neuen Welt. Kolmogorow, der seit vierzig Jahren von einer solchen Schule träumte, hatte auf der Grundlage des Dalton-Plans nicht nur eine Methode für individualisierten Unterricht entwickelt, sondern auch einen völlig neuen Lehrplan. Vorlesungen in Mathematik – von denen Kolmogorow einige selbst hielt[28] – sollten in die wirkliche Forschung einführen, wobei die unterschiedliche Herkunft der Schüler berücksichtigt wurde. Kolmogorow war es wichtiger, Schüler zu haben, die einen, wie er es nannte, »göttlichen Funken« in sich trugen, als solche, die ein gründliches mathematisches Oberstufenwissen mitbrachten.[29] Außerdem war das Internat vermutlich die einzige Schule in der Sowjetunion, die einen Kurs zur Geschichte der Antike anbot.[30] Zudem sah der Lehrplan mehr körperliche Ertüchtigung als in regulären sowjetischen Schulen vor.[31] Schließlich unterrichtete Kolmogorow die Schüler in Musik, bildender Kunst und altrussischer Architektur[32] und unternahm mit ihnen Boots-, Wander- und Skiausflüge.[33] »Wir mochten die Ausflüge und die Gedichte«, schreibt ein Schüler in seinen Erinnerungen, »aber nur wenige von uns verstanden etwas von Musik; dafür musste man doch einige Voraussetzungen mitbringen. Glücklicherweise schwieg sich [Kolmogorow] über die Bedeutung der Sozialwissenschaften aus.«[34] Mit anderen Worten: Er hatte nicht nur die Absicht, seine Schüler mit seiner Version von Renaissance-Werten zu beeindrucken; er wollte sie auch vor der marxistischen Indoktrination bewahren, die sie in der Oberschule und dann noch einmal an der Universität über sich ergehen lassen mussten.

Kolmogorow wollte nicht nur Eliteeinrichtungen für begabte Mathematiker schaffen, sondern auch so vielen Kindern wie möglich wirkliche Mathematik beibringen. Das von ihm entwickelte Curriculum befreite Schulkinder vom stumpfsinnigen Addieren und Subtrahieren und führte sie an das heran, um was es eigentlich ging: auf klare und interessante Weise über Mathematik nachzudenken. Federführend war er an einer Lehrplanreform beteiligt, der zufolge die Kinder so früh wie möglich mit einfachen algebraischen Gleichungen mit Variablen sowie mit der Arbeit am Computer vertraut gemacht werden sollten.[35] Außerdem bemühte sich Kolmogorow, die Geometrie in der Sekundarstufe so umzugestalten, dass der Weg zum Verständnis nichteuklidischer Ansätze geebnet wurde.[36] Mitte der 1970er Jahre ging ich auf eine Schule, die ausgesucht worden war, den Unterricht auf Basis der neuen Lehrbücher zu erproben. (Es war keine spezielle Mathematikschule, sondern eine »Versuchsschule« für ein breiteres Spektrum von Kindern.) Es muss in der dritten Klasse gewesen sein, als ich meinen Vater, einen Computerwissenschaftler, mit meinem Verständnis des Begriffs der Kongruenz verblüffte. Ich fand das total logisch: Zwei Dreiecke sind kongruent, wenn sie in jeder Beziehung identisch sind. Das Wort »gleich«, das die älteren Schulbücher benutzten, war klarerweise ungenauer.

Groteskerweise war es die Art, in der er Schulkinder in den Begriff der Kongruenz einführte, die Kolmogorow eine erste ernsthafte Konfrontation mit dem Sowjetsystem eintrug, was er bislang und jahrzehntelang mit einigem Glück und Geschick hatte vermeiden können. Doch im Dezember 1978 erhielt der damals fünfundsiebzigjährige Kolmogorow auf einer Generalversammlung der mathematischen Sektion der sowjetischen Akademie der Wissenschaften eine offizielle Rüge. Einer nach dem anderen standen seine Kollegen auf und kritisierten ihn für den Begriff »Kongruenz«, für eine schwierige neue Definition des Begriffs »Vektor« in den von ihm verantworteten Lehrbüchern sowie dafür, die Mengenlehre als zentralen Teil ins mathematische Curriculum eingeführt zu haben. Diese Punkte, so erklärten die Redner, seien Indizien dafür, dass hier grundsätzlich etwas nicht stimmte: Die Reform und ihre Urheber seien eindeutig antisowjetisch. »Solche Dinge können nur Ekel hervorrufen«, wetterte Lew Pontrjagin, einer der führenden Sowjetmathematiker, »eine Katastrophe ist das, ein Politikum.«[37] Dem folgten Denunziationen in den Zeitungen: Die Autoren des Reformcurriculums stünden »unter dem fremden Einfluss der bürgerlichen Ideologie« der Mengenlehre.[38] Da war etwas Wahres dran, denn die Bildungsreform, die zur gleichen Zeit in den Vereinigten Staaten und in der ganzen westlichen Welt stattfand, ähnelte Kolmogorows Bemühungen. Die »Neue-Mathematik-Bewegung« schickte waschechte Mathematiker in die Oberschulen, die Mengenlehre wurde schon in den unteren Klassen eingeführt und bildete die Grundlage für den gesamten Mathematikunterricht.[39] Sie fördere, so hatte der Harvard-Psychologe Jerome Bruner herausgefunden, das Interesse der Schüler, eigene Entdeckungen zu machen.[40] Da es dieses Mal um Mathematik auf dem Niveau der dritten Klasse ging, konnten sich auch die sowjetischen Zeitungen über sie hermachen – und Kolmogorow wurde als das entlarvt, was er mit ziemlicher Sicherheit war: ein Agent westlicher Kultureinflüsse in der Sowjetunion.

Von diesem Skandal hat sich der alternde Kolmogorow nie erholt. Sein Gesundheitszustand verschlechterte sich rapide, er bekam Parkinson, verlor sein Augenlicht und am Ende auch die Sprache. Einige seiner Schüler sind davon überzeugt, dass zwei Ereignisse die Auslöser der Krankheiten waren: seine öffentliche Entehrung und ein Angriff, der zu einem Schädelhirntrauma führte. Kolmogorow wurde nämlich auf einem Gang durch ein Universitätsgebäude von einer schweren Tür getroffen. Er selbst war sicher, dass sie von jemandem, den er noch habe weglaufen sehen, bewusst aufgestoßen worden war, um ihn zu treffen.[41] Solange er konnte, und vielleicht sogar noch ein wenig länger, unterrichtete Kolmogorow weiter an der Internatsschule. Er starb mit vierundachtzig – des Sprechens nicht mehr fähig, blind und gelähmt, aber umgeben von seinen Schülern, die ihn in den Jahren zuvor rund um die Uhr versorgt hatten.[42]

Der ideologische Konflikt, der die von Kolmogorow vorgeschlagenen Reformen verhinderte, bestand tatsächlich. Sein Plan zielte darauf ab, die Oberschüler nach ihren mathematischen Interessen und Fähigkeiten in Gruppen aufzuteilen, damit die begabtesten und motiviertesten unter ihnen schneller vorankamen. Am sowjetischen Oberschulsystem herrschte hingegen das Konzept der Uniformität: Alle sollten das Gleiche lernen, und zwar zur gleichen Zeit und nach den gleichen Schulbüchern.[43] Andererseits gierte die Sowjetunion nach internationaler Anerkennung und Prestige – und dies zunehmend lauter, als der Technologie-Wettlauf in der zweiten Jahrhunderthälfte in seine heiße Phase eintrat. Ebenso wie die Welt der Erwachsenenmathematik eine gewisse Anzahl von Genies kultivieren musste, um mit ihnen auf internationalen Kongressen punkten zu können, so musste es auch eine kleine Welt von begabten Kindern geben dürfen, die in geschützter Atmosphäre »herangezüchtet« werden, und sei es nur, damit das Land jemanden bei den internationalen Mathematik- und Physik-Olympiaden ins Rennen schicken konnte. Und ebenso wie die Welt der Erwachsenenmathematik war auch die Welt der Schülermathematik leider zu klein, um alle diejenigen bequem darin unterzubringen, deren Talente eigentlich eine Aufnahme gerechtfertigt hätten. Ein jüdisches Kind musste daher doppelt so gut sein wie ein nichtjüdisches Kind und viermal so gut wie das Kind eines Funktionärs, um zugelassen zu werden.

Vielleicht weil es so wenige Schulen gab, waren sie alle sehr ähnlich und legten, ganz im Sinne Kolmogorows, nicht nur großes Gewicht auf Mathematik und Physik, sondern auch auf Musik, Dichtung und Wandern. Natürlich hatte das maßgeblich damit zu tun, dass zahlreiche Schüler Kolmogorows direkten Einfluss auf diese Schulen hatten. Allerdings wurden sie streng überwacht: Kolmogorows Internatsschule bekam häufig Besuch von Ideologieinspektoren, die noch wachsamer wurden, nachdem seine Lehrplanreform öffentlich diskreditiert worden war. Förderer mussten die Schule des Öfteren bei den Behörden in Schutz nehmen, denn die verfuhren nach dem Grundsatz, dass »Eliteerziehung [...] in unserer Gesellschaft nicht zulässig« sei.[44] Zu einem bevorzugten Objekt von Denunziationen – seitens besorgter Eltern ebenso wie durch aufgebrachte Lehrer für Sowjetangelegenheiten – wurde augenscheinlich die Moskauer Schule Nr. 2, deren Mitbegründer schließlich entlassen wurden;[45] und die Schule Nr. 239 verlor auf Druck des KGB einige ihrer beliebtesten Lehrer,[46] zudem wurde der Direktor gerügt, weil er zu viele jüdische Kinder aufnehme.[47] (Auch zwei von vier Leningrader Mathematikschulen wurden in den 1970er Jahren geschlossen, weil sie, so wird jedenfalls erzählt, zu viele jüdische Schüler hatten.)[48] Gemeinsam war allen Mathematikschulen die enorme Dichte an brillanten Schülern, begnadeten Lehrern und Wissensdurst: Die Schüler mussten nur zwei oder drei Jahre auf diesen Schulen bleiben, von denen man nie wusste, ob sie nicht morgen von den Behörden geschlossen werden.

Die Auswahlverfahren für die Lehrer konnten mit denen an den besten sowjetischen Universitäten mithalten; viele unterrichteten ohnehin an beiden Institutionen. Kolmogorow hatte seine Studenten an seine Schule geholt, und diese wiederum zogen ihre eigenen Schüler heran. Manche Lehrer kamen, weil ihre Kinder die Schule besuchten, manche wurden ebendeshalb unter Druck gesetzt. Wie sich Schüler der Schule Nr. 2 erinnerten, verlangte deren Direktor zu der Zeit, als die intellektuelle Elite Moskaus die Schule für sich entdeckte, eine Gegenleistung für die Aufnahme der Kinder: Wer von den Eltern Dozent an der Universität war, musste an der Schule Wahlfächer anbieten.[49] Daher prunkten die Ankündigungen der Schule mit Wahlfachkursen, zum Teil angeboten von Spitzenforschern auf den jeweiligen Gebieten – einmal waren es über dreißig Kurse.[50] Hätte es freilich mehr solcher Schulen gegeben, wäre die Konzentration herausragender Dozenten nicht so hoch gewesen. Indem die sowjetischen Behörden versuchten, die Zahl der Schulen niedrig zu halten, schufen sie in Wirklichkeit einen Nährboden für Freidenker.

»Was die Schule von anderen unterschied, waren die Talente der Schüler und ihre Leistungen, sie machten diese Schulen immer beliebter«, so die Erinnerung eines Bostoner Computerwissenschaftlers, der 1972 seinen Abschluss an einer Leningrader Mathematikschule gemacht hatte.[51] In der Welt draußen, außerhalb der Schule zollten sich Gleichaltrige wechselseitigen Respekt aufgrund sportlicher Leistungen; das Parteiestablishment belohnte hingegen proletarische Herkunft oder fleißige Mitarbeit im Komsomol (der kommunistischen Jugendorganisation der KPdSU). Innerhalb der Schule setzte man sich jedoch über die ideologischen Forderungen der Außenwelt hinweg: Einige Schulen gestatten es ihren Schülern, keine Uniformen zu tragen (Jackett, Krawatte und Kurzhaarschnitt waren allerdings obligatorisch).[52] Manche Lehrer lasen im Unterricht aus verbotenen literarischen Werken vor (ohne jedoch Autor und Titel zu nennen).[53] »Was ist mit sechzehn oder siebzehn wohltuender, als nicht lügen zu müssen?«, fragt der Autor Michail Berg in seinen Erinnerungen an seine Zeit in einer Leningrader Mathematikschule. »Man hatte ein Vorstellungsgespräch, man wurde zugelassen und damit zum Mitglied einer Gemeinschaft, in der alles Sowjetische eine so viel geringere Rolle spielte als sonst in der Gesellschaft. Man musste zahlen für das Privileg, in diesem Mikroklima atmen zu dürfen: Tag für Tag musste man mit krummem Rücken Gaben auf dem Altar der Götter darbringen – der beiden Schwestern Mathematik und Physik sowie ihrer Mutter, der Logik. Mathematik und strenge Logik ließen einfach keinen Raum für die Ideologie: Diese konnte sich mit Logik ebenso wenig mischen wie Wasser mit Öl.«[54] Natürlich waren das immer noch sowjetische Schulen mit allem, was dazugehörte: Komsomolorganisation, Denunziation und »militärischer Grundausbildung«. Im Vergleich zu normalen Schulen aber waren die Grenzen dessen, was man sagen und denken konnte, so weit gezogen, dass sie kaum spürbar waren. Den Schulen gelang es, eine Blase zu schaffen, die dem Druck durch den Sowjetstaat standhielt. Sie schützte Schüler, die wie Berg ihre Beiträge in der Währung der Mathematik zahlten, um ein gewisses Maß an intellektueller Freiheit zu gewinnen, und solche, die ihre Gebühr in der Währung intellektueller Mühen entrichteten – indem sie, zum Beispiel, die Antike studierten –, um frei zu sein, Mathematik treiben zu können. Zu diesen gehörte Perelman.

Die Schulen lehrten die Kinder nicht nur, wie man denkt, sondern auch, dass Denken belohnt wird – und zwar gerecht. Mit anderen Worten: In diesen Schulen wurden Kinder erzogen, die für ein Leben in der Sowjetunion denkbar ungeeignet waren – wahrscheinlich sogar für das Leben in der wirklichen Welt überhaupt und überall. Die Schulen produzierten freidenkerische Snobs. Ein Schüler von Kolmogorows Internatsschule studierte bei Juli Kim, einem der bekanntesten Sänger, Songschreiber und Dissidenten in der Sowjetunion, der an der Schule Literatur unterrichtete (bis er 1968 auf Druck des KGB entlassen wurde): »Seinetwegen fühlten wir uns wie die Götter: Wir führten unser Leben und hatten unsere Leistungen und wir hatten unseren eigenen Orpheus, der unser Lob sang.«[55]

Das Sowjetsystem, höchst sensibel für jedwede Form von Devianz, hat diese Kinder abgelehnt, ihnen alle erdenklichen Knüppel zwischen die Beine geworfen, sobald sie mit der Schule fertig waren. In dem Jahr, in dem auch ich von der Mathematikschule in Moskau abgegangen wäre (wenn meine Familie nicht zuvor in die Vereinigten Staaten emigriert wäre), bekam keiner meiner Klassenkameraden einen Studienplatz an der Abteilung für Mechanik und Mathematik der Moskauer Universität – eine Tatsache, vor der uns die Lehrer regelmäßig warnten. Die Schüler der Leningrader Schule Nr. 239 waren in ihrer Mehrzahl überzeugt – manche sagen, zu Recht –, sie könnten ihr erstes Jahr an jeder Universität durchschlafen und trotzdem die besten Prüfungen ablegen. Dennoch wurden so wenige von ihnen an der Leningrader Universität zugelassen, dass die Schulleitung sich mit einer zweitklassigen Hochschule ins Benehmen setzen musste, um ihre hochgebildeten und höchst selbstbewussten Zöglinge unterzubringen.[56] Wahrscheinlich hielten sie sich für Götter, mussten aber, wenn sie die Schule verließen, feststellen, dass sie sich außerhalb des wohlorganisierten und gut abgeschirmten Hauptstroms der Sowjetmathematik befanden. Nicht alle von ihnen – möglicherweise nicht einmal die Mehrheit – wurden Mathematiker, aber wer es wurde, war bestimmt für die seltsame Welt der alternativen mathematischen Subkultur.

Kolmogorow selbst war für das offizielle mathematische Establishment kein Unbekannter, sondern durchaus ein Insider. Als solcher war er jedoch ziemlich exzentrisch, geschützt nur durch sein Ansehen in der internationalen Welt der Mathematik, das er sich früh erworben hatte und anscheinend mühelos über Jahrzehnte konservieren konnte. Gleichwohl verbrachte er Monate und Jahre seines Lebens mit Verhandlungen über Unterrichtsstunden, Gehaltserhöhungen und Wohnungen für Mitglieder der Akademie. Alles in allem war er aber in dem, was er sagte und tat, äußerst vorsichtig – er machte kein Geheimnis aus seiner Angst vor der Geheimpolizei (und ließ sogar durchblicken, dass er mit ihr zusammenarbeitete).[57] Dessen ungeachtet wurde er 1957 als Dekan der Abteilung für Mechanik und Mathematik der Moskauer Universität gefeuert, nachdem von seinen Studenten dissidente Töne zu hören gewesen waren.[58]

Trotz der Unbill, die das Leben im Establishment täglich mit sich brachte, hielt Kolmogorow an den Idealen fest, die er seinen Studenten vermittelte. Von mathematischen Ideen konnte er sich mit einer Leichtigkeit trennen, für die er berühmt war: Nachdem er einige wenige Wochen lang an den Grundlagen eines Problems gearbeitet hatte, übergab er es einem Studenten, der dann vielleicht

Monate oder sein ganzes Leben lang daran arbeitete.[59] Urheberschaft interessierte ihn herzlich wenig, wenn nur die großen Probleme der Mathematik überhaupt gelöst wurden.[60] Mit anderen Worten: Sogar als er vom Establishment als der größte russische Mathematiker seiner Zeit anerkannt und gefeiert wurde, trat er für alle Ideale der mathematischen Subkultur in der Sowjetunion ein. Seine zahlreichen Schüler standen an der Spitze dieser Kultur, deren Leitbild er selbst, Kolmogorow, war.

Seine Vision war das Evangelium für seine Schüler und für deren Schüler und noch für die nächste Generation. Und diese Vision handelte von einer Welt ohne Unehrlichkeit und Hinterhältigkeit, ohne Frauen und andere ungebührliche Zerstreuungen, von einer Welt, in der es nur die Mathematik und wunderbare Musik gibt und in der jeder für seine Leistungen gerecht belohnt wird. Mehrere Generationen junger russischer Mathematiker glaubten daran. »Viele von uns«, schreibt Michail Berg, »hätten die Schule nach dem Abitur gern mitgenommen, wie die Schildkröte ihren Panzer, denn wir fühlten uns nur innerhalb der Grenzen ihrer präzisen und logisch nachvollziehbaren Regeln zu Hause.«

Ein Leben innerhalb der Grenzen logischer und nachvollziehbarer Regeln – das hatte Rukschin seinem Schüler Perelman als Gegenleistung anzubieten, und zwar für dessen heldenhafte Anstrengung, in nur einem Sommer Englisch zu lernen. Rukschin seinerseits konnte nun sein eigenes Projekt realisieren. Matheclubs verhalten sich zu Mathematikschulen wie eine außerschulische Garagenband zu einer Hochschule für Darstellende Künste: Die eine bietet Erholung vom Schulalltag, kann aber auch der

Beginn einer Profikarriere sein; die andere ermöglicht ein totales Eintauchen in die Sache und eine Zukunftsperspektive. Es sind zwei verschiedene, wenn auch miteinander verwandte Welten. Und Rukschin hatte sich in den Kopf gesetzt, aus diesen beiden Welten eine zu machen. Zum ersten Mal in der Geschichte der Leningrader Matheclubs besuchten praktisch alle Clubmitglieder, wenn sie ins entsprechende Alter kamen, zusammen die Oberschule. Normalerweise mussten sie sich für ihre letzten zwei Gymnasialjahre an einer der beiden Leningrader Mathematikschulen bewerben – und sie mussten zugelassen werden; dann wurden sie zumeist auf verschiedene Klassen verteilt, damit der Mathematikunterricht einer Jahrgangsstufe nicht zu sehr durch eine Klasse verzerrt wurde. Man ging davon aus, dass sich Clubmathematiker an den Mathematikschulen langweilten und darauf warteten, dass die anderen, sozusagen die talentierten Amateure unter Berufssportlern, aufholten. Rukschin dagegen hatte eine ganz andere Vorstellung: Er wollte eine Klasse, die mehrheitlich aus Clubmitgliedern bestand, dazu einige Jungen aus einem Physikclub sowie ein paar außergewöhnlich begabte und motivierte Kinder. Alle anderen, das war ihm am wichtigsten, sollten draußen bleiben, vor allem diejenigen, die nicht von der Mathematik oder zumindest den Naturwissenschaften besessen waren, damit, wie Rukschin mir fünfundzwanzig Jahre später erklärte, »der Blödsinn nicht Anklang findet und sich ausbreitet«. War er etwas milder gestimmt, sagte er auch, er habe seine Schützlinge mit anderen jungen Leuten zusammenbringen wollen, die ähnliche Interessen hatten, schließlich hätten sie ja nicht die Möglichkeit gehabt, »nach Eton zu gehen«. Auch organisatorische Fragen hätten eine Rolle gespielt: »Sie konnten dann alle zusammen zum Club kommen, und es wäre nicht so gewesen, dass die einen um eins aus der Schule kommen und die anderen um vier. Ich konnte mich mit ihren Lehrern absprechen, was sie in Mathematik und Physik lernen sollten und was ich im Club abdecken würde. Wenn es um begabte Kinder geht, sind konzertierte Aktionen immer besser. Viele von ihnen waren schwarze Schafe, und auf diese Weise konnten sie einen Lehrer haben, der sie so behütete wie ich.« Waren Trainer und sein Matheclub erst einmal zum Lebensmittelpunkt dieser Kinder geworden, ließ er sich von seinem Weg nicht mehr abbringen.

Die einzige Hürde für sein Vorhaben, Perelman und seinesgleichen einen größeren und besseren Kokon zu verschaffen, war das Fremdsprachenproblem. Die sowjetischen Schulen boten ab der fünften Klasse Englisch, Deutsch oder Französisch an, ein Schulwechsel hing also davon ab, ob der Fremdsprachenunterricht passte. An der Schule Nr. 239 wurde Englisch gelehrt und, wenn sich genug Schüler fanden, auch Deutsch. Perelman aber hatte vier Jahre Französisch gehabt. Mir hatte Rukschin gesagt, sein eigenes Englisch sei miserabel, und gab mir eine Kostprobe: »My knowledge of English leaves very much to be desired« – gesprochen mit dem Akzent der Königin von England. Das ist typisch Rukschin: Entweder ist sein Englisch hervorragend und er will gelobt werden oder es ist tatsächlich so ärmlich, wie er behauptet, und er hat tatsächlich nur diesen einen Satz auf Lager. Wie auch immer, in jenem Sommer, in dem Grischa sein vierzehntes Lebensjahr vollendete, dominierten Rukschin und sein seltsames Englischprojekt das Leben des Jungen.

Perelmans Mutter hatte nichts dagegen, dass ihr Sohn sich dieser anstrengenden Kur unterzog. Überhaupt hatte sie allen Forderungen Rukschins nachgegeben – auch wenn das bedeutete, dass die Familie, zu der inzwischen noch eine kleine Lena gehörte, den Sommer in der Stadt verbringen musste und nicht in ihrer Datscha wie die anderen Leningrader Familien, die, wenn man dies so nennen kann, zur sowjetischen Mittelschicht gehörten. Rukschins eigene Schwiegermutter dagegen habe herumgezetert: »Da hatte ihre Tochter nicht nur einen armen Mathematiker geheiratet, nein, der holte jetzt auch noch seine Jungen Pioniere ins Haus.« In der Wohnung waren sie nicht willkommen, also verbrachten Rukschin und Perelman ihre Tage mit Spaziergängen in den großen historischen Parks der Stadt, erst mit Lehrbüchern, dann indem sie sich auf Englisch unterhielten. Und wieder erwies sich Rukschin als hervorragender Trainer. Als der Sommer zu Ende ging, war Perelman bereit für die Schule Nr. 239. Jahre später schrieb er ein exzellentes, nicht nur korrektes, sondern auch idiomatisches Englisch – was zum Teil sicher daran lag, dass er nach seiner Promotion einige Jahre in den Vereinigten Staaten verbrachte; die Grundlagen aber hatte ihm Rukschin auf diesen Parkspaziergängen beigebracht.

Nun also konnten alle »schwarzen Schafe« Rukschins zusammen zur Schule gehen. Siebenundzwanzig Jahre später sprach ich mit einer russisch-israelischen Psychologin, der Ehefrau von Boris Sudakow, einem Club- und späteren Klassenkameraden Perelmans.[61] Der Vorschlag, mit ihr zu sprechen, kam von Boris, weil sie eine gewisse Unausgeglichenheit bei Perelman beobachtet hatte, als dieser Mitte der 1990er Jahre bei ihr zu Besuch in Israel war. Ich wollte wissen, ob ihr damals etwas aufgefallen sei, das auf seine spätere merkwürdige Entwicklung hätte hinweisen können. »Ach was«, sagte sie, offensichtlich irritiert, »ich habe auch andere Klassenkameraden von Boris gesehen, die sind alle so. Verschroben. Als wären sie aus einem anderen Holz geschnitzt.« Der russische Ausdruck, den sie gebrauchte, lautete wörtlich »aus einem anderen Teig gemacht«, ein Ausdruck, der gut auf die pummeligen blassen Jungen passte, die zu blassen teigigen Männern heranwuchsen.

Die Idee, diese Jungen in einer einzigen Klasse zu unterrichten, fanden manche Lehrer an der Schule Nr. 239 verrückt. »Sie hielten damit während der Konferenzen auch nicht hinter dem Berg, es war ihnen einfach zu schwer mit dieser Klasse«, so die heutige Direktorin Tamara Jefimowa, damals noch stellvertretende Direktorin. »Da gab es zum Beispiel einen Jungen, der war so begabt, und seine Lehrerin kam zu mir, den Tränen nahe, und ich fragte den Jungen, was los sei, und er sagte: ›Tamara Borissowna, ich bin rechtzeitig zu Hause losgegangen, aber dann musste ich über etwas nachdenken‹. So waren sie, schwer zu verstehen: Sie saßen hinten in der Klasse, die Lehrerin sagte, was sie zu sagen hatte, und wer weiß, was sie da hinten taten, wahrscheinlich dachten sie wieder nach.« Die Direktorin, eine kleine, kompakte Frau mit Bürstenhaarschnitt, sah eher aus wie eine beliebte Sportlehrerin denn wie die Leiterin einer Eliteschule, die sich für ein russisches Dalton oder Eton hält. Als junge Frau leitete sie eine Oberschule auf einem Militärstützpunkt, dessen Namen sie noch immer nicht nennen will. Die Partei hatte sie an die Schule Nr. 239 geschickt. Sie sollte ein Auge auf die übermäßig liberale Atmosphäre der Schule haben und galt dort offenbar als annehmbares Übel: Sie empfand echte Bewunderung für die Intellektuellen, die hier unter ihrem Regiment standen. Sie verstand es, sich bei den endlosen Parteiinspektionen, die die Schule über sich ergehen lassen musste, geschickt zu verhalten. Und sie brachte Dinge zuwege, die keiner ihrer hochgebildeten Vorgänger hingekriegt hatte – zum Beispiel wurde das undichte Dach repariert und die prächtige Aula der Schule restauriert. Dass sie aber zugestimmt hatte, eine eigene Klasse aus den Jungen zu bilden, die vom Matheclub kamen, erschien manchen Lehrern offenkundig als Ausdruck ihrer fehlgeleiteten Neigung zum Intellektualismus; mehrere Kollegen, so behauptete sie, hätten die Schule deswegen unter Protest verlassen.[62] Nichtsdestotrotz nahm die erste Clubklasse an der Schule Nr. 239 im September 1980 ihre Arbeit auf.

Manche Menschen sind geborene Lehrer. Einige davon habe ich kennengelernt, und sie sind schon eine eigene Spezies: äußerst empfindsam, dünnhäutig wie die Kinder oder Jugendlichen, auf deren Bedürfnisse sie so gut eingestellt sind, zugleich unerschütterlich davon überzeugt, dass aus ihren besten Schülern Erwachsene werden, die klüger und insgesamt besser gebildet sein werden, als sie selbst es sind. Waleri Ryschik, Jahrgang 1937, war der geborene Mathematiklehrer.[63] Mit fünfundzwanzig war er an die Schule Nr. 239 gekommen, wirkte mit an der Erstellung des Lehrplans für Mathematik; achtundzwanzig Jahre lang hatte er dieses Fach unterrichtet, als er, gegen seine lautstarken Einwände, die von Rukschin geschaffene Clubklasse übernehmen musste, und zwar nicht nur in Mathematik, sondern auch als Klassenlehrer.

In seinem Unterricht der Durchschnittsschüler an der Schule Nr. 239 – die an anderen Schulen als sehr gute, aber nicht als außergewöhnlich begabte Schüler aufgefallen waren – ließ sich Ryschik von der Vorstellung leiten, man müsse mit den Besten so arbeiten, dass der Rest »mitgezogen« werde. In normalen Jahrgängen, so erinnerten sich ehemalige Schüler, hat er sich zu Beginn des Schuljahres fünf Spitzenschüler ausgesucht und seine ganze Aufmerksamkeit auf sie gerichtet, während die anderen durch Zuschauen gelernt hätten.[64] »Es gab Inspektoren, die mich kritisierten, weil ich nicht mit den durchschnittlichen Jungen arbeitete«, sagte mir Ryschik 2008 – damals war er fast ein halbes Jahrhundert im Schuldienst –, »und ich erwiderte, es komme nicht darauf an, mit den durchschnittlichen Schülern zu arbeiten, sondern mit den begabten – und das ist wirklich schwer, weil sie alle so unterschiedlich sind. Wenn man den Unterricht so gestaltet, dass er sie nicht interessiert, halten sie das ein oder zwei Tage lang aus, dann beginnen sie sich zu langweilen und fragen sich, was sie an dieser Schule zu suchen haben. Das darf nicht passieren. Man muss dafür sorgen, dass sie glänzende Augen bekommen; aber wie man das macht, das kann ich Ihnen nicht erklären.«

Nun, da er eine Gruppe von zehn außergewöhnlich begabten Schülern zusammen mit fünfundzwanzig anderen übernehmen sollte, sah Ryschik unüberwindliche Schwierigkeiten auf sich zukommen. Die Jungen aus dem Club waren tatsächlich sehr verschieden. Alexander Golowanow, das Wunderkind, saß, wie sich Ryschik erinnerte, vorn »und ließ keinen anderen zu Wort kommen. So ein kleiner Bursche.« Grischa Perelman saß hinten. Nie habe er etwas gesagt, »es sei denn, eine Lösung oder eine Erklärung war korrekturbedürftig. Dann hob er die Hand.« Ryschik ahmte die Bewegung nach, indem er seine Hand ganz leicht über dem Schreibtisch anhob. »Man konnte es kaum sehen. Er sprach das letzte Wort.« Niemals habe er sich, wie es bei den anderen Ausnahmeschülern durchaus vorkomme, ablenken lassen oder sich während des Unterrichts mit anderen Aufgaben beschäftigt. Er saß da und hörte sich Debatten an, die für ihn selbst von keinerlei praktischem Nutzen waren. Regeln waren eben Regeln, und wenn man in der Schule war, hörte man eben zu.

Mit Jungen wie Perelman hatte Ryschik schon früher zu tun gehabt. »Jedes Jahr bekamen wir so einen wie ihn. Merkwürdigerweise waren sie alle außerordentlich bescheiden und zurückhaltend. Keiner von ihnen bildete sich etwas auf seine Leistungen ein, und ich glaube, das ist eine notwendige Vorbedingung, wenn man es später zu etwas Außergewöhnlichem bringen will. Ich habe auch Jungen wie Golowanow kennengelernt, aber ich habe nie gehört, dass sie in der Mathematik etwas Hervorragendes geleistet haben – sie stagnieren, sobald sie Professoren geworden sind. Diejenigen, die es zu mehr bringen, sind ein anderer Menschenschlag.« Mit seinem geübten Lehrerauge entdeckte er einen Schüler, dem man mit größter Hochachtung begegnen muss, sofort.

Ryschik versuchte, eine persönliche Beziehung zu Perelman aufzubauen – nicht zuletzt, weil Grischas Mutter ihn darum bat. Kurz nach Schuljahresbeginn sei sie zu ihm gekommen, mit zwei Bitten: Er solle dafür sorgen, dass Grischa etwas aß, wenn er in der Schule war, und dass er seine Schnürsenkel band. Eine Mutter im Westen hätte ihrem Sohn wahrscheinlich Schuhe ohne Schnürbänder besorgt, aber die sowjetischen Läden konnten mit solchen Angeboten für zerstreute Schulkinder nicht dienen. An beiden Aufgaben ist Ryschik gescheitert: Perelman sei mit losen Schnürsenkeln herumgelaufen und gegessen habe er auch nicht. »Vielleicht konnte er sich nicht ablenken«, überlegt Ryschik, »vielleicht war sein ganzes Nervensystem so auf den Lernprozess eingestellt, dass er nicht lokkerlassen konnte. Oder es war der Blutdruck – vielleicht dachte er, dass er mit vollem Bauch nicht mehr präzise denken konnte.« Es könnte auch sein, dass das Essen in der Schule für Perelman zu abwechslungsreich war. Jeden Tag gab es in der Cafeteria etwas anderes, und da jeder Junge aus der Matheclub-Gruppe sein ausgesprochenes Lieblingsessen hatte, machten sie am Nachmittag auf dem Weg von der Schule zum Pionierpalast Halt und holten sich etwas zum Auftanken. Natürlich hatte Perelman das einfachste und schnellste System: Er ging zur Bäckerei auf dem Liteiny Prospekt und holte sich einen Leningradwecken, ein großes Stück Weizenbrot mit Rosinen innendrin und gehackten Erdnüssen obendrauf. Da Perelman keine Erdnüsse mochte, kratzte Golowanow sie ab und aß sie auf. Manchmal wollte sich der übermütige Golowanow auch bei den Rosinen bedienen, woraufhin ihm Perelman kräftig auf die Finger gab.[65]

Montags blieb Perelman nach dem Unterricht in der Schule und besuchte Ryschiks Schachklub. Gespielt wurde Blitzschach, für das man angeblich mehr Intuition als Kalkulation braucht, aber Perelman machte sich sehr gut und gewann sogar zweimal gegen Ryschik höchstpersönlich – wahrscheinlich weil das, was Schachspieler Intuition nennen, in Wirklichkeit die Fähigkeit ist, komplexe Systeme mit einem Blick zu erfassen. Genau das war Perelmans Stärke.[66] Doch auch an diesen wöchentlich wiederkehrenden Nachmittagen wagte sich der taktvolle und in Ehrfurcht erstarrte Ryschik bei Perelman nie auf ein persönlicheres Terrain; nie habe er ein Thema angeschnitten, das über Schule, Schach und Mathematik hinausgegangen sei. Er rief ihn im Unterricht auch nicht auf, sondern hielt ihn sich als, wie er sich ausdrückte, »Befehlsreserve« für besonders schwierige Aufgaben.

Dem Rest der Truppe dagegen suchte Ryschik ein allumfassender Führer zu sein. Am Sonntag – damals dem einzigen freien Tag für sowjetische Schulkinder – fuhr er mit seiner Klasse aufs Land, zu Wanderungen oder Orientierungsmärschen. Im Sommer unternahm er mit einzelnen Gruppen von Jungen wochenlange Ausflüge in schwieriges Gelände im Kaukasus oder in den sibirischen Wäldern. Perelman kam nie mit. Er sei, so Ryschik, ein Stubenhocker gewesen, habe aber an den in der Mathematikschulenkultur obligatorischen Wanderungen, die Rukschin für seine Clubjungen organisierte, teilgenommen; ansonsten gehörte er außerhalb der Schule Rukschin. Beide, Rukschin und Ryschik, praktizierten Kolmogorows Methode: Sie sahen in den langen und kräftezehrenden Wanderungen ein Mittel, die Jungen zu den Menschen zu machen, die sie sehen wollten, wobei Rukschin den Schwerpunkt auf Literatur, Musik und eine umfassende Bildung legte,[67] Ryschik hingegen eher auf allgemeine Werte wie Anständigkeit, Ehrlichkeit und Verantwortlichkeit.[68] Mehr als zwanzig Jahre hatte Ryschik auf diese Weise erfolgreich unterrichtet, doch mit der Clubklasse von

1982 war es anders. Er war, so sein Eindruck, an ihr gescheitert.

»Die Klasse zerfiel in zwei Gruppen, die eine wollte lernen, die zweite hatte andere Dinge im Kopf. Ich habe es nicht geschafft, beide unter einen Hut zu bringen.« Die Jungen vom Matheclub bildeten den Kern der Lerngruppe. Auf einer sonntäglichen Wanderung in ihrem zweiten und letzten Jahr an der Schule Nr. 239 überredete ein Schüler aus dem Matheclub einen Klassenkameraden, der nicht aus dem Club war, sich an einem chemischen Experiment zu beteiligen. Er gab ihm eine Substanz, sagte ihm aber nicht, dass sie hochexplosiv ist, wenn sie erhitzt wird. Als der Junge zu nahe ans Lagerfeuer kam, explodierte der Stoff in seiner Hand und riss diese am Gelenk ab. »Der Junge hat überlebt – Gott sei Dank«, sagte Ryschik. »Den anderen hielt ich dann einen Vortrag. Ich erinnere mich noch genau daran. Ich sagte: ›Stellt euch vor, wir sind auf einem Ausflug und haben uns irgendwo einen Lagerplatz für die Nacht gesucht. Und denkt euch in der Nähe einen See. Mir gefällt nicht, wie der See aussieht, ich finde ihn unsicher, also sage ich euch, ihr sollt unter keinen Umständen ohne mich dahin gehen. Aber dann kommt einer von euch doch auf die Idee, dort nachts zu baden. Wer wird mich aufwecken und mir sagen, was los ist?‹ Niemand! Und ich sagte: ›Seht ihr, was passiert? Jemand könnte sterben! Ihr begreift das vielleicht nicht, ich dagegen schon. Aber ihr mit eurem dummen kindischen Wertesystem, dass man unbedingt zusammenhalten muss, werdet dennoch den Mund halten. Das heißt, ihr habt nichts gelernt aus der Geschichte mit der Explosion. Ihr habt das immer noch nicht begriffen.‹«

Rukschins Clubschulexperiment störte das empfindliche Gleichgewicht, das nicht nur an der Schule Nr. 239 und anderen Mathematikschulen herrschte, sondern auch in der sowjetischen Erwachsenenwelt, an deren Rand die mathematische Subkultur ihr Dasein fristen konnte, solange sie ihre Ideen nicht auf die Straße trug. In Ryschiks Klasse versagten die üblichen Regeln, mit denen die Lehrer Konfrontationen zwischen den Genies und den anderen in der Klasse vermeiden wollten: Das Kontingent der Genies war zu groß, zu männlich und zu adoleszent. Es herrschte Krieg, und Ryschik hatte wohl zu Recht das Gefühl, dass er den Schülern nicht klarmachen konnte, wie falsch das war. Ein Vierteljahrhundert später kam der Schüler, der seinem Klassenkameraden den Explosivstoff in die Hand gegeben hatte, in seinem Blog gelegentlich auf den Vorfall zu sprechen: ohne Zeichen des Bedauerns.[69] Es gibt keine eindeutige Erklärung für das, was geschehen war. Vielleicht nahmen Rukschins Jungs ihre Klassenkameraden als Vertreter des Systems wahr, das sie auf anderen Schulen gedemütigt hatte; vielleicht waren sie auch schon darauf gekommen, jeden außerhalb ihres kleinen Kreises als Feind zu betrachten. Jedenfalls passierte das, was immer im Krieg passiert: die verfeindeten Seiten sahen sich wechselseitig als Unmenschen. Ryschik stellte die Wanderungen nach diesem Vorfall ein. Im Jahr darauf kam er nur noch einen Tag pro Woche an die Schule und konzentrierte sich stattdessen auf die Fertigstellung eines Lehrbuchs für Geometrie, das er mit seinen Schülern erprobt hatte. Danach wollte er seinen Unterricht an der Schule Nr. 239 wieder aufnehmen, doch sein Gesuch wurde abgelehnt, weil der Direktor die Anzahl jüdischer

Lehrer reduzieren sollte und deswegen zunehmend unter Druck geriet.[70]

Als wir uns trafen, war Ryschik siebzig, lehrte wieder – an einer neuen Eliteschule für Physik und Mathematik –, spielte nachmittags Schach und blickte versöhnlich auf sein Leben zurück, das er großenteils im Schatten der Kompromisse zugebracht hatte, die das sowjetische System immer wieder erzwungen hat. An der Leningrader Universität war er nicht zugelassen worden, weil er Jude war. »Sie machten sich nicht einmal die Mühe, eine Aufgabe zu finden, die ich nicht lösen konnte. Nach der Prüfung wartete ich drei Stunden, ich hatte alle Aufgaben gelöst, und sie ließen mich einfach durchfallen. Ich war damals noch ein Junge. Ich lief heim und weinte.« Er machte seinen Abschluss an der zweitrangigen Herzen-Hochschule und wurde später von ihrem Fachbereich ausgeschlossen, weil zu viele Juden dort waren. Auch seine Dissertation konnte er nicht verteidigen, die auf dem Schulbuch für Geometrie beruhte, dessen Mitautor er war und das angeblich alle Regeln der sowjetischen Lehrmethode verletzte.[71] Wir sind einige Stunden zusammen gewesen, aber es gab nur eine Sache, die er explizit bedauerte: dass ihm das sehr merkwürdige Experiment mit jener Klasse, in der Grischa Perelman Schüler war, misslungen ist.

An Perelman wird das Drama dieses Lehrers, wie auch sonst fast alles, was an der Schule Nr. 239 geschah, ganz sicher vorbeigegangen sein. Nie hat er an den literarischen Dienstagen teilgenommen, an denen Gedichte und andere Texte besprochen wurden, die über die Pflichtlektüre hinausgingen. Auch die Vorgänge rund um die Entlassung

Wiktor Radionows, des Direktors der Schule, dem Pädophilie vorgeworfen wurde, wird er nicht registriert haben.[72] Entgangen sind ihm gewiss die zahllosen ideologischen Inspektionen, die von Lehrern und Schülern verlangten, ihr bestes sowjetisches Schulverhalten an den Tag zu legen, das ohnehin Perelmans zweite Natur war. Mit ziemlicher Sicherheit hat er niemals eine Frage an der angeblich anonymen Frage-und-Antwort-Pinnwand angebracht, die der Geschichtslehrer Pjotr Ostrowski eingerichtet hatte, der einen gewissen Eindruck auf die Schüler machte, weil er auch riskante politische Fragen zuließ und behandelte.[73] Er wurde später als Informant des KGB enttarnt, der Schüler, die heikle Fragen gestellt hatten, aufspürte und sie und ihre Eltern anzeigte.[74]

In einer Zeit, da Karrieren bedroht und ganze Existenzen ruiniert wurden, in der manche Kinder in der liberalen Atmosphäre der Mathematikschulen aufblühten, während andere kämpfen mussten, um mitzuhalten, beschäftigte sich Perelman nur mit einer Sache: Mathematik. Ein Klassenkamerad erinnerte sich gesehen zu haben, wie Perelman und Golowanow auf dem halben Weg zur U-Bahn plötzlich stehenblieben und wie besessen Formeln auf den Bürgersteig kritzelten – direkt vor dem amerikanischen Konsulat. Wahrscheinlich hat Perelman das Konsulat überhaupt nicht wahrgenommen, so wenig wie er das beliebte Kino wahrgenommen haben dürfte, das in dem Kirchengebäude untergebracht war, an das sich die Schule anschloss, oder die gewaltige, halbkreisförmige Marmortreppe und die weißen Marmortafeln mit den Namen der Preisträger bei den nationalen Olympiaden. Später würde auch sein Name in goldenen Lettern hier stehen. Für seine

Klassenkameraden war er wie ein Engel der Mathematik: Er erhob seine Stimme nur, wenn die Lösung sein Eingreifen erforderte; er freute sich auf die Sonntage, weil er dann »endlich ein paar Aufgaben in Ruhe lösen« konnte. Und wenn er darum gebeten wurde, erklärte er jedem Klassenkameraden geduldig jedes mathematische Problem, auch wenn es ihm augenscheinlich völlig schleierhaft war, wie jemand eine so einfache Sache nicht begreifen konnte.[75] Im Gegenzug wurde er von seinen Klassenkameraden freundlich behandelt: Sie erinnern sich an seine Höflichkeit und an seine Mathematik, keiner erwähnte mir gegenüber, dass er mit offenen Schnürsenkeln herumlief – was an der Schule ohnehin nicht selten vorkam – oder dass seine Fingernägel am Ende so lang waren, dass sie sich bogen.[76]

Andere Ehemalige waren der Schule Nr. 239 dankbar für die geistige Offenheit, dafür, ihnen beigebracht zu haben, dass Intelligenz, Bildung und gutes Benehmen belohnt werden, sowie für den Vorsprung, den die Schule ihnen für ihren weiteren Ausbildungsweg verschafft hat. Wäre Perelman jemals auf den Gedanken gekommen, jemandem für etwas so wenig Greifbares zu danken, dann hätte er der Schule Nr. 239 dafür danken müssen, dass man ihn dort in Ruhe ließ. Ich werde den Gedanken nicht los, dass sich Rukschins Club-Schule-Modell überhaupt nur für zwei Menschen bewährt hat: für Rukschin selbst und für Perelman. Für andere Jungen war es zerstörerisch, für Ryschik endete es tragisch. Nur Perelman und Rukschin konnten ihre Symbiose ungehindert weiterleben, und an Perelmans Weltsicht wurde nicht gerüttelt – aber sie erweiterte sich auch nicht. Wie alle schützenden Blasen diente das besondere Milieu der Mathematikschule nicht nur dem Schutz ihrer Bewohner, es isolierte sie auch. An diesem Ort wurde Perelmans unerbittlich logischer Zugang zum Leben nie infrage gestellt, hier konnte er sich ganz auf die Mathematik konzentrieren und musste sich tatsächlich um nichts anderes kümmern. Nichts zwang, nichts brachte ihn dazu, sich der Tatsache zu stellen, dass er unter Menschen lebte, die alle ihre eigenen Ideen und Gedanken hatten, ganz zu schweigen von ihren Gefühlen und Wünschen. Wenn sie heranwachsen, merken viele begabte Kinder plötzlich, dass die Welt der Ideen und die Welt der Menschen miteinander um ihre Aufmerksamkeit und ihre Energien konkurrieren. Und nicht wenige treffen eine Entscheidung, entweder für die eine oder die andere Welt, was sicherlich problematisch ist. Die Schule Nr. 239 ersparte Perelman aber nicht nur die Qual der Wahl, sondern bewahrte ihn auch vor der Einsicht, dass es zwischen den Menschen und der Mathematik überhaupt eine Spannung gibt.

4. Eine perfekte Punktzahl

Irgendwann in ihrem letzten Schuljahr musste Ryschik mit den Eltern einiger Schüler heikle Gespräche darüber führen, wie sie sich die Zukunft ihres Kindes vorstellten; ob sie denn glaubten, dass es zur Universität zugelassen werde. Er selbst hatte geweint, als er abgelehnt wurde, weil er Jude war, und nun stellte er die Eltern zur Rede, weil sie sich seiner Meinung nach nicht genügend mit diesem Problem auseinandersetzten. Er kannte die Feinheiten im Zulassungsverfahren. Am Fachbereich für Mathematik und Mechanik der Leningrader Universität gab es eine Quote: zwei Studienplätze jährlich für Juden. Sie wurde strikt eingehalten, aber nicht um jeden Preis. Im Unterschied zur Moskauer Universität forschte die Mathmech, wie der Fachbereich genannt wurde, die Familiengeschichten der Bewerber nicht aus, um jüdische Verwandte aufzuspüren, aber es kam vor, dass nichtjüdische Bewerber abgelehnt wurden, weil sie jüdisch klingende Nachnamen hatten.[1]

»Ich hatte eine Studentin, die Filipowitsch hieß«, sagte Ryschik. »Das ist kein jüdischer Name, aber er klingt so, jedenfalls wurde sie nicht genommen. So ist Olga Filipowitsch unter die Räder des Systems gekommen.« Die Eltern mussten gewarnt und, wenn nötig, auf Schulen hingewiesen werden, die liberalere Zulassungsbedingungen hatten. Ryschik folgte zwei Regeln: Er sprach nie direkt mit seinen Schülern über diese Dinge, sondern wollte, dass sie von ihren Eltern mit den Tatsachen vertraut gemacht wurden; und er sprach nur dann mit den Eltern, wenn er es für absolut notwendig hielt. Er hasse es, sagte er, sich einzumischen, und noch widerwärtiger musste ihm gewesen sein, als unfreiwilliger Agent eines absurden und grausamen Diskriminierungssystems aufzutreten. Aber wenn er keine andere Möglichkeit sah, habe er mit den Eltern sein sogenanntes »Standardgespräch« geführt: »Sie sollten sich genau überlegen, was Sie mit dem Kind machen wollen, Sie brauchen einen Plan, was Sie tun werden, wenn es nicht funktioniert. Und wie erklären Sie all das Ihrem Kind? Ich habe das ja alles selbst durchgemacht.«

Die betreffenden Kinder waren nicht mehr so jung – von sowjetischen Schulen ging man normalerweise mit siebzehn Jahren ab –, doch selbst für viele ältere Jugendliche war das, worum es hier ging, kaum zu begreifen und zu schwierig, um allein damit fertig zu werden. Das Zulassungssystem sowjetischer Universitäten beruhte auf vier oder fünf mündlichen und schriftlichen Prüfungen, zu denen der Bewerber persönlich in der Hochschule zu erscheinen hatte. Daher konnten sich Oberschüler in einem Sommer an höchstens zwei Universitäten bewerben. Jungen, die keine Zulassung bekamen, wurden zum Militär eingezogen. Als Perelman die Schule abgeschlossen hatte, führte die Sowjetunion seit drei Jahren Krieg in Afghanistan, ungefähr achtzigtausend Wehrpflichtige waren dort ständig im Einsatz, und nichts fürchteten Eltern mehr als die Einberufung.[2]

Für einen jüdischen Jungen mit einer besonderen Begabung für Mathematik gab es eigentlich nur drei Wege, einen Studienplatz zu bekommen: Er konnte die Leningrader Universität auslassen und sich gleich eine andere Hochschule mit weniger diskriminierenden Zulassungsbedingungen aussuchen; er konnte darauf setzen, einer von zwei Juden zu sein, die pro Jahr zugelassen wurden; oder er konnte Mitglied der sowjetischen Mannschaft bei der Internationalen Mathematik-Olympiade (IMO) werden – die vier bis acht Teammitglieder, die jedes Jahr benannt wurden, bekamen die Zulassung zu einer Hochschule ihrer Wahl ohne Aufnahmeprüfung. Boris Sudakow, ein Junge, den Rukschin für nicht weniger begabt hielt als Perelman, der sich in Wettbewerben aber nicht zuverlässig schlug, entschied sich für den ersten Weg. Alexander Lewin, die regierende Nummer zwei im Matheclub, wählte den zweiten. Als Perelman in seinem letzten Schuljahr war, hatte er bei der sowjetischen Olympiade bereits eine Silber- und eine Goldmedaille gewonnen, und niemand, weder er selbst noch die Leute in seiner Umgebung, hegte auch nur den geringsten Zweifel, dass er am internationalen Wettbewerb teilnehmen, im Triumph nach Hause zurückkehren und einen Studienplatz an der Mathmech bekommen würde. Das war eine Erleichterung für Ryschik, der überhaupt keine Lust hatte, sich in das Leben eines Schülers einzumischen, den er so sehr schätzte, zumal der Versuch, Grischa oder seiner Mutter die judenfeindliche Zulassungspolitik klarzumachen, ein wahrscheinlich ohnehin aussichtsloses Unterfangen gewesen wäre. Es hatte den Anschein, dass Ljubow Perelman außergewöhnlich begabt darin war, Tatsachen, die auf der Hand lagen, zu verleugnen, und dass sie diese Begabung an ihr Kind weitergegeben hat.

Was sagt man seinem Kind wann und in welchem Umfang? – Fragen wie diese sind in einer totalitären Gesellschaft, in der abweichende Einstellungen bestraft werden, angstbesetzt. Was ist, wenn das Kind zum falschen Zeitpunkt das Falsche sagt und die Familie in Gefahr bringt? Meine eigenen Eltern, eifrige Konsumenten und gelegentlich auch Produzenten von Samisdat-Literatur,* ließen mich an allen Informationen teilhaben, schärften mir aber immer wieder ein, den Mund zu halten. Bei mehreren Gelegenheiten verplapperte ich mich, was glücklicherweise nicht auffiel. So dankbar ich meinen Eltern bin, dass sie mich wie einen erwachsenen Menschen behandelt haben, so unklug war es wohl von ihnen, ein solches Risiko einzugehen. Die meisten Eltern setzten ihre Kinder solchen Gefahren nicht aus, hielten Dinge von ihnen fern, über die sie in der Schule nichts verlauten lassen durften. Ljubow Perelman scheint eine noch radikalere Strategie verfolgt zu haben: Sie brachte ihrem Sohn bei, dass die Welt genau so ist, wie sie sein sollte.

»Er glaubte nicht, dass es in der Sowjetunion Antisemitismus gab«, hörte ich von Rukschin bei verschiedenen Gelegenheiten. Er sagte das mit der gleichen amüsierten Verwunderung, mit der er mir mitteilte, dass Grischa nie an Mädchen interessiert war, so als würde beides lediglich Perelmans unvergleichliche Reinheit belegen.

Ich fragte Golowanow, der ebenfalls Jude ist, ob das stimme, aber in diesem Punkt schien er, was ich bei ihm selten erlebt habe, überfragt zu sein. Nein, über diese Dinge habe er mit Perelman nie gesprochen. Mir wollte

* »Samisdat-Literatur« bezeichnete in der Sowjetunion in Eigenproduktion gefertigte regimekritische Literatur; Anm. d. Übers.

das nicht einleuchten. Wie konnte jemand, der bei Sinnen war, der Ansicht sein, es gebe in der Sowjetunion keinen Antisemitismus? »Nun, dumm war er nicht«, versicherte er mir.

Wie kann jemand etwas nicht glauben, das so offensichtlich ist wie der sowjetische Antisemitismus? Zwei weitere Fragen drängen sich auf: Was heißt hier »glauben« und was »offensichtlich«? Der sowjetische Antisemitismus war nicht quantifizierbar. Und er war nicht absolut: Die Anzahl der Juden beispielsweise, die in die Mathmech aufgenommen wurden, schwankte von Jahr zu Jahr. Die Diskriminierung wurde nicht offen praktiziert: Wurde einem Juden eine Arbeitsstelle nicht gegeben oder die Zulassung an einer Universität nicht gewährt, wurde in aller Regel ein anderer Grund genannt, nicht die jüdische Herkunft des Bewerbers. Als Perelman dreizehn war, waren alle Jungen, die bei der Leningrader Mathe-Olympiade in seiner Jahrgangsstufe Preise gewonnen hatten, Schüler von Rukschin und Juden. Die Nachnamen der Preisträger und lobend erwähnten Schüler lauteten Alterman, Lewin, Perelman und Zemechman.[3] Das waren vier jüdische Jungen, schlimmer noch, es waren vier *offensichtlich* jüdische Jungen. Wie sich Rukschin erinnerte, habe der – selbst jüdische – Universitätsprofessor, der in diesem Jahr den Vorsitz der Jury führte, als er die Liste sah, seufzend festgestellt: »Wir sollten weniger Gewinner von dieser Sorte haben.«

Ab der achten Klasse wurden die Jungen, die bei der Stadtolympiade die ersten beiden Plätze belegt hatten, zu einem weiteren Wettbewerb eingeladen, mit dem die städtischen Vertreter des nationalen Wettbewerbs bestimmt wurden.[4] Wie zu erwarten, kamen die Sieger dieses Jahres aus Rukschins Club: Alexander Wassiljew und Nikolai Schubin belegten den ersten Platz, Perelman, zwei weitere Jungen und ein Mädchen aus Rukschins Club den zweiten.[5] Nach den Regeln hätten die sechs Jugendlichen an der Auswahlrunde teilnehmen müssen, aber alle sechs waren Juden. Die Namen der beiden Erstplatzierten waren freilich nicht so offensichtlich jüdisch: Wassiljew ist ein slawischer Nachname, Schubin zwar ein jüdischer, klingt aber für Leute, die ein Problem mit Juden haben, nicht ganz so anstößig wie Perelman. Da sie offenbar keinen Ärger haben wollten, schlugen die Organisatoren daher vor, die Auswahlrunde ausfallen zu lassen und entweder Wassiljew oder Schubin zum nationalen Wettbewerb zu schicken. Rukschin jedoch kämpfte um die Auswahlrunde und um Perelmans Teilnahme daran. In seinem Ehrgeiz als Trainer getroffen, gedemütigt wegen seines Lieblingsschülers, setzte er sich durch – fast: Die Organisatoren stimmten einer Auswahlrunde zu, aber nur zwischen den beiden Siegern Schubin und Wassiljew. »Ich bat und bettelte, ich fluchte, ich schrie und ich drohte«, erinnerte sich Rukschin. Am Ende durfte Perelman nicht teilnehmen, aber die Organisatoren sagten, er könne bei der Auswahlrunde anwesend sein und, wenn er wolle, die Aufgaben zur Übung lösen.

Perelman wollte nicht. Wie Rukschin erzählte, sagte er immer wieder: »Ich habe wirklich nicht so viele Aufgaben gelöst wie Schubin und Wassiljew.« Dazu Rukschins Kommentar: »Ich meine, wenn das Sowjetregime jemals einen jüdischen Jungen erzogen hat, der glaubte, dass Menschen stets nach ihren Leistungen belohnt werden, dann war er es.« Schließlich setzte Rukschin Zwang ein, Perelman war anwesend, löste sieben von sieben Aufgaben – das nächstbeste Ergebnis waren drei von sieben – und wurde zum nationalen Wettbewerb zugelassen. Rukschin hatte einen weiteren strategischen Sieg im Kampf gegen den Antisemitismus erzielt, während Perelman bei der gleichen Gelegenheit gerade vorführte, dass sich die Existenz des Antisemitismus nicht beweisen lasse. Warum also sollte er daran glauben? Das wäre so, als würde man glauben, ein Gegenstand sei eine Kugel, weil er rund aussieht, nur um dann zu entdecken, dass er ein kleines verborgenes Loch hat.

Mein Vater hat nach seiner ersten Aufnahmeprüfung geweint, genau wie Ryschik. Meine Mutter verließ die Prüfung, als sie auf dem Pult des Prüfers neben ihrem Namen in schwarzer Tinte das Wort »Jüdin« geschrieben sah. Meine Eltern waren beide vor der antisemitischen Zulassungspolitik gewarnt worden und hatten beschlossen, darauf zu vertrauen, sich aufgrund ihrer Fähigkeiten durchzusetzen. Solange ich mich erinnern kann, machten sie einen ängstlichen Eindruck, wenn sie über die Aussichten meiner Zulassung zur Universität sprachen – das war, wie ich heute weiß, die Angst davor, ihrem Kind erklären zu müssen, dass es in dieser Welt manchmal hoffnungslos ungerecht zugeht. Diese Angst, auch das weiß ich, war ein Hauptgrund für ihre Emigration.

Ljubow Perelman agierte, als folge die Wirklichkeit den Gesetzen. Und fürs Erste kam ihr die Wirklichkeit auch entgegen, wenngleich mit beträchtlicher Unterstützung durch die kleine Phalanx von Grischa Perelmans Freunden und Förderern.

Irgendwann im Herbst 1981 kam Alexander Abramow,

der junge Trainer des sowjetischen Teams für die Internationale Mathematik-Olympiade, nach Leningrad, um zu erfahren, welche von Rukschins Schülern für das Team gemeldet würden. Dessen Ruf als glänzender Trainer hatte sich herumgesprochen, insofern galt es als sicher, dass er jemanden anzubieten hatte. Rukschin nannte zwei Namen: Perelman und Lewin.[6] Beide würden in diesem Jahr ihren Abschluss machen, es war also ihre letzte Chance, an dem Wettbewerb teilzunehmen.

Im Matheclub galt Perelman unbestritten und unerreichbar als Nummer eins, Lewin mit gehörigem Abstand als ebenfalls kaum erreichbare Nummer zwei. Die Ergebnisse im städtischen Wettbewerb bestätigten dies, und die Schüler, die, wie Jugendliche im Allgemeinen und Mitglieder von Rukschins Club im Besonderen, ziemlich von sich eingenommen waren, waren der festen Überzeugung, dass Perelman und Lewin die beiden besten Mathewettbewerber im ganzen riesigen Land waren. Nach Rukschins Ansicht kam Lewins Potenzial dem von Perelman gleich, übertraf es vielleicht noch. Aber in diesem Wettbewerb hatte Lewin zu viele Handicaps. »Seine Eltern verstanden nicht, was es heißt, ein Mathematiker zu sein«, erklärte Golowanow, »Grischas Mutter dagegen wusste das ganz genau. Lewins Eltern dachten, das Studium der Mathematik könnte nützlich sein, wenn man später Ingenieur werden wolle.« Anders gesagt, sie erkannten den Wert der unbeirrbaren Hingabe nicht, zu der Rukschin seine Schüler anspornte. Offenbar bestanden sie darauf, dass er sich seinen anderen Schularbeiten ebenso widmete wie dem Matheclub. »Er war ein zu guter Schüler, kam darum nicht immer zum Club, und das war sein Pech, ein dummer

Zufall, das Tor, das offen blieb. Alik scheiterte an seinem Pflichtgefühl«, sagte Golowanow und spielte dabei auf das offene Tor an, durch das der Legende nach die Türken im fünfzehnten Jahrhundert in das belagerte Konstantinopel eindrangen und es eroberten. »Beim allrussischen Wettbewerb löste er alle Aufgaben bis auf eine, die im Club gelöst worden war.« Das war ein unglaublicher Zufall, allen Regeln und aller Logik entgegen, denn nur ganz, ganz selten wurde im allrussischen Wettbewerb eine Aufgabe verwendet, die bereits anderswo im Umlauf war. Aber da hinter jeder mathematischen Aufgabe ein menschlicher Autor und eine Idee standen, konnte niemand garantieren, dass sie einmalig waren. Und so kam es, dass den Teilnehmern der Allrussischen Mathematik-Olympiade im April 1982 eine Aufgabe gestellt wurde, deren Lösung von jedem Mitglied in Rukschins Matheclub fein säuberlich aufgeschrieben worden war – jedenfalls von jedem, der an der entscheidenden Sitzung teilgenommen hatte. Alexander Lewin aber war just an diesem Tag nicht in den Club gekommen.[7] Er konnte die Aufgabe im Wettbewerb nicht lösen und schaffte es nicht ins sowjetische IMO-Team. Und obwohl weder Lewin noch Rukschin oder gar Perelman dies so geplant hatten, war alles in bester Ordnung: In diesem Jahr fuhr nur Rukschins intelligentester, sein einmaliger, sein Lieblingsschüler zur internationalen Olympiade. Dafür hatte Rukschin sechs Jahre lang gearbeitet und Grischa zum idealen Wettbewerber geformt.

Beim Leningrader Stadtwettbewerb ging es nicht viel anders zu als in jeder x-beliebigen Sitzung eines dortigen Matheclubs: Die Teilnehmer sitzen in Klassenzimmern und lösen Aufgaben, und wenn einer denkt, er habe sie gelöst, hebt er die Hand, um auf sich aufmerksam zu machen. Zwei Preisrichter begleiten ihn hinaus, hören sich seine Lösung an und beurteilen auf der Stelle deren Qualität. Dann kehrt der Teilnehmer in den Klassenraum zurück, um seine Lösung zu überarbeiten oder um die nächste Aufgabe in Angriff zu nehmen.[8] Rukschin erinnerte sich, dass Perelman bei der Auswahlrunde seine Lösung einer Aufgabe erklärte. Nachdem er seinen Weg zu einer der möglichen Lösungen erläutert hatte, befanden die beiden Preisrichter seine Lösung für richtig und wollten schon in den Prüfungsraum zurückgehen. »Warten Sie!«, rief Grischa und hielt einen der beiden an seiner Anzugjacke fest. »Es gibt noch drei weitere Lösungsmöglichkeiten.«[9]

Daran zeigten sich zwei zentrale Eigenschaften Perelmans. Er war, so Rukschin, »wahnsinnig ehrlich, sogar in Momenten, in denen es darauf ankam, Zeit zu sparen«. »Wahnsinnig« ist ein in diesem Zusammenhang wunderbares Wort, um jemanden zu charakterisieren, der nicht nur unfähig ist, die Unwahrheit zu sagen, sondern auch unfähig, nur die halbe, unvollständige Wahrheit zu äußern. Was aber wäre gewesen, wenn Perelman sich geirrt hätte? Wenn zwar der Teil, den er erklärt hatte, richtig war und die vollständige Lösung enthielt, der Rest aber überflüssig? In der Sprache der Mathe-Olympiaden wurde eine Lösung – oder der Teil einer Lösung –, die ihrem Urheber zwar richtig erschien, tatsächlich aber falsch war, *lipa* genannt, ein russischer umgangssprachlicher Ausdruck für »Schwindel«, wörtlich »Linde«. Im Englischen würde man wohl am treffendsten *lemon* – »Zitrone« – sagen. Fast jeder, der mit mir über Perelman sprach, erwähnte vor allem dies:

Bei ihm gab es keine »Zitronen«. Keine. Niemals. So präzise arbeitete sein Geist: Er war nicht nur unfähig zu lügen, er war sogar unfähig, einen ehrlichen Fehler zu machen.

Natürlich machen Mathematiker Fehler. Das gehört zu ihrer Arbeit. Im Unterschied zu Geisteswissenschaftlern können sie nicht davon ausgehen, dass es vielleicht mehrere Wahrheiten gibt. Aber anders als Naturwissenschaftler können sie ihre Hypothesen nicht empirisch an Tatsachen in der Welt überprüfen. Alles, was ihnen zu Gebote steht, sind ihre eigenen geistigen Ressourcen – und die ihrer Kollegen –, mit denen sie ihre imaginären Konstruktionen imaginären Regeln unterwerfen, um zu sehen, ob sie standhalten. Aus diesem Grund kommt dem Begutachtungsverfahren (dem sogenannten Peer-Review) in der Mathematik eine so viel größere Bedeutung zu als in anderen akademischen Disziplinen, und deshalb legt das Clay Mathematics Institute so großen Wert darauf, dass sein Millennium-Preis erst nach einer zweijährigen Wartezeit vergeben wird. Manchmal machen Mathematiker aber auch Fehler, die erst nach Jahren entdeckt werden. Gelegentlich entdecken sie diese auch selbst – wie Poincaré, als ihm aufging, dass er seine eigene Vermutung gar nicht bewiesen hatte. Manchmal werden die Fehler auch von Gutachtern entdeckt. Als Andrew Wiles die erste Version seines Beweises von Fermats Letztem Satz zur Veröffentlichung vorlegte, bemerkte der Berichterstatter einen schwerwiegenden Fehler, den Wiles selbst, allerdings erst zwei Jahre später, reparierte.[10] Junge Mathematiker, die weniger erfahren, auch weniger bereit sind, ihre Lösungen überprüfen zu lassen, machen häufiger Fehler als ihre älteren Kollegen. Dass Grischa Perelman der Auffassung war, er mache keine Fehler, ist keine sonderliche Überraschung; dass er tatsächlich keine machte, allerdings schon.

Umso mehr wird es ihn daher aus der Fassung gebracht haben, dass er, als er es in diesem Jahr endlich geschafft hatte, am nationalen Wettbewerb teilzunehmen, nur Zweiter wurde. Wie beide Trainer – Rukschin und Abramow – behaupten, ist Grischa nach der sowjetischen Olympiade in Saratow wütend geworden. Nie wieder, so verkündete er, werde er gegen jemanden verlieren. »Er hatte vom Blut eines frisch geschlachteten Wettbewerbers gekostet«, so Rukschins makabre Formulierung, »und sein Ehrgeiz ging weit über seine Leistungen hinaus.« Hier scheint Rukschins blumige Sprache die Oberhand zu gewinnen über das, was er von seinem Schüler weiß. Denn was Perelman in Saratow geärgert hatte, war das Gleiche, was ihn immer ärgerte: Es war nicht logisch zugegangen. Wenn er so gut war, dass ihm nie ein Fehler unterlief, wenn sein Verstand so mächtig war, dass ihm bislang noch kein Problem begegnet war, das er nicht knacken konnte, warum war er dann nicht Erster geworden? Darauf gab es nur eine Antwort. Der Grund musste in einem unverzeihlichen menschlichen Fehler liegen: Grischa hatte nicht genug geübt. Und das tat er von da an unablässig. Zerfiel das Leben für andere Kinder in Schule und Freizeit, so gab es für Grischa nur die Zeit, die dem ununterbrochenen Lösen von Aufgaben gewidmet war, und das wenige, was dann noch blieb.[11]

Das IMO-Team von 1982 sollte vier Mitglieder haben. Also wurden sechs ausgewählt, damit im Notfall zwei Ersatzleute zur Stelle waren. Im Januar 1982 versammelte

Abramow ein Dutzend potenzielle Teammitglieder in einer Schule in der Wissenschaftsstadt Tschernogolowka, ungefähr sechzig Kilometer nordöstlich von Moskau. Auch die Nationaltrainer für Chemie und Physik versammelten dort ihre Kandidaten, so dass etwa vierzig der intelligentesten Oberschüler des Landes vor Ort waren und in Viererzimmern des Wohnheims der Schule untergebracht wurden. Sie waren zwischen fünfzehn und siebzehn Jahren alt – siebzehn war das Durchschnittsalter in der letzten Oberschulklasse –, einige durchaus frühreif, was auch für Perelman galt. Mit seinen fünfzehneinhalb Jahren war er keineswegs der Jüngste. Die Teilnehmer waren also noch nicht ganz erwachsen, und obwohl manche von ihnen nicht mehr zu Hause lebten, sondern in Fachschulen mit Internat, hatten sie, wie sie sich später erinnerten, das merkwürdige Gefühl, dort in Tschernogolowka auf sich allein gestellt zu sein. Einer dieser Schüler berichtete, dass er eines Morgens aufgewacht sei und gesehen habe, dass das Wasser in einem Glas, das auf der Fensterbank vor einer zersprungenen Scheibe stand, gefroren war. Obwohl der Raum gut geheizt gewesen sei, habe ihn dieser Anblick erschreckt und deprimiert.[12] Einem anderen blieb in Erinnerung, wie er mit dem Bus in Tschernogolowka ankam und es bereits dunkel war – was dort im Januar schon ab vier Uhr nachmittags der Fall ist. Er habe die Schule nicht gefunden und sei auf den leeren und schwach beleuchteten Straßen der Stadt umhergeirrt, mit einem Koffer voller Anziehsachen und Bücher sowie mit einem Netz voller Lebensmittel. Keine Handschuhe habe er gehabt und sich die Hände wund gerieben, so schwer sei das Gepäck gewesen.[13] Derart traumatische Erinnerungen werden

Grischa Perelman wohl erspart geblieben sein, denn er reiste mit seiner Mutter an. Manche Schüler fanden das schräg und auch ein bisschen peinlich selbst für ein mathematisches Wunderkind, aber an Perelman ging das völlig vorbei.

Auch die äußerst strapaziösen körperlichen Übungseinheiten, die die Schüler absolvieren mussten, schienen ihn kaum zu tangieren. Gemäß Kolmogorows Idealen erwartete man von den Jungs, dass sie nicht nur in ihren jeweiligen Wissenschaften trainierten, sondern auch in sportlichen Disziplinen – eine Gepflogenheit, durch die sich das sowjetische Trainingssystem für Mathematikwettbewerbe von dem westlicher Länder, die ebenfalls Trainingslager für potenzielle Teammitglieder organisierten, unterschied. »Sie haben alle die Mathematiker, Physiker und Chemiker – über dreißig Leute – in einer Turnhalle zusammengeholt«, sagte Alexander Spiwak, der schließlich ins Team kam. Er sei Schüler an Kolmogorows Internatsschule gewesen, wo Sport auch ein wichtiger Bestandteil des Lehrplans war. Doch er könne sich nicht erinnern, dass er sich jemals körperlich so habe anstrengen müssen wie in jenem Training. »Um uns irgendwie zu beschäftigen, ließen sie uns in der Turnhalle zunächst im Kreis laufen und laufen und laufen. Dann gab es dort solche langen Bänke, und der Sporttrainer hatte ganz eigene Vorstellungen, was sich mit denen alles anstellen ließ: mit den Füßen auf der Bank Liegestütze machen, sie über den Kopf heben, über sie hinweg hin und her springen. Und all das macht man dann auch. Man sieht nur diese Bank vor sich. Die Bank, die Bank, die ganze Zeit nur diese Bank.«

Einer der Jungen, daran erinnerte sich Spiwak noch,

wurde ohnmächtig, und irgendwann hätten sich die anderen einfach auf eine Bank gesetzt, alle in einer Reihe. Das heißt: alle außer dem »heroischen« Grischa Perelman, der sich anders als die anderen weder beschwerte noch am Sitzstreik teilnahm und auch sonst nicht eine Spur unzufrieden mit dem zu sein schien, was vor sich ging. Spaß können ihm die Übungen nicht gemacht haben, leichtgefallen sind sie ihm gewiss auch nicht. Schon im regulären Sportunterricht hatte er schrecklich gelitten, und obwohl sich alle die größte Mühe gaben, schaffte er es nie, den Anforderungen des staatlichen Programms »Bereit zur Arbeit und Verteidigung der UdSSR« zu genügen, eines Programms, das Schülern in den letzten Oberschulklassen bestimmte Leistungen abverlangte, unter anderem im Laufen, Schwimmen und Kleinkaliberschießen.[14] Im Sportunterricht kam Grischa nie über ein »Ausreichend« hinaus, die einzige nicht perfekte Zensur in seinem Abschlusszeugnis.[15] Aber Regeln waren Regeln, und wenn Grischa gesagt bekam, er solle zur Vorbereitung auf die Internationale Mathematik-Olympiade über eine Bank springen, dann sprang er.

Vielleicht erklärt sein Verhalten in der Turnhalle, warum ihn manche seiner Kollegen als sportlich in Erinnerung haben. Sergei Samborski, ein Ersatzmann im Team, formulierte das so: »Er war nicht eigentlich sportlich, so als sei er Tennisspieler oder so was. Aber wir alle ignorierten den Sportunterricht mehr oder weniger und waren nicht in Form. Er hingegen war fit. Und wenn Sie mich fragen, welche Sportart zu ihm passte, würde ich sagen Boxen.« In Samborskis Erinnerung hat nach fünfundzwanzig Jahren vermutlich der tiefe Eindruck, den Perelmans Kampfgeist und Selbstvertrauen hinterlassen haben, das Bild von dessen wahrer körperlicher Erscheinung überlagert. Perelman war blass, leicht übergewichtig, deutlich kleiner als seine Teamkameraden und gewiss kein Boxer. Aber er war ein Mathekämpfer. Und er war sicher, niemals wieder geschlagen zu werden.

Er war eingebildet. »Einmal hielt ihm ein Trainer vor: ›Hör mal zu, Grischa, jeder weiß, was Ableitungen sind, nur du nicht.‹ Nun, das gehörte zur mathematischen Analysis, und als Oberschüler musste er das streng genommen nicht wissen. Aber er antwortete: ›Und wenn schon, ich löse die Aufgaben auch ohne das.‹ Das klang dreist, aber im Grunde genommen hatte er recht.« Samborski sagte noch etwas, woraus sich entnehmen ließ, dass er sich genauer an Grischa Perelman erinnert, als ihm wohl selbst bewusst war: »Ich habe den Verdacht, er wusste viel mehr, als er zu erkennen gab.« Wahrscheinlich kannte Grischa Ableitungen, aber er sagte es nicht, weil er in den Club kam, um Aufgaben zu lösen, nicht um den Trainern etwas zu beweisen.

Ohnehin wussten alle, was los war. Nach Trainer Abramows Erinnerung war Perelman der einzige Schüler, dem niemals eine Wettbewerbsaufgabe untergekommen war, die er nicht lösen konnte. »Wenn es darum ging, mathematische Probleme zu lösen, war er besser«, sagte auch Samborski, »ja, er war um so viel besser, dass man sagen könnte, er war besser als wir alle zusammen. Da war Grischa, und dann waren da auch noch wir anderen.«

Unter diesen anderen wurden zum Abschluss des Wintertrainigslagers fünf weitere Mitglieder für das Team ausgesucht. Die Schüler wurden in eine Rangfolge gebracht, und zwar nach der Anzahl der während des Trainings gelösten Aufgaben. Nummer sechs war der fünfzehnjährige Spiwak. Er war ethnischer Russe aus einem Dorf im Ural und nach Moskau gekommen, um an Kolmogorows Internatsschule zu studieren; er wusste nicht, dass sein Nachname jüdisch klang. Also konnte er sich auch nicht erklären, warum er zugunsten eines Ukrainers, der auf dem siebenten Platz stand, von der Liste gestrichen wurde.

Für die Trainingsteilnehmer war das Lager eine ununterbrochene Folge von Problemlösungswettbewerben, mit denen die Olympiade simuliert werden sollte. Dazu kamen zermürbende Sportübungen, Vorträge berühmter Mathematiker, von denen manche lebende Legenden für die Jungen waren, und das zwar nervige, aber einigermaßen im Hintergrund verbleibende Geräusch, das die Beamten aus Bildungsministerium und Partei verursachten, die sich im Lager herumtrieben und die Schüler gelegentlich daran erinnerten, dass es die Ehre der großen Sowjetunion sei, die sie bei der IMO verteidigen müssten. Die Trainer mussten drei Dinge zu gleichen Teilen tun: mit den Jungen üben, ihre Leistungen bewerten und die eifrigen Beamten neutralisieren. Sie überlegten sich genau, für wen, worum und wann sie kämpften. Perelman durfte in ihren Augen nicht übergangen werden, seine Teilnahme im Team war unverzichtbar. Der Junge war einfach außergewöhnlich. Aber selbst darum mussten die Trainer kämpfen, denn ein Wettbewerber mit einem solchen Nachnamen sorgte bei den Aufpassern des Ministeriums für Unruhe. So setzten die Trainer alles auf eine Karte und der sechstplatzierte Spiwak mit seinem verdächtigen Nachnamen wurde geopfert.

Als ich Spiwak fünfundzwanzig Jahre später traf, war er ein verwilderter Mathejunge: ein Riese mit ungepflegten, fast grauen Haaren, der in schlecht zueinander passenden, verschiedenfarbigen Stricksachen steckte. Er bat mich, ihm das soziale Unbehagen eines Kaffeehauses zu ersparen, so dass wir das Gespräch in meiner Wohnung führten. Er arbeitete als Mathematiklehrer in einer Moskauer Fachschule und hatte viel Zeit darauf verwendet, Matheaufgaben für begabte Kinder zusammenzustellen. Seine Art, auf Fragen zu antworten, war entwaffnend direkt.

Ich fragte ihn: »Erinnern Sie sich, wie Sie in Tschernogolowka ankamen? War es morgens, am Tag oder abends?«

»Ich weiß nicht, warum das wichtig ist«, gab er zurück, »es wäre interessanter, wenn Sie mich fragten, wo alle jetzt sind.«

»Da haben Sie recht. Wo sind sie alle?«

»Ich weiß es nicht.«

Mit meinen Fragen nach den Beziehungen der Teammitglieder untereinander, ob sich etwa Freundschaften zwischen den Jungen entwickelt hätten, erging es mir nicht besser: Er sehe nicht, so Spiwak, was an dieser Erfahrung so besonders gewesen sein sollte, dass das hätte passieren müssen. Als ich erwiderte, dass Stress verbinde, ließ er sich über die unterschiedlichen Komplexitätsniveaus der Aufgaben in den verschiedenen Wettbewerben aus. Eine verblüffende, emotional aufgeladene Erinnerung an seinen Versuch, in das Team aufgenommen zu werden, hatte er aber dann doch zu bieten. Er hätte gewusst, dass er es schaffen müsse, um einen Studienplatz an einer Universität zu bekommen. Ihm war zwar nicht bewusst, dass sein Name einen verdächtigen Beiklang hatte, er war aber zu dem Schluss gekommen – zu Recht, wie es aussieht –, dass er nicht in der Lage gewesen wäre, den Aufsatz zu schreiben, der für die Aufnahmeprüfung verlangt wurde. »Ich hätte zwei Jahre zur Armee gehen müssen, und ich wusste nicht, wie es mir dort ergehen würde«, sagte er mir. Er habe sich durchbeißen müssen, um für das IMO-Team aufgestellt zu werden. Er habe gebeten und gebettelt und die Trainer und die Beamten vom Ministerium hätten sich seinetwegen angeschrien. Schließlich sei er auf dem siebenten Platz geblieben, durfte sich aber mit einem kleinen Buch beschäftigen, das die Hausaufgaben enthielt, welche die potenziellen Wettbewerber in der Zeit zwischen dem Januarlager und der Allrussischen Olympiade im April durcharbeiten sollten.

Im April trafen sich die Jungen in Odessa wieder, einer ehemals prächtigen Stadt am Schwarzen Meer. Sie verbrachten zwei Tage in einem Strandhotel und lösten die schwierigsten mathematischen Probleme, die sie jemals gelöst hatten: Alle Beteiligten waren der Auffassung, die Aufgaben beim sowjetischen Wettbewerb seien schwieriger als die bei der Internationalen Mathematik-Olympiade. Spiwak, überzeugt, dass sein ganzes zukünftiges Leben auf dem Spiel stand, nahm nichts auf die leichte Schulter. Er arbeitete wie besessen, nachgerade verzweifelt, schrieb zwei ganze Kladden mit Beweisen aus dem Lehrbuch voll, die überhaupt nur zu einem Teil in seine Lösungen einflossen und von denen auch er gewusst haben sollte, dass sie keiner Begründung mehr bedurften. Hätte Perelman die Welt als so ungerecht empfunden, wie sie war, hätte auch er davon ausgehen müssen, dass sein zukünftiges Leben auf dem Spiel steht. Aber sein Vertrauen in sich selbst und in die Ordnung der Dinge war unerschütterlich. Er tat, was er immer tat: Er las die Aufgabe, schloss seine Augen, lehnte sich zurück, rieb mit zunehmender Intensität seine Hosenbeine mit den Handflächen, rieb sich dann irgendwann die Hände, öffnete die Augen und schrieb seine Lösung nieder, die an Genauigkeit und Prägnanz nichts zu wünschen übrig ließ. Bei schwierigeren Aufgaben summte er leise vor sich hin. Seine Lösungen füllten nur wenige Seiten. Sowohl er als auch Spiwak erreichten die perfekte Punktzahl.[16]

Als die Jury am letzten Tag des Wettbewerbs zusammentrat, um die Ergebnisse zu bewerten, durften die sieben besten Bewerber – jetzt mit Spiwak – den alten Kolmogorow, der den nationalen Wettbewerb zum letzten Mal besuchte, auf einem Spaziergang durch Odessa begleiten. Weder Spiwak noch Samborski erinnerten sich, worüber Kolmogorow mit ihnen sprach – er litt schon an Parkinson und war sicher nicht leicht zu verstehen –, aber beide erzählten, dass er die ganze Gruppe aufforderte, zum Strand zu gehen. »Der Wind vom Meer war schneidend«, so Samborski, »wir mussten uns dicht an seiner Seite halten, weil man uns eingeschärft hatte, ihn nie allein zu lassen, da er nicht mehr gut sah. Und Kolmogorow wollte schwimmen. Er zog sich aus und stieg ins Meer, ich traute mich gar nicht hinzusehen. Das Wasser war so kalt, dass man den Eindruck hatte, es trieben noch Eisschollen darin. Bleifarbene schäumende Wellen und ein Wind, der so stark war, dass er einen hätte umblasen können. Keiner von uns folgte ihm ins Wasser.« Sogleich tauchte ein Strandwächter auf und sagte den Jungen, sie sollten »den Opa retten«, dem das Meer bei diesem Wetter sicher nicht wohltue. Die Jungen weigerten sich – weil keiner von ihnen gut genug schwimmen konnte, wie Spiwak meinte; weil keiner sich getraut habe, sich mit Kolmogorow anzulegen, so Samborski.

Wie dem auch sei. Das Bild, das sich vor unserem geistigen Auge aufbaut, ist dieses: An einem kalten grauen Nachmittag in der zweiten Aprilhälfte des Jahres 1982 stieg der bedeutendste russische Mathematiker des zwanzigsten Jahrhunderts auf seiner letzten Reise in Sachen Mathematik ins eiskalte Wasser des Schwarzen Meers, um zu schwimmen, während der bedeutendste russische Mathematiker des einundzwanzigsten Jahrhunderts teilnahmslos am Ufer saß und zuschaute. Er war gekommen, weil ihm gesagt worden war, er solle auf den »Opa« aufpassen. Er hatte wenig Sinn für die ganze Spaziererei, das Gerede und Getue, das die Mathematik seinerzeit umgab, und er hatte eine ausgeprägte Abneigung gegen das Wasser, in dem Kolmogorow sich seiner noch verbliebenen Körperkraft erfreute. Die überschwengliche, expansive Ära der russischen Mathematik ging zu Ende, und es begann eine Zeit des verschlossenen, verschwiegenen, konzentrierten Individualismus. Das freilich konnte damals noch niemand wissen.

Während Perelman am Strand auf Kolmogorow wartete, ermittelte die Jury die Abschlussergebnisse für die Allrussische Mathematik-Olympiade, und Rukschin, Abramow und einige andere machten sich bereit für den letzten Abschnitt jenes langen und beschwerlichen Weges, an dessen Ende der Beschluss stehen sollte, Perelman zur IMO nach Budapest zu schicken. 1981 hatte der Wettbewerb in

Washington, D. C., stattgefunden; und damals war eine Oberschülerin aus Kiew namens Natalia Grinberg, ein jüdisches Mädchen, die Nummer eins der Sowjetunion gewesen. Ein Jahr zuvor hatten die Vereinigten Staaten [und auch die Bundesrepublik Deutschland; Anm. d. Übers.] die Olympischen Spiele (die klassische Variante) in Moskau boykottiert. Ronald Reagan bestimmte mit seinen Reden vom Reich des Bösen die amerikanische Politik gegenüber der Sowjetunion. 1981 war aber auch das Jahr, in dem die Sowjetunion die Auswanderung von Juden de facto verbot. Es war also undenkbar, dass sowjetische Behörden es zuließen, dass ein jüdisches Mädchen das Land auf einer IMO in Washington vertrat. Die (aus Sicht Moskaus) zu erwartende Berichterstattung in den amerikanischen Medien, die Möglichkeit, dass sie nicht in die Sowjetunion zurückkehrte, die Resonanz in der Öffentlichkeit auf einen solchen Schritt – das war einfach zu viel des Risikos. Grinberg wurde zwar für das Team nominiert – daran führte kein Weg vorbei –, aber kurz vor der geplanten Reise wurde ihr mitgeteilt, ihre Reisedokumente würden nicht rechtzeitig fertig.[17] Die UdSSR schickte sechs Teilnehmer anstatt der in diesem Jahr erforderlichen acht – auch bei einem anderen Teammitglied gab es angeblich Probleme mit dem Reisepass – und mit 230 Punkten erreichte Russland den neunten Platz;[18] jedes der acht Länder, die vor der Sowjetunion lagen, hatte acht Teilnehmer geschickt. Abramow war stolz auf diese Leistung: Das sowjetische Team lag um nicht mehr als jene 84 Punkte im Rückstand, die die beiden fehlenden Teilnehmer hätten einbringen können.

Natalia Grinberg emigrierte nach Deutschland und ist

derzeit Privatdozentin für Mathematik am Karlsruher Institut für Technologie.[19] Ihr Sohn Dari Grinberg hat von 2004 bis 2006 dreimal für Deutschland an der IMO teilgenommen und gewann zweimal Silber und einmal Gold.[20] Als sie erfuhr, dass ihr Sohn offenbar die Goldmedaille gewonnen hatte, gratulierte sie ihm und dem Team in einem Matheforum im Internet und unterzeichnete ihren Eintrag mit »Natalia Grinberg, ehemalige Nummer eins im sowjetischen Team von 1981, der (in letzter Minute) nicht erlaubt wurde, das geliebte Vaterland zu verlassen, um an der IMO in Washington teilzunehmen«.[21] Auch fünfundzwanzig Jahre hatten ihren Schmerz und ihre Kränkung nicht mildern können. Ihr war ein Preis vorenthalten worden, für den sie die meiste Zeit ihrer Kindheit und ihres frühen Erwachsenenlebens gearbeitet hatte.

Perelman aber hatte, wie üblich, Glück und bekam von alledem nichts mit. Nachdem die Sowjetunion in Washington auf dem neunten Platz gelandet war, musste sie ihr Ansehen bei der IMO aufpolieren. Der Wettbewerb von 1982 fand in Budapest statt, der Hauptstadt Ungarns, das zum Sowjetblock gehörte und von daher aus offizieller sowjetischer Sicht weniger Öffentlichkeits- und Sicherheitsprobleme aufwarf als Washington. Gleichwohl würden die eigenen Teilnehmer mit Schülern aus anderen Teilen der Welt in Berührung kommen, auch mit solchen aus den Vereinigten Staaten. Zudem war die IMO so organisiert, dass die Teilnehmer praktisch ohne Aufsicht waren: Alle Trainer waren mit dem Bewertungsprozess beschäftigt, also mussten die Teams getrennt von den sie begleitenden Erwachsenen untergebracht und ihre Kontakte zueinander auf ein Minimum beschränkt werden. Damit die sowjetischen Teilnehmer in jeder Hinsicht angemessen auftraten, mussten die Jungen regelmäßig aufmunternde Worte von Ministerialbeamten über sich ergehen lassen, die sie daran erinnerten, dass es um die Ehre ihres großen Landes ging; und die Erwachsenen hatten einem Dutzend verschiedener Beamter zu beweisen, dass ihre Schützlinge ideologisch zuverlässig waren. Allerdings schien den Offiziellen das Risiko immer noch groß. Vier Jahre zuvor, die IMO hatte im kommunistischen Rumänien stattgefunden, hatte die Sowjetunion überhaupt kein Team entsandt – weil, so jedenfalls die Gerüchte, alle Teammitglieder Juden gewesen wären.[22]

Um reisen zu dürfen, musste ein Sowjetbürger einen Auslandsreisepass ausgestellt bekommen – ein Dokument, das natürlich kein Normalsterblicher haben durfte – sowie ein Ausreisevisum beantragen. Dafür wiederum war die Zustimmung der örtlichen und der für Reisen zuständigen Behörden sowie der Geheimpolizei erforderlich. Wer in offiziellen Angelegenheiten reisen wollte, brauchte zudem die Einwilligung der Partei auf allen ihren Ebenen, das hieß, man musste sich vom örtlichen Parteibüro und dem Bezirk bis zur Unionsebene nach oben durcharbeiten. Auf jeder dieser Ebenen konnte ein übervorsichtiger Bürokrat die Bearbeitung der Dokumente hinauszögern. Rukschin erzählte: »Also schlossen Abramow und ich einen Pakt, er machte sich in Moskau, ich in St. Petersburg daran, Perelmans Papiere durchzuboxen. Immerhin hatte ich einige Schüler im Club, die Kinder mächtiger Leute waren.« Rukschin setzte alle Hebel in Bewegung. Er ließ seine Beziehungen zu einem Offizier der Geheimpolizei spielen, der der Vater einer seiner Schüler war, sowie zu zwei höheren

Parteiführern in der Stadt, der eine Vater, der andere Ehemann ehemaliger Studienkollegen. Währenddessen stattete Abramow in Moskau dem Bildungsministerium regelmäßig Besuche ab und bat die dortigen Beamten, das bürokratische Verfahren für eine große Hoffnung der Sowjetmathematik im Auge zu behalten.

Die sechs Teammitglieder – vier Voll- und zwei Ersatzmitglieder – verbrachten den Juni noch einmal in Tschernogolowka. Normalerweise bauen sechs Jugendliche, die für einen Monat auf engem Raum zusammenleben, Bindungen zueinander auf. Bei diesen sechs mathematisch hochbegabten Jungen passierte jedoch nichts dergleichen. So unglaublich es klingen mag: Sie lernten sich nicht näher kennen oder schlossen Freundschaften. Vielmehr taten sie tagelang nichts anderes, als gemeinsam zu trainieren, und unterbrachen ihre Übungen nur für Volleyballspiele, Begegnungen mit berühmten Mathematikern und für die unvermeidlichen Termine mit den Parteibürokraten. Im Juli hatten alle vier Teammitglieder ihre Reisedokumente: Spiwak, Wladimir Titenko aus Weißrussland, Konstantin Matwejew aus Nowosibirsk und Perelman, der einzige Jude im Team.

Am 7. Juli traf das sowjetische Team in Budapest ein. Die Teilnehmer wurden zu einem Hotel gebracht, in dem die vierköpfigen Teams aller Länder jeweils ein eigenes Zimmer hatten. Die Schüler waren nun auf sich gestellt, ihr Trainer war einige Tage früher nach Ungarn gefahren, um an den letzten Vorbereitungen teilzunehmen – an der Begutachtung der Übersetzungen von Wettbewerbsaufgaben sowie der Punkteverteilung für die einzelnen Teile jeder Lösung. Auch der Betreuer des Ministeriums, der die Jungen auf dem Flug begleitet hatte, war verschwunden.[23]

Der Wettbewerb fand am 9. und 10. Juli statt, dauerte also zwei Tage. Jeden Tag verbrachten die einhundertzwanzig Teilnehmer viereinhalb Stunden damit, drei Aufgaben zu lösen. Für jede vollständig gelöste Aufgabe gab es sieben Punkte, hatte man sie richtig angefangen, aber nicht zu Ende geführt, konnte man einen bis sechs Punkte ergattern. Der sich an den Wettbewerb anschließende Bewertungsvorgang dauerte drei Tage und war ein komplizierter Tanz von Verhandlungen, manchmal sogar regelrechten Feilschereien, an dem Preisrichter des Veranstalterlandes, Juroren aus den Ländern, aus denen bestimmte Aufgaben kamen, sowie Trainer, die die Interessen ihrer Teilnehmer vertraten, beteiligt waren.[24]

Während dieser Zeit standen die Teilnehmer unter der Obhut der Gastgeber. Sie sollten, so hatte man ihnen eingeschärft, gute Gäste und würdige Vertreter ihrer Länder sein – gesellschaftliche Aufgaben, auf die sie schlecht vorbereitet waren. Sie mussten sich durch Budapest fahren lassen, Sehenswürdigkeiten anschauen, eine Dampferfahrt auf der Donau und einen Badeausflug zum Plattensee absolvieren. Außerdem stand ein Besuch bei Ernő Rubik auf dem Plan, dem Erfinder des Zauberwürfels und anderer anstrengender mathematischer Spielzeuge, die sich damals weltweiter Beliebtheit erfreuten. Während der Ausflüge redeten die Jungs wenig, nur Rubik konnte ihnen einige Fragen entlocken, zum Beispiel, wie viele Schritte nötig seien, um sein Rätsel zu lösen, oder ob man einen Algorithmus für eine universelle Lösung des Rubik-Würfels entwickeln könne. Perelman zeigte keinerlei Interesse an den Sehenswürdigkeiten, wollte nicht schwimmen und hatte auch keine Fragen an den großen Rubik.[25]

Eine letzte gesellschaftliche Verantwortung, die man dem sowjetischen Team aufgehalst hatte, hatte mit einer Tasche voller Buttons zu tun. Sie war dem Team von einer Ministerialbeamtin übergeben worden, die ihnen zunächst einen Vortrag hielt über ihre vaterländische Pflicht, ihre Verantwortung als Wettbewerbsteilnehmer und zugleich als Botschafter ihres Landes sowie über internationale Freundschaft. Dann holte sie die Tasche mit den Buttons hervor, die Ansichten von Moskau und Leningrad zeigten, und drückte diesen touristischen Tinnef zielsicher demjenigen Jungen in die Hand, der von allen der verwundbarste war: Spiwak. Spiwak, der bereits alles gegeben hatte, was er für sein Land auf dem Gebiet der Mathematik geben konnte (er gewann eine Bronzemedaille), musste sich nun überlegen, was er mit den Andenken anstellen sollte. Vergeblich versuchte er, die anderen Teammitglieder zum Mitmachen zu bewegen. Also nahm er die Tasche und ging hinaus auf die Hotelkorridore.

»Der Auftrag musste ausgeführt werden, auch wenn niemand da war, der das überwachte«, erklärte mir Spiwak, »also versuchte ich, die Dinger zu verteilen, aber ich sprach kaum Englisch, daher war es ziemlich schwierig. Dann aber ging ich zum Teamzimmer der Amerikaner. Was für eine Angst sie vor dem Reich des Bösen hatten! Sie versteckten sich buchstäblich unter ihren Betten, so als würde ich gleich das Feuer eröffnen. Ich versuchte, etwas über Freundschaft und diese Dinge zu sagen, aber das war einfach zu schwierig, wie ich merkte.« Spiwak verließ das Zimmer und entledigte sich der Buttons an irgendeinem Ort, von dem er annahm, dass sie dort nicht gefunden würden.

Am 14. Juli, dem letzten Tag der Internationalen Mathematik-Olympiade von 1982, sammelte Perelman seine Trophäen ein: eine Goldmedaille, die in diesem Jahr wie ein längliches Sechseck geformt war; eine Urkunde für einen Sonderpreis, gestiftet vom Team Kuwait (das selbst auf dem letzten Platz landete), den diejenigen Teilnehmer erhielten, die die höchstmögliche Punktzahl erreicht hatten, nämlich zweiundvierzig von zweiundvierzig Punkten; eine riesige Peitsche, die jeder Medaillengewinner von den Ungarn erhielt; und einen Rubik-Würfel, den Grischa in Leningrad gleich nach seiner Rückkehr weiterverschenkte.[26] Das waren die Preise. Die relevanten Belohnungen, die Perelman für Jahre zielstrebigen Trainings bekam, waren jedoch die automatische Zulassung an einer Universität und, sehr viel wichtiger für ihn, das Recht, für weitere fünf Jahre in Ruhe gelassen zu werden.

5.
Regeln für den Erwachsenen

Perelmans Universitätszeit begann mit langen Zugfahrten, Warteschlangen und Bürokratie. Mit ihm nahmen ungefähr zehn Mitglieder von Rukschins Matheclub ihr Studium auf. Rukschin war überzeugt, dass Perelman ihnen diesen Weg zur Mathmech gebahnt hatte. Da er sich das Recht auf Zulassung ohne Aufnahmeprüfung erworben hatte, sah sich die Universität nämlich entweder gezwungen oder in die Lage versetzt, ihre übliche Zwei-Juden-pro-Jahr-Quote zu erhöhen und immerhin drei Leute zuzulassen, die gemäß der diskriminierenden Zulassungspolitik in jeder Hinsicht jüdisch waren: Ihre Nachnamen klangen jüdisch und in ihren Ausweispapieren war vermerkt, dass sie es waren. Ein jüdischer Student mehr unter etwa dreihundertfünfzig Studienanfängern war gewiss nicht mehr als ein Tropfen auf den heißen Stein, aber für Rukschin, der diesmal nicht nur zwei, sondern drei seiner jüdischen Schüler zur Mathmech schicken konnte, fühlte es sich an wie ein Sieg, ja vielleicht sogar wie eine Revolution, wenn man dem, was er ein Vierteljahrhundert später darüber sagte, Glauben schenken kann. Die anderen Mitglieder des Matheclubs, die es an den angesehenen mathematischen Fachbereich schafften, waren entweder nichtjüdische Russen oder, wie Golowanow, Juden, die durch Heirat oder andere Umstände in den glücklichen Besitz russischer Nachnamen und Ausweispapiere gelangt waren.

Das große Anfangssemester wurde in Gruppen mit jeweils ungefähr fünfundzwanzig Studenten aufgeteilt. Perelman und mehrere andere aus Rukschins Matheclub sowie aus den speziellen Mathematikschulen kamen in die gleiche Gruppe, die damit zu einer Art Elitestudienzentrum innerhalb der Mathmech wurde. Diesen Sonderstatus hatten ihre Mitglieder schon als Schüler inne[1] – entweder in Rukschins Matheclub oder als Schüler des Leningrader Mathematikinternats.

Für die meisten bedeutete der neue Studienort eine tägliche Bahnfahrt, da die Universität Leningrad ihre naturwissenschaftlichen Fachbereiche in den 1970er Jahren nach Petrodworez, einem etwa dreißig Kilometer westlich gelegenen Vorort, ausgelagert hatte.[2] Mit Petrodworez hatte man einst ehrgeizige Pläne gehabt. Ein Campus sollte dort entstehen, der sich zu einer eigenständigen Stadt, zu einem russischen Cambridge, auswachsen sollte. Aber diese Pläne verliefen im Sande und die neuen Institutsgebäude aus Glas und Beton für Mathematik, Physik und die anderen Naturwissenschaften wurden zu höchst ungünstig gelegenen Pendlerschulen (der Rest der Universität blieb in Leningrad). Die Studenten nahmen also die ungeheizten Vorortzüge mit den Holzbänken und waren ständig in Eile – entweder um den Zug zu erwischen, der sie morgens rechtzeitig zur ersten Vorlesung brachte, oder um abends den letzten Zug in Richtung Stadt nicht zu verpassen, der vor Mitternacht fuhr.

Die Ausbildung an russischen Universitäten war hoch spezialisiert. Die Mathmech sollte Berufsmathematiker hervorbringen oder, wenn es dazu nicht langte, Mathematiklehrer und Computerprogrammierer. Abstecher in die

Geisteswissenschaften wurden nur in ganz geringem Umfang angeboten, Abstecher in die marxistische Theorie dagegen waren, wenn auch nicht in dem Ausmaß wie in den Geistes- und Sozialwissenschaften, Pflicht. Dazu gehörten Kurse in dialektischem Materialismus, historischem Materialismus, wissenschaftlichem Kommunismus, wissenschaftlichem Atheismus, politischer Ökonomie des Kapitalismus sowie ein ganzer Kurs mit dem Titel »Kritik gewisser Strömungen in der zeitgenössischen bürgerlichen Philosophie und antikommunistischen Ideologie«. Letzterer wurde von einem jungen Philosophieprofessor geleitet, dem es tatsächlich gelang, das von ihm erwartete Hohelied der marxistisch-leninistischen Philosophie zu singen, andere zeitgenössische Philosophen als degeneriertes Pack zu brandmarken, um den Studenten schließlich zu erzählen, was sie schon immer über Nietzsche und Kierkegaard wissen wollten, aber bisher nicht zu fragen wagten. »Zu diesem Kurs sind wir wirklich hingegangen«, erzählte mir Golowanow. Ansonsten hätten die meisten Studenten versucht, sich, sooft es ging, nicht nur vor den ideologischen Veranstaltungen zu drücken, sondern auch vor den großen Vorlesungen und den Kursen, die nichts mit dem Gebiet zu tun hatten, auf das sie sich spezialisieren wollten. Eine Ausnahme gab es natürlich: Grischa Perelman besuchte alle Lehrveranstaltungen, sogar die großen Vorlesungen, von denen er befreit war, weil seine Noten nie unter vier von fünf möglichen Punkten fielen.

Für Golowanow waren die Marxismus-Kurse »die verrückten Disziplinen«, Perelman dagegen akzeptierte sie als Teil des Studienpensums und nutzte sein überaus leistungsfähiges Gehirn zum Wohle seiner Studienkollegen.

»Grischas klarer Verstand war uns eine große Hilfe«, erzählte Golowanow. »Das Problem bei alle dem, was da auf einen zurollt, besteht darin, dass man entweder alles verarbeiten oder es komplett ignorieren muss. Das eine ist unmöglich für gewöhnliche Sterbliche, das andere ziemlich gefährlich. Aber irgendwie schaffte es Grischa, auch in diesen Fächern die Fäden zu finden, an denen die Gedanken hingen, wenn man sie überhaupt so nennen kann. Deshalb waren seine Kommentare zu den verrückten Disziplinen für uns sehr wertvoll.«

Perelman pflügte sich also durch den kompakten Unsinn der marxistischen Theorie, wie sie damals gelehrt wurde, und seine völlige Gleichgültigkeit gegenüber politischen Dingen war ihm dabei gewiss nützlich. »In Grischas Lexikon war ›Politik‹ immer ein Schimpfwort«, so Golowanow. »Wenn ich etwas unternehmen wollte, um einen Zustand zu verbessern, zum Beispiel eine Kampagne anstoßen, um unserem geliebten Sergei Rukschin zu helfen, sagte er: ›Das ist Politik, lass uns lieber Aufgaben lösen.‹ Wohlgemerkt, er war davon wirklich überzeugt: Er mochte keine Politik, gleich welcher Art oder Richtung.« Das war nicht die traditionelle Aversion russischer Intellektueller gegen alles, was mit Politik zu tun hat. Perelman hatte schlicht kein Interesse an irgendetwas anderem als Mathematik. Wo sich andere Studenten beleidigt fühlten oder sich aufregten, blieb er leidenschaftslos; kein Thema, das in diesen Kursen zur Sprache kam, hatte mit dem zu tun, worauf es seiner Meinung nach ankam. Seine Kommentare zur marxistischen Theorie waren daher reine Systematisierungsübungen, die er mit der ihm eigenen Effizienz durchführte.

Trotz der »Ideologiekurse« – es waren ohnehin weniger als in anderen Fachbereichen – galt die Mathmech in der Sowjetunion als eine liberale Einrichtung. Wer die fünf Studienjahre dort mit geringem Aufwand und einem Minimum an Wissen hinter sich bringen wollte, musste im ersten Jahr leiden und enorm viel lernen, konnte danach aber die Füße hochlegen. Wer sich früh spezialisieren wollte, konnte viele Bereiche der Mathematik abwählen. Perelman hingegen gehörte zu jener Spezies, von der es an der Mathmech nur wenige Exemplare gab: Er wollte die Mathematik in allen ihren Bereichen erfassen.

Die meisten ambitionierten Mathematikstudenten wussten seit Jahren, dass ihre zukünftige Spezialisierung vorgezeichnet war: Sie hatten entweder diese oder jene Art Gehirn. Also hielten die Algebraiker Ausschau nach den vielversprechendsten Problemen der Algebra, die Geometer suchten den Dozenten, der für ihr Studium am interessantesten war, aber es war mehr oder weniger klar, wohin die Reise ging. Perelmans Gehirn dagegen war gemacht, um alle Aspekte der Mathematik zu erfassen, das Ganze. Vielleicht hat ihn die Topologie deshalb so in ihren Bann geschlagen, so könnte man rückblickend vermuten, weil sie die Quintessenz der Mathematik ist – der Bereich der reinen Kategorien, der klaren Systeme, in den sich die materielle Welt nicht einmischt. Im ersten Studienjahr allerdings hatte er mit Topologie so gut wie nichts zu tun. Die meisten Mathematiker erinnern sich an ihren Anfängerkurs in Topologie, weil sie dort mit einer geistigen Übung vertraut gemacht wurden, bei der es darum ging, einen Torus von innen durch ein kleines Loch nach außen umzustülpen. Nicht ihre stromlinienförmige Klarheit ist das, was den meisten einfällt, wenn sie an Topologie denken, sondern ihre Eigenschaft, eine äußerst komplizierte Beschäftigung für den Geist zu sein. Perelman hatte nicht die sonst übliche Motivation, sich früh zu spezialisieren: Er hatte keinen Grund, Zeit zu sparen, indem er nur die Bereiche der Mathematik studierte, in denen er später arbeiten wollte. Er stürmte nirgendwo hin. Er lebte für die Mathematik und durch die Beschäftigung mit ihr.

Perelman besuchte Vorlesungen und Seminare in allen mathematischen Disziplinen, ohne dass er viel Wert auf die Qualität der Lehre zu legen schien. Gelegentlich ergaben sich daraus skurrile Situationen. In seinem vierten Universitätsjahr etwa besuchte er einen Kurs in Computerwissenschaften bei einem Dozenten, der im Ruf stand, einer der schlechtesten des ganzen Fachbereichs zu sein. »Normalerweise ging man da nicht hin«, so Golowanow. Perelman ging hin. Und da er prinzipiell ganz vorne saß, erregte er wahrscheinlich die Aufmerksamkeit des Dozenten, der sich irgendwann über den generellen Stand des mathematischen Wissens bei den Studenten der Mathmech zu echauffieren begann. »Unsere Studenten im vierten Jahr können noch nicht einmal das einfache Cauchy-Problem lösen«, tönte er. Er schrieb das Problem, das mit klassischen Differentialgleichungen zu tun hat, an die Tafel und wandte sich dann an Perelman: »Kannst du mir sagen, wie dieses Problem zu lösen ist?«

Perelman ging ganz ruhig zur Tafel und schrieb die Lösung hin.

»Ja«, sagte der Dozent konsterniert. »Dieser Student hat das Problem richtig gelöst.«

Dort, wo Perelman und seine Kumpels herkamen,

hätte ein Oberschüler, der das Cauchy-Problem nicht lösen konnte, als Schwachkopf gegolten – »und zu Recht«, so Golowanows Kommentar. Doch ein Dozent hatte nun einmal eine Autoritätsstellung, und der Student Perelman war offenkundig bereit, ohne zu murren, auch lächerliche Übungen zu absolvieren. Später allerdings wurde er rasch wütend, wenn er sich irgendwie gezwungen sah, vor Kollegen oder akademischen Autoritäten unter Beweis zu stellen, wozu er fähig war; innerhalb des Lernbetriebs der Universität aber war er gegenüber den Professoren zu fast uneingeschränkten Konzessionen bereit. Besagter Dozent für Computerwissenschaften hatte auch die bizarre Angewohnheit, die Mitschriften seiner Studenten auf ihre Pulte zu nageln – um sicherzustellen, dass sie tatsächlich zu den Sitzungen kamen und sich nicht stattdessen die Notizen anderer ausliehen. Perelman nahm auch diese Kränkung hin und half den anderen, indem er ihnen die Zusammenfassungen mündlich lieferte.

Zu seiner Gruppe verhielt er sich durchweg loyal, so lange jedenfalls, wie niemand die Regeln, wie er sie verstand, brach. Es war üblich an der Mathmech, dass Studenten sich gegenseitig halfen, wenn jemand in einer Klausur steckenblieb. Offener Betrug war unmöglich, da jeder Student eigene, nach dem Zufallsprinzip ausgewählte Aufgaben bekam. Aber wenn man absolut nicht weiterkam, konnte man einem anderen Studenten einen Zettel zuschieben, auf dem das Problem skizziert war. Als Antwort erhielt man nie die Lösung, sondern so etwas wie »Versuch's mal in dieser Richtung«. Perelman, der universelle Problemlöser, der schnellste Denker seiner Altersgruppe in der Sowjetunion und vielleicht auf der ganzen

Welt, wäre gewiss am besten in der Lage gewesen, diese Art von Fragen zu beantworten. Damit aber wollte er nichts zu tun haben und machte aus seiner Missbilligung dieser Praxis auch keinen Hehl: Jeder sollte seine Aufgabe selbst lösen.[3]

An irgendeinem Punkt in der Übergangsphase vom Jugendlichen zum erwachsenen Mann schien Perelman einen Weg gefunden zu haben, um die Spannung zwischen den sozialen Gepflogenheiten, die er als unlogisch, inkonsistent und unbeständig wahrnahm – was sie gewiss auch waren –, und seiner Vorstellung davon, wie die Welt funktionieren sollte, zu mildern. Aus den wenigen Werten, die er für absolut hielt, leitete er seine eigenen Regeln ab und folgte ihnen. Tauchten neue Situationen auf, dachte er sich Regeln aus, die dazu passten. Den Eindruck, dies sei ebenfalls inkonsistent und unbeständig, konnte nur ein Außenstehender haben, der den Algorithmus nicht kannte. Perelman erwartete vom Rest der Welt, dass seinen Regeln gefolgt wurde; es wäre ihm nie in den Sinn gekommen, dass andere diese Regeln nicht kannten. Immerhin beruhten sie ja auf universalen Werten, von denen Aufrichtigkeit der wichtigste war. Aufrichtigkeit meinte: immer die volle Wahrheit sagen, genauer: alle verfügbaren exakten Informationen auf den Tisch legen – daran hielt sich Perelman auch bei seinen Beweisen, die er häufig mit Informationen versah, die für die eigentliche Lösung irrelevant waren. »Alle verfügbaren Informationen anzugeben« bedeutet für einen Studenten, der an der Mathmech eine Klausur schrieb, demnach klarerweise, auch den Namen desjenigen Kommilitonen zu nennen, der den entscheidenden Anstoß zur Lösung gegeben hatte. Das wiederum wäre ein eindeutiger Verstoß gegen die Regel gewesen, dass jeder seine Arbeit alleine zu bewältigen hat. Später hielt Perelman Schlampereien, etwa bei den Fußnoten – was bei Mathematikern nicht selten vorkommt –, schlichtweg für Plagiatsversuche. Möglicherweise war sein Verständnis von schriftlichen Tests beeinflusst von dem, was er von den Wettbewerben gewohnt war; die Tests waren ja nicht viel anders als die bei der Olympiade und vielleicht erlebte Perelman sie sogar so. Und für einen Teilnehmer an diesen Wettbewerben wäre es undenkbar gewesen, seine Konkurrenten um Ratschläge zu bitten.

Im dritten Studienjahr wählte jeder Mathmech-Student ein Spezialgebiet, mit dem er mutmaßlich bis zum Abschluss durchkam und das ihm den Weg in die Forschung bahnte. Golowanow entschied sich für die Zahlentheorie. Das war eine fast schon natürliche Wahl für einen Jungen, der in Wettbewerben durchaus an einem Geometrie-Problem scheitern konnte, aber offenbar eine so innige Beziehung zu Zahlen hatte, wie man sie sonst nur zu Menschen unterhält. Auch Perelman wählte sein eigenes Schicksal – die Geometrie. Von seinen Kollegen auf diese Wahl angesprochen, gab er eine etwas kryptische Begründung: Er wolle in einem Gebiet arbeiten, in dem nur noch einige wenige Dinosaurier herumstreiften, so dass er vielleicht auch einer werde. Und in der Tat galt die Geometrie im Leningrad der 1980er Jahre als ein Anachronismus. Weder umwehte sie das Flair der Computerwissenschaften, noch haftete ihr die Magie der Zahlen an. Zudem bestand die Gemeinde derjenigen, die Geometrie betrieben, aus einigen wenigen alten Männern, die allesamt lebende Legenden waren. In der Erinnerung von Mehmet Muslimow, einem seiner Studienkollegen, klang Perelmans Erklärung keineswegs prätentiös. Sie war schlicht logisch – aus der Perspektive einer Person, die aus einer anderen Zeit und von einem anderen Planeten zu stammen schien, die selbst in einer Umgebung wie dem mathematischen Institut einer Universität, wo wahrlich kein Mangel an Exzentrikern herrschte, immer noch als seltsam herausstach, als jemand, der anders »tickte«. Es war also völlig nachvollziehbar, dass er sich selbst als einer dieser Dinosaurier sah, jedenfalls in der Zukunft. Vielleicht hat er seinen Kommilitonen auch zu verstehen gegeben, dass er ziemlich genervt von seinen Mitmenschen und deren Gewohnheiten sei, wohingegen das von ihm gewählte Gebiet offenkundig die paar Leute anziehe, deren interne Verhaltenskodizes ebenso rigoros seien wie sein eigener.

Perelman brauchte jemanden, der ihm den Weg zum Dinosaueriertum wies – der ihm jedenfalls nicht in die Quere kam und ihn, wenn nötig, vor anderen beschützte. Er fühlte sich stark zu Wiktor Salgaller hingezogen, einem damals über sechzigjährigen Geometer.[4]

Ich sprach mit Salgaller Anfang 2008 in Rehovot,[5] einer Stadt etwa dreißig Kilometer südlich von Tel Aviv, die rund um das Weizmann-Institut gebaut worden war, ein mathematisches Forschungszentrum, dem Salgaller angehörte; er arbeitete allerdings zu Hause, wo seine Frau nahezu bewegungslos im letzten Stadium ihrer Alzheimer-Krankheit lag. »Die Frau«, sagte er entschuldigend, als er mich begrüßte, »macht nicht mehr den Haushalt.« Die Wohnung war tatsächlich unaufgeräumt und ungemütlich. Auf der Couch im Wohnzimmer lag Salgallers verwühltes

Bettzeug, und es war ein einziges Durcheinander von Büchern, Papieren und schmutzigen Teetassen, wo früher offensichtlich eine wohnliche Ordnung geherrscht hatte. Auch der Hausherr selbst machte einen ungepflegten Eindruck: Er war unrasiert und trug einen Pullover mit rundem Halsausschnitt über einem grauen Pyjama. Ansonsten aber war er völlig auf der Höhe und verhielt sich ausgesprochen geschäftsmäßig. Über Perelman sprach er voller Hochachtung und Zuneigung. So habe er immer für ihn empfunden, und: »Von Anfang an gab es nichts, was ich ihm beibringen konnte.«

Salgaller, der Soldat im Zweiten Weltkrieg gewesen war,[6] war ein charismatischer Lehrer, der das mathematische Curriculum und den Unterrichtsstil der Schule Nr. 239 fast im Alleingang gestaltet hatte (in den 1960er Jahren hatte er zu diesem Zweck seine Forschungs- und Lehrtätigkeit an der Universität für eine Weile ausgesetzt); außerdem ist er ein begnadeter Geschichtenerzähler. All das machte ihn beliebt in der Universität und am mathematischen Institut, nur auf Perelman machten diese Eigenschaften keinen besonderen Eindruck. »Er mochte mich, daran habe ich keinen Zweifel«, erzählte Salgaller. »Vielleicht hatte das mit ethischen Fragen zu tun, mit dem, was ich dachte, das man tun muss.« Als ich ihn fragte, was genau er damit meine, antwortete er: »Er mochte die Art, in der ich mit den Studenten redete. Er muss gewusst haben, dass ich nicht streng war und dass es interessant war, bei mir zu studieren.« Tatsächlich schien sich Perelman aber herzlich wenig um den Unterrichtsstil seiner Dozenten geschert zu haben. Was Salgaller für ihn attraktiv machte, muss ein spezieller Aspekt in dessen Verhältnis zur Welt gewesen sein. Das geht aus einer Geschichte hervor, die Salgaller mir erzählte, die ich aber nicht mitschneiden durfte, offenbar weil sie ihn selbst betraf und nicht Perelman – er hielt es für unanständig, über sich zu reden. So schrieb ich die Geschichte aus dem Gedächtnis nieder, gleich nachdem ich seine Wohnung verlassen hatte.

Wie die meisten sowjetischen Männer in seiner Generation schloss sich Salgaller kurz nach dem deutschen Überfall auf die Sowjetunion der Roten Armee an. Allerdings war er einer der wenigen, die bis Kriegsende dienten, ohne auch nur einen Kratzer abbekommen zu haben. Ende der 1940er Jahre beendete er sein Studium an der Leningrader Universität, just zu der Zeit also als Stalins antisemitische, antikosmopolitische Kampagne auf Touren kam und Juden überall in der Sowjetunion Studienplätze und Arbeitsstellen verweigert wurden. Salgaller war einer von fünf Juden aus seinem Abschlusssemester, die sich um den Verbleib an der Hochschule bewarben. Alle verdienten es, dachte er, aber als in der Universität die Liste der für ein Promotionsstudium zugelassenen Studenten ausgehängt wurde, fand Salgaller seinen Namen darauf – und keinen eines anderen jüdischen Studenten. Daraufhin ließ er sein Promotionsprojekt fallen.

Der alte Mann spürte, welche Erklärung ich nun erwartete: dass er nicht bereit gewesen sei, sich manipulierten Regeln zu unterwerfen, dass er gerne an der Universität geblieben wäre, dies aber nicht tun konnte, wenn es nach seinem Eindruck auf Kosten eines anderen Studenten ging. »Ich war kein Kämpfer gegen den Antisemitismus.« Sichtlich irritiert korrigierte er meine unausgesprochene Fehlannahme. »Nein, ich wollte nur nicht von diesen Leuten abhängig sein.« Wenn er der einzige Jude war, der angenommen wurde, dann wäre er jemand gewesen, dem man eine Gunst erwiesen hatte – das war ihm zuwider.

Hartnäckig baute sich Salgaller dann eine Karriere nach eigenen Bedingungen, was an ein Wunder grenzte. Er nahm nur die Gunsterweise an, von denen er sicher war, dass er sich für sie revanchieren konnte, und erlegte sich einen Verhaltenskodex auf, der nicht nur strenger war als der von anderen, sondern auch – und für Perelman womöglich ebenso wichtig – häufig nur von ihm selbst entschlüsselt werden konnte. Als sich sowjetische Forscher selbst um die Finanzierung ihrer Projekte kümmern mussten, das war ab Anfang der 1990er Jahre der Fall, befreite sich Salgaller auf ziemlich raffinierte Weise aus dem Dilemma, die Richtung seiner Forschung von den Vorlieben der Geldgeber abhängig machen zu müssen: Er stellte Anträge für Projekte, die er bereits erfolgreich abgeschlossen, aber nicht veröffentlicht hatte, und mit diesem Geld finanzierte er seine neuen Projekte. Perelman war mit Sicherheit beeindruckt von diesen ethischen Einstellungen und Verhaltensweisen, die zwar kompliziert, aber in sich völlig schlüssig waren. Er fragte Salgaller, ob er bei ihm promovieren könne.

»Von Anfang an gab es nichts, was ich ihm beibringen konnte«, sagte dieser noch einmal. »Also gab ich ihm kleine Aufgaben, die noch keine Lösung gefunden hatten. Hatte er sie gelöst, sorgte ich dafür, dass sie veröffentlicht wurden. Als Grischa die Universität verließ, hatte er bereits mehrere Artikel publiziert.« Mit anderen Worten: Er tat das, was auch Rukschin getan hatte, und gab Perelmans Geist ständig Nahrung. Auf diese so ungemein sanfte Weise half er Perelman, seinen Weg als selbsternannter Dinosaurier zu finden.

Das vielleicht schicksalhafteste Einzelereignis in Perelmans Leben ereignete sich in seinem ersten Jahr an der Leningrader Universität. Dort traf er auf einen kleinen alten Mann mit eckigem grauen Bart, der gleichwohl eine herausragende Erscheinung war. Sein Name ist Alexander Danilowitsch Alexandrow. (In der Regel wurde sein Vatername benutzt, um ihn von den vielen anderen Alexander Alexandrows zu unterscheiden.)[7] Er war eine lebende Legende und lehrte, man mag es kaum glauben und sogar ein bisschen lächerlich finden, Geometrie für Erstsemester an der Mathmech.

Alexander Danilowitsch hatte zunächst Physik studiert, die Hochschule aber in den 1930er Jahren verlassen, weil er, wie er einmal sagte, nicht versprechen konnte, »immer das zu tun, was von mir erwartet wird«. Einer seiner beiden Doktorväter, der Physiker Witali Fok, soll zu ihm gesagt haben: »Du bist zu anständig«; der andere, der Mathematiker Boris Delone: »Du bist zu sehr kein Karrierist.« Als er fünfundzwanzig war, verteidigte Alexander Danilowitsch zwei Dissertationen, erhielt dann eine Reihe angesehener Preise und wurde 1952, im Alter von vierzig Jahren, Rektor der Universität Leningrad.[8]

»Alexander Danilowitsch hatte großen Einfluss auf Grischa«, so Golowanow, der den Beginn ihrer Beziehung miterlebt hatte; auch er hatte in jenem Jahr Alexandrows Einführungskurs in Geometrie belegt. »Er war, psychologisch gesehen, genau der Typ, der diesen Einfluss ausüben konnte. Wenn ich eine Kurzbeschreibung von ihm geben soll, so würde ich sagen: Er war ein Junger Pionier mit kolossalen geistigen Kräften. Ich weiß eine ganze Menge über ihn und halte ihn für einen Menschen, der auch nicht ein einziges Mal in seinem Leben etwas Schlechtes tun wollte. Natürlich beging er gerade deshalb Schlechtigkeiten am laufenden Band – aber er wollte es eigentlich nicht.« Golowanow war sich selbstverständlich darüber im Klaren, dass diese Beschreibung auf seinen Freund Perelman ebenso gut passte wie auf ihren Lehrer. »Es gibt einen wundervollen [lateinischen] Spruch«, fuhr er fort, »den viele aus irgendwelchen Gründen für falsch halten: *Vos vestros servate, meos mihi linquite mores** Unter moralischem Gesichtspunkt ist diese Position unangreifbar. Und ich denke, Sie kennen mindestens einen anderen Menschen, der nach diesem Motto handelt – der allerdings nicht Rektor einer Universität ist.« Natürlich meinte er Grischa Perelman.

Seine Ernennung zum Rektor der Universität verdankte Alexandrow der Tatsache, dass er sowohl Physiker als auch Mathematiker war: Beide Wissenschaften waren während der nuklearen Aufholjagd der Sowjetunion so wichtig geworden, dass Anfang der 1950er Jahre nicht Parteifunktionäre, sondern Physiker und Mathematiker an die Spitze der Universitäten in Leningrad und Moskau berufen wurden. Er war allerdings überzeugtes Mitglied der Kommunistischen Partei und blieb es bis zu seinem Tod im Jahr 1999.[9] Parteisoldat war er aber nie. Seine bemerkenswerteste Leistung als Rektor der Leningrader Universität war, dafür gesorgt zu haben, dass man dort weiterhin Genetik studieren konnte – eine Wissenschaft, die unter Stalin ver-

* In etwa: Geht ihr euren Weg und lasst mir meinen; Anm. d. Übers.

boten war. Während Genetiker anderswo entweder im Gefängnis landeten oder bestenfalls in Tierhaltungsbetrieben eine Stelle bekamen, sich schlimmstenfalls aber als Hilfsarbeiter durchschlagen mussten, setzte er durch, dass an seiner Universität weiterhin Seminare in Genetik angeboten wurden. Nach Stalins Tod brachte er es sogar fertig, Genetiker aus dem Ausland zu Vorträgen nach Leningrad zu holen, und zwar lange bevor die Genetik allmählich wieder Aufnahme in die offiziell gebilligte sowjetische Wissenschaft fand. In den 1950er Jahren war er führend an Maßnahmen beteiligt, die die Mathematik vor einer sich abzeichnenden, ähnlich destruktiven Kampagne schützen sollten. Fast im Alleingang gelang es ihm, diese Kampagne umzufunktionieren, und zwar in eine Bewegung zum Schutz des Ansehens der sowjetischen Mathematik vor angeblichen westlichen Versuchen, die sowjetischen Leistungen schlechtzumachen.[10]

Alexander Danilowitsch setzte außerdem seine Karriere aufs Spiel – und verlor seine Stellung als Rektor am Ende tatsächlich –, indem er sich vor Mathematiker stellte, die angegriffen wurden, weil sie als ideologisch unzuverlässig galten oder Juden waren. 1951, ein Jahr bevor er sein Rektorat antrat, intervenierte er, als der Fachbereich für mathematische Analysis aufgelöst werden sollte, weil dessen Mitarbeiter hauptsächlich Juden waren. Die Mitglieder des Fachbereichs hatten alle Einspruchsmöglichkeiten ausgeschöpft; niemand fühlte sich hinreichend stark oder war mutig genug, ihnen zu helfen – bis es eine Mathematikerin wagte, Alexandrow zu bitten, sich für sie einzusetzen.[11] Die Verzweiflung muss wirklich groß gewesen sein, denn gerade diese Studentin hatte sich einige Zeit zuvor über Alexandrows philosophische Studien lustig gemacht. Er war eigentlich ihr Feind. Aber Alexander Danilowitsch Alexandrow folgte ihrer Bitte und fand einen Weg, die Kampagne durch eine Neubesetzung des Lehrstuhls einzudämmen. Fast vierzig Jahre später war hauptsächlich er es, der Perelmans akademische Karriere vor diskriminierenden antisemitischen Angriffen schützte, und noch einmal zehn Jahre später war es Olga Ladyschenskaja, die wagemutige Mathematikerin aus jenem Fachbereich für mathematische Analysis, der es als Letzte gelang, Perelman vor der wirklichen Welt der Mathematiker abzuschirmen.

Alexandrow glaubte an Dinge – im buchstäblichen Sinn. Er hatte den Auszug der Universität aus der Stadt in die Wege geleitet, und als ihm Jahre später ein ehemaliger Student dies zum Vorwurf machte, und zwar auf der Fahrt in einem dieser überfüllten, unbequemen Vorortzüge hinaus zur Universität, schrie Alexandrow so laut, dass es der ganze Wagen hören konnte: »Ich habe an das Parteiprogramm geglaubt! Dort stand in den Anhängen, dass sich Leningrad nach Süden entwickeln und das Zentrum nach Süden wandern würde! Und dann bauten sie im Norden.« In den Erinnerungen dieses ehemaligen Studenten, eines sehr bekannten Mathematikers,[12] heißt es dazu, in den 1960er Jahren habe kein Mensch geglaubt, was in den Parteiprogrammen stand. Das mag stimmen, aber der Punkt bei Alexandrow war ein anderer: Ihm fehlte, ebenso wie Perelman, das Ungläubigkeitsgen. Er konnte ablehnen, sich widersetzen und sogar hassen; ungläubig sein konnte er nicht.

1964 wurde Alexander Danilowitsch als Rektor entlassen und verbrachte anschließend fast zwanzig Jahre im nicht ganz freiwillig gewählten Exil in Sibirien, wo er am Aufbau einer Wissenschaftsstadt mitwirkte.[13] Mit über siebzig Jahren kehrte er an seine Universität zurück, in der, wie sich herausstellen sollte, vergeblichen Hoffnung, dort wieder eine Stelle zu bekommen: Er wollte einen vakanten Lehrstuhl in Geometrie besetzen.[14] Im Vorfeld der Wahl des Lehrstuhlinhabers gab er einen Einführungskurs und bezauberte die Studenten auch durch die Offenheit, mit der er über die Absurdität seiner misslichen Lage sprach. Unter anderem hatte er die Neigung, aus den zahlreichen Gedichten zu zitieren, die Studenten der Mathmech über ihn verfasst hatten. Zum Beispiel dieses:

> Danilitsch schuftet auf dem Matheacker.
> An jedem Morgen steht er auf.
> Zu dumm – auch wenn er schlug sich wacker,
> kam nichts als Langeweile raus.

Schließlich zerschlugen sich Alexandrows Hoffnungen auf den Lehrstuhl für Geometrie. Gegen seine Feinde in Universität und Partei war nicht anzukommen, also wechselte er zum Leningrader mathematischen Forschungsinstitut[15] – aber nicht, ohne vorher Grischa Perelman zu seinem Schützling erkoren zu haben. Andere Studenten interessierten sich für Alexandrow, weil er eine Legende war, weil sein Unterricht unkonventionell und sein Wissen breit gefächert war. Perelman hingegen schätzte ihn nicht wegen seines Stils, sondern wegen seines Wesens, so widersprüchlich und rigide es auch war.

Und tatsächlich hätte Perelmans Karriere einen womöglich ganz anderen Verlauf genommen, wäre da nicht Alexander Danilowitschs seltsam angstfreie Leitung der Universität gewesen. Bis Anfang der 1960er Jahre war die Topologie dort nicht wirklich vertreten. Als Alexandrow sich nach jemandem umsah, der dieses Gebiet der Mathematik in Leningrad in Schwung bringen konnte, stieß er auf Wladimir Rochlin, einen Schüler Kolmogorows und Pontrjagins, der sich in Moskau mehr schlecht als recht durchschlug. Er hatte einige Zeit im Gulag fristen müssen, stand unter Überwachung und galt allgemein als nicht vermittelbar.[16] Alexandrow holte ihn nach Leningrad und verschaffte ihm nicht nur eine Dozentenstelle, sondern auch eine Wohnung.[17] Rochlin betreute die Dissertationen von zwölf seiner Studenten,[18] darunter auch die von Michail Gromow, einem der heute weltweit führenden Geometer und derjenige, der Perelman in internationale Mathematikerkreise einführte.[19]

Von alledem wird Perelman kaum etwas gewusst haben, und hätte er davon gewusst, wäre ihm vermutlich nichts anderes in den Sinn gekommen, als Alexander Danilowitschs heroisches Handeln als bloßen politischen Aktionismus abzutun. Ebenso wenig konnte er vorhersehen, welche Rolle dieser Mann für seine Karriere spielen sollte. An Alexandrow interessierte Perelman nur eines: dessen Ansichten über Mathematik und das Leben überhaupt.

Auf der einen Seite war Alexandrow ein akademischer Lehrer von grenzenloser Großzügigkeit. »Er gab Themen und vielversprechende Ideen an seine Studenten weiter«, schrieb Salgaller, einer seiner Schüler.[20] Auf der anderen Seite hielt er die Mathematik für einen einzigen langen Problemlösungsmarathon. Ein Student erinnerte sich, eines Tages in Alexander Danilowitschs Büro gekommen zu sein:

»›Nun, haben Sie den Beweis?‹ fragte dieser.

›Was hätte ich beweisen sollen?‹

›Irgendetwas!‹

Es gab diese ständige Erwartung, Ergebnisse zu bekommen, und was das bewirkt hat, ist kaum zu überschätzen«, wird dieser Student später schreiben. »Von da an nahm ich mir vor, stets auf diese Frage vorbereitet zu sein.«[21]

Alexandrow war der unbestrittene König der Geometrie in Leningrad und womöglich in der ganzen Sowjetunion. Einmal sei er, so ein anderer Student in seinen Erinnerungen, gefragt worden, ob er nicht eine Geschichte der sowjetischen Geometrie schreiben wolle. Alexandrows Antwort: »Das wäre unbescheiden. Es gab ja nur mich.«[22] Ein noch anderer Student schrieb, er habe sich entschlossen, Geometer zu werden, nachdem er einen Professor habe sagen hören, Alexandrow habe »ganz neue Welten in der Mathematik entdeckt, die er nun alleine bewohnt«.[23] Perelmans Dinosaurier-Bemerkung bezog sich hauptsächlich auf Alexander Danilowitsch.

Um die Zeit ihrer ersten Begegnung soll Alexandrow in einem Geometrieseminar gesagt haben: »Jeder ist ein Bastard, jeder ist schlecht, vielleicht mit Ausnahme von Jesus Christus. Auch Einstein ist schlecht, weil er Amerika nicht verlassen hat, nachdem man trotz seiner Einwände die Atombombe gezündet hat.«[24] Ein andermal schrieb er: »Letzten Endes ist jeder, da alle Ereignisse auf die eine oder andere Weise miteinander in Verbindung stehen, mehr oder weniger an allem beteiligt, was in der Welt geschieht, und wenn jemand auf ein Ereignis Einfluss nehmen kann, dann wird er dafür auch verantwortlich.«[25] Da sich diese Auffassung individueller Verantwortlichkeit vollkommen mit Perelmans Vorstellung von Aufrichtigkeit deckte, übernahm er Alexandrows Kriterien und legte sie später bei jedem an, dem er begegnete.

Als Perelman an die Universität kam, im »fortgeschrittenen Alter« von sechzehn Jahren, galt er damit praktisch als Erwachsener. Die meisten Jugendlichen hätten diesen Übergang gefeiert, indem sie die Regeln hinterfragt, sich neue Autoritätsfiguren gesucht oder größere Unabhängigkeit eingefordert hätten. Perelman dagegen verschärfte die bestehenden Regeln und nahm Salgaller und Alexandrow in sein Pantheon unangreifbarer Autoritätsfiguren auf, wo sie nun neben seiner Mutter und Rukschin thronten. Äußerlich ließ er jedoch Zeichen seines neuen Status als Erwachsener durchaus zu: Er rasierte sich nicht mehr, und im Matheclub wurde aus dem Schüler ein Lehrer.

Nach der bewährten Kolmogorow-Tradition versuchte Rukschin, die ersten Abgänger aus seinem Matheclub auch zu den ersten Lehrern dort zu machen. Er entschied sich für Perelman und Golowanow – Perelman, weil er sein Lieblingsschüler war, und Golowanow, weil der schon mit vierzehn Jahren zeigte, dass er zu einem großen Lehrer vom Schlage Rukschins werden würde. Er nahm beide als Lehrer in sein Sommerlager mit. Weder mit dem einen noch mit dem anderen hatte er wirklich Erfolg. Golowanow war eben doch noch ein Junge und verhielt sich zumeist auch so. Später, als er älter wurde, änderte sich das, und aus ihm wurde tatsächlich ein meisterhafter und charismatischer Mathetrainer, in dieser Hinsicht übertroffen nur von Rukschin selbst. Und Perelman war eben Perelman, das heißt unerbittlich, fordernd und überkritisch. Diese Eigenschaften sollten mit zunehmendem Alter immer stärker hervortreten, so dass es ihm schließlich unmöglich war, irgendeine Art von Lehrer zu werden. Kommunikation überhaupt sollte für ihn zu einem großen Problem werden.

Am Anfang seines Wirkens als Lehrer – während seines ersten Universitätsjahrs oder bald danach – ließ Perelman in einem Gespräch mit Golowanow die Bemerkung fallen, die militärische Grundausbildung, die zu den Pflichtkursen an der Mathmech gehörte, habe sich als nützlich erwiesen, weil sich die militärischen Vorschriften, die er dort auswendig lernen musste, unmittelbar auf die Leitung des Matheclubs anwenden ließen. »Er sagte das, weil er sehr klug ist, mit einem Lächeln«, so Golowanow, »aber es war klar, dass der Anteil Humor in diesem angeblichen Witz allenfalls zehn Prozent betrug.«

Im Ferienlager nach seinem ersten Universitätsjahr fungierte Perelman als Lehrer einer bemerkenswerten Gruppe von Mathematikern, die zwei Jahre jünger waren als er. Zu ihnen gehörten Fedja Nasarow, heute Professor an der Kent State University im US-Bundesstaat Ohio,[26] Anna Bogomolnaja, Professorin an der Rice University in Texas,[27] und Jewgeni Abakumow, Professor an der Université de Marne-la-Vallée in Paris.[28] Jeden Morgen gab Perelman ihnen zwanzig Aufgaben – ungefähr das Doppelte der üblichen halbwöchentlichen Dosis im Club. Die Aufgaben waren extrem schwierig, und Perelman erhöhte den Schwierigkeitsgrad ohne Rücksicht auf die Leistungsfähigkeit der Schüler. »Natürlich war man schon immer der Auffassung, dass die Mohrrübe ein bisschen höher hängen sollte, als das Kaninchen springen kann«, erklärt Golowanow. »Aber Grischa meint, dass das Kaninchen immer noch höher und höher springen soll.« Den Schülern, die bis zum Mittag nicht wenigstens die Hälfte ihrer Aufgaben gelöst hatten, sagte er, sie müssten auf ihr Mittagessen verzichten. »Ihr Essen bekamen sie natürlich trotzdem«, sagt Golowanow, »aber unverdienterweise.«

Was dachte der siebzehnjährige Perelman über seine fünfzehnjährigen Schützlinge? Hatte er den Verdacht, sie seien trotz ihrer beträchtlichen Leistungen und ihres Lerneifers, der sich darin zeigte, dass sie am Sommerlager teilnahmen, im Grunde doch geistig träge? Möglich. »Er war wohl der Meinung, dass sie die Dinge nicht ernst genug nahmen«, so Golowanow, »möglicherweise aber auch so nobel, dass er den Gedanken, sie seien womöglich einfach nicht klug genug, nicht zuließ – wobei man daran, was aus ihnen wurde, sieht, dass diese Kinder weiß Gott klug genug waren.« Wahrscheinlicher ist, dass es sich hier um ein klassisches Theorie-des-Geistes-Problem[29] handelte. Der siebzehnjährige Perelman – Student, Olympiasieger und universelle Problemlösungsmaschine – konnte sich einfach nicht vorstellen, dass diese Jugendlichen, die zwei Jahre weniger Erfahrung hatten als er und schlichtweg nicht über seine Problemlösungsfähigkeiten verfügten, nicht das tun können, was er tat, wenn sie sich nur einfach richtig darauf konzentrieren.

Als er nicht damit durchkam, seine glücklosen Schüler vom Mittagessen auszuschließen, ging er dazu über, sie des Übungsraums zu verweisen. Rukschin erzählt: »Wir versuchten, Grischa klarzumachen, dass ein Schüler, wenn er am Lager teilnehmen darf, nicht immer wieder für ganze Tage aus dem Unterricht ausgeschlossen werden kann. Das war keine Strafe, sondern schlicht verrückt. Er gab zur Antwort, er werde den betreffenden Schüler nicht zum Unterricht zulassen, bis er nicht dieses und jenes gelöst hätte. Es war wirklich schwierig mit ihm.« Unter den Ausgeschlossenen waren Bogomolnaja, Nasarow[30] und Konstantin Kochas,[31] der zwölf Jahre später den Lehrstuhl für mathematische Analysis an der Mathmech innehaben würde.

Warum hielt Rukschin an Perelman fest, dessen Unterricht sich an der Grenze zur Unverständlichkeit bewegte und der ein Verhalten an den Tag legte, das eindeutig demütigend und verletzend war? Nun, zum Teil lag das sicher daran, dass Rukschin Perelman liebte; er wollte ihn einfach um sich haben, denn das gab seiner Zeit und seinem Unterricht eine zusätzliche Bedeutung. (Dies muss wohl der Sommer gewesen sein, in dem die beiden im Ferienlager zusammen ein Zimmer bewohnten.) Es kann aber auch sein, dass Perelmans pädagogische Defizite Rukschins Vorstellungen davon entgegenkamen, wie die Dinge laufen sollten. In Rukschins Beschreibung, in der er sich bei der Begrifflichkeit von Laurence Peters' und Raymond Hulls *Das Peter-Prinzip* bediente, klingt das so:[32] »Perelman war ein glänzender Lehrer für superkompetente Schüler, ein guter für kompetente Schüler und ein mittelmäßiger für Schüler mit mäßigen Fähigkeiten. Sehen sie, ein Bohrer aus einer Kobaltlegierung ist ein wundervolles Werkzeug, aber Sie können damit kein Glas bohren, es bricht und zerspringt. Ein Bohrer mit einer Kugelspitze dagegen hinterlässt im Glas ein sauberes kleines rundes Loch, ist aber absolut unbrauchbar für Metallbohrungen. Holz kann man mit einem Messer oder einem Beil bearbeiten, aber ein Messer eignet sich besser, um einen Bleistift zu spitzen, während sich ein Beil eher anbietet, wenn man eine Eiche fällen will. Ein Lehrer ist ein Werkzeug. Ich meine, Perelman war vorzüglich für eine kleine Gruppe superstarker Schüler, in der Disziplin kein Thema war, aber wenn es um die organisatorischen Pflichten ging, die ein Lehrer auch erfüllen muss, war er eben nicht so gut. Doch es war nun einmal Tradition, dass wir nicht jemanden anstellten, der darauf achtete, dass die Kinder sauber sind, zu essen haben und rechtzeitig ins Bett gehen, und dazu einen Lehrer, der nur dafür da ist, sie zu unterrichten. Die Heilige Dreifaltigkeit ist ein einziges Wesen: Lehrer, Betreuer und Chef. Außerdem hätten diese Kinder ohnehin keinen x-beliebigen Betreuer akzeptiert. Sie hatten Respekt vor jenem Typus von Lehrer, der mit ihnen Wanderungen machte, sich mit ihnen nass regnen ließ und schwitzte, mathematische Probleme mit ihnen löste und über Bücher diskutierte. Das galt besonders in der Zeit, als ich kaum älter war als meine Schüler.« Rukschin war neun Jahre älter als Perelman und zehn bis zwölf Jahre älter als die meisten seiner Schüler. Er dachte schlichtweg – und sagte das im Grunde auch unverblümt –, dass er nicht nur ein heiß geliebter Lehrer, sondern Gott selbst war. Und seine zu Lehrern gewordenen Schüler waren demnach Engel, die in seinen Augen das Recht hatten, auch unvernünftig, launisch und unverhohlen kindisch zu sein, und nicht nur nach Nützlichkeitsgesichtspunkten funktionieren mussten.

Natürlich kam es zum Konflikt, als nämlich die Schüler, die vornehmlich unter Perelmans militärischer Disziplin hatten leiden müssen, in das Alter kamen, in dem sie ihm auf Augenhöhe begegnen konnten. Es muss kurz vor Beginn des Sommerlagers von 1985 gewesen sein, als Perelman erklärte, er werde dort nicht unterrichten, wenn auch Nasarow und Bogomolnaja als Lehrer dabei seien. Mehr als zwanzig Jahre später will oder kann sich Rukschin nicht mehr daran erinnern, welche Vorbehalte genau Perelman gegen die beiden jüngeren Lehrer hegte. Offenbar fand Perelman die Bogomolnaja grundsätzlich untragbar – weil sie ein Mädchen war, das keine Röcke trug, zum Beispiel, und weil er irgendwie dahinterkam, dass sie nicht immer die Wahrheit sagte.

»Hat er sie dabei erwischt, dass sie ihn angelogen hat?«, fragte ich Rukschin.

»Nein, er fand nur heraus, dass sie nicht zu jeder Zeit die Wahrheit sagte. Ich versuchte, ihm das klarzumachen – ich meine, nur Dummköpfe sagen immer die Wahrheit, was ich ihm allerdings so nicht gesagt habe. Ich sagte vielmehr: ›Grischa, was du beschreibst, ist nicht ein Bestandteil eines menschlichen Wesens, sondern ein Merkmal seiner Beziehungen zu anderen. Es gibt Leute, die würde ich nie anlügen, und es gibt andere, denen gegenüber ich keine moralischen Verpflichtungen habe. Auch sie würde ich lieber nicht anlügen, aber ich kann nicht ausschließen, dass ich die Wahrheit etwas verdrehen oder sie eben nicht sagen würde.‹ Diesen Standpunkt hat er nicht akzeptiert.« Ich vermute, dass er ihn schlicht nicht akzeptieren konnte. Der Gedanke, dass ein Verhalten – vor allem ein Verhalten, das er inakzeptabel fand – keine inhärente Qualität ist, sondern eine Funktion von etwas, das so schwer zu greifen ist wie eine spezielle menschliche Beziehung, war für ihn höchstwahrscheinlich völlig unverständlich. Und außerdem kannte er mindestens einen Menschen, der behauptete, immer die Wahrheit zu sagen und sein Leben lang gesagt zu haben, womit er Rukschins Ausgangsprämisse Lügen strafen konnte. Dieser Mensch war Alexander Danilowitsch Alexandrow, auf dessen Grabstein in St. Petersburg auf Russisch steht: »Die Wahrheit ist das Einzige, das unserer Anbetung würdig ist.«

Anna Bogomolnaja konnte sich an den Vorfall nicht mehr erinnern, als ich sie danach fragte, wohl aber an das Klima im Matheclub, an die Sommerlager und an den von Konflikten geplagten Rukschin. »Wir waren jung, es war schwierig, mit uns zurechtzukommen, und es war nicht einfach, nebeneinander zu arbeiten«, erklärte sie. Ihr Ton war relativ distanziert, ihre Wortwahl verriet eine gewisse Bitterkeit – hauptsächlich, wie mir schien, gegenüber Rukschin. »In unserer kleinen Schlangengrube hatten wir Konflikte aus Gründen, die mir heute, als Vierzigjähriger, völlig unbedeutend vorkommen.«

Als Lehrer, da war sich Bogomolnaja sicher, war Perelman nicht geeignet: »Er hatte dafür keinen Sensus – ich meine, man muss mehr tun als einfach nur die Mathematik, wenn man unterrichtet.«[33] Aber anstatt die Lehre einfach aufzugeben, schmiss er wütend hin – und diese Wut wurde teilweise von Rukschin genährt, der alles andere tat, als den Konflikt zwischen seinen Matheengeln zu schlichten. »Ich habe mit jedem Lehrer gesprochen, der sich bereit erklärt hatte, diesen Sommer im Lager zu unterrichten«, so Rukschin. »Wir redeten darüber und kamen zu der

Entscheidung, dass wir Grischa angesichts des Ultimatums, das er gestellt hatte, nicht mitnehmen konnten.«

So kam es, dass sich Perelmans Welt, als er neunzehn war, unerbittlich zu verengen begann. Er verlor den sozialen Rahmen, der ihn seit seinem zehnten Lebensjahr getragen hatte. Ungefähr zur gleichen Zeit, mitten in seinem dritten Studienjahr, wählte er sein Spezialgebiet, und damit trennten sich auch seine und Golowanows Wege. Fast neun Jahre waren sie zusammen zur Schule und zum Matheclub gefahren, hatten unterwegs gelegentlich angehalten, um mit Kreide Formeln auf den Bürgersteig zu kritzeln. Nun hatten sie verschiedene Zeitpläne und Perelman stand am Anfang jenes Weges, der ihn in den nächsten zwanzig Jahren durch sein Leben und schließlich an den Punkt führen würde, ab dem er nur noch mit seiner Mutter oder Rukschin regelmäßig sprach. Rukschin musste immer noch Gott spielen im Leben seines Schülers, jetzt aber ohne die abschwächenden und mildernden Wirkungen der Engel.

6.
Schutzengel

»Kaum hatte er seinen Abschluss an der Universität gemacht, besuchte mich seine Mutter«, erzählte Salgaller. »Sein Traum, sagte sie, sei es, an unserem Institut zu bleiben.« Damit meinte sie die Leningrader Abteilung des Steklow-Instituts für Mathematik an der Russischen Akademie der Wissenschaften. Offenbar fand Salgaller nichts dabei, dass die Mutter eines erwachsenen Mannes zu dessen Betreuer geht, um mit ihm über die Promotionsaussichten ihres Sohnes zu sprechen. Wahrscheinlich hatten sowohl Salgaller als auch Ljubow Perelman Grund zu der Annahme, dass etwas geschehen müsse, da Grischa selbst nicht bereit oder fähig war, das Notwendige zu tun, um eine Doktorandenstelle zu bekommen.

Die Zulassungspolitik an den Universitäten und akademischen Einrichtungen hatte sich seit Ende der 1940er Jahre, als Salgaller nur seinen Namen auf der Liste fand, nicht nennenswert geändert: Nach wie vor konnten Juden praktisch nicht promovieren. Das Steklow-Institut war diesbezüglich besonders berüchtigt. In einem offenen Brief amerikanischer Mathematiker, der 1978 auf dem Weltkongress der Mathematik in Helsinki verbreitet wurde, hieß es: »Das Steklow-Institut für Mathematik ist eine angesehene Einrichtung auf dem Gebiet der Mathematik. In den letzten dreißig Jahren stand es unter der Leitung des Akademiemitglieds I. M. Winogradow, der stolz darauf ist, dass das Institut in seiner Amtszeit ›judenfrei‹ geworden sei. [...] Die Schlüsselpositionen in der Mathematik werden heute von Leuten eingenommen, die nicht nur nicht bereit sind, die Interessen der Wissenschaft und der Wissenschaftler gegenüber den Behörden zu verteidigen, sondern die in ihrer Politik der politischen und rassischen Diskriminierung sogar noch über die offiziellen Richtlinien hinausgehen.«[1]

Der Zahlentheoretiker Iwan Winogradow, der fast ein halbes Jahrhundert an der Spitze des Steklow stand, hatte aus der sowjetischen Politik antisemitischer Diskriminierung einen persönlichen Kreuzzug gemacht. Als Perelman auf seine Abschlussprüfung zuging, war Winogradow seit vier Jahren tot – nicht lange genug, um an dem Vermächtnis von fünfzig Jahren antisemitischer Politik zu kratzen, einer Politik, die Winogradows Nachfolger mit mal mehr, mal weniger großer Begeisterung, aber stets im Einklang mit den Grundsätzen sowjetischer Politik fortsetzten. Noch komplizierter wurde Perelmans Lage dadurch, dass alle Entscheidungen, die das Steklow betrafen, in Moskau getroffen wurden; die Leningrader Abteilung hatte auf die Zulassungspraxis wenig Einfluss. Zudem hatte deren neuer Direktor Ludwig Faddejew, Spross einer aristokratischen und leicht exzentrischen St. Petersburger Familie (der Junge wurde nach Beethoven benannt), nie zu erkennen gegeben, wie er persönlich zur antisemitischen Politik seiner Institution stand. »Ich war nicht sicher, was Faddejew von der Idee halten würde«, sagte Salgaller – wobei »die Idee« natürlich war, einem der begabtesten und eifrigsten Studenten, die jemals an der Mathmech gesichtet wurden, eine Forschungsstelle anzubieten. »Also habe ich

Burago gefragt.« Juri Burago war ein ehemaliger Student Salgallers und leitete damals am Leningrader Steklow-Institut ein Labor.

Salgaller und Burago heckten einen Plan aus, der darauf hinauslief, im Vorfeld von Perelmans Bewerbung schweres Geschütz aufzufahren.[2] Alexander Danilowitsch Alexandrow würde einen Brief an die Institutsleitung des Steklow verfassen, in dem er darum bitten würde, Perelman am Leningrader Institut unter seiner, Alexandrows, Aufsicht promovieren zu lassen. Die Unverhältnismäßigkeit der Anfrage – ein Vollmitglied der Akademie der Wissenschaften, der Fixstern der gesamten sowjetischen Geometrie, schreibt einen Brief zugunsten eines kleinen Studenten – war genau das, was dem Unternehmen den Erfolg bescheren sollte. Alexandrow gehörte nicht zu denen, die sich am Spiel des Gebens und Nehmens von Gefälligkeiten beteiligten, aber in diesem Fall versprach sein bloßer Status ein positives Ergebnis.

»Wenn nur Burago ihn als Doktoranden hätte annehmen wollen, sie hätten ihn nicht zugelassen«, behauptete Alexei Werner, Schüler und Koautor von Alexandrow,[3] »aber Alexandrow konnten sie nicht mit einem Nein abspeisen«. Waleri Ryschik, der bei diesem Gespräch neben Werner saß, pflichtete ihm bei und fügte hinzu, dass Alexandrow ihm persönlich erzählt habe, was in dem Brief stand, nämlich »dass dies genau eine jener Ausnahmesituationen« sei, »in denen die ethnische Frage außer Acht gelassen werden sollte«. Abgesehen davon, dass Alexandrow oder Ryschik oder auch beide offenbar der Ansicht waren, die ethnische Frage sei normalerweise durchaus zu berücksichtigen – ist das Bemerkenswerte an dieser Geschichte, dass die ganze Leningrader Mathematikergemeinde mit von der Partie war. Alle – außer Perelman.

»Ich wusste, dass Grischa Probleme mit der Zulassung haben würde«, sagt Golowanow, »in seinen Papieren stand, dass er Jude war, in meinen dagegen nicht. Also wurde die Sache auf höchster Ebene geregelt, auf einer Ebene, die für mich zur damaligen Zeit unerreichbar war. Schon komisch. Ich meine, Grischa ist Grischa, aber trotzdem war er nicht mehr als ein strebsamer Student, der seinen Doktor machen wollte. Und nun gab es Akademiemitglieder, die sich für ihn in die Schlacht warfen.«

Ich fragte ihn, ob Grischa aktiv an der ganzen Aktion beteiligt gewesen sei oder sich vielmehr gar nicht darum gekümmert habe. »Aktiv an etwas beteiligt sein oder sich nicht darum kümmern sind nicht die einzigen Möglichkeiten.« Mit zufriedenem Lächeln lehnte sich Golowanow in seinem Sessel zurück und wiederholte einen Satz, den er in unseren Gesprächen ständig gebrauchte: »Grischa ist sehr klug, ich kann es nicht oft genug wiederholen. Das ist eine Feststellung, die nichts mit seiner Begabung für die Mathematik zu tun hat, die ja niemand infrage stellt. Grischa ist ein sehr kluger Mensch. Das heißt, ich kann mir nicht vorstellen, dass er sich nicht um die Sache gekümmert hat. Aber ich muss zugeben, dass wir zu der Zeit nicht darüber gesprochen haben.«

Mit anderen Worten: Golowanow und Perelman, die sich seit mehr als zehn Jahren kannten, den größten Teil ihrer mathematischen Ausbildung Seite an Seite durchlaufen hatten und sich gemeinsam auf die zwei Zulassungsprüfungen für das Promotionsstudium (eine in ihrem mathematischen Spezialgebiet und eine in Geschichte der

Kommunistischen Partei) vorbereiteten, waren sorgsam darauf bedacht, über diesen wichtigen Punkt nicht zu reden. Golowanows Motiv scheint klar: Er ist ein äußerst höflicher Mensch, und es war ihm fast schmerzhaft bewusst, wie empfindlich sein Freund war. Zudem war ihm auch schon damals, das heißt 1987, klar, dass er ungerecht bevorteilt war, weil in seinen Papieren schlicht nicht stand, dass er Jude ist. Auch Perelmans Verhalten lag ganz in seinem Wesen begründet. Dieses byzantinische und diskriminierende Zulassungssystem konnte unmöglich in sein Bild einer gerechten und meritokratischen Welt der Mathematik passen. Womöglich war er nicht nur nicht bereit, sondern sogar unfähig, über die Unsicherheit seiner mathematischen Zukunft sowie die Maßnahmen, die andere zu ihrer Rettung unternahmen, zu sprechen.

Tatsächlich ging Perelman mit dem Zulassungsproblem auf ziemlich ähnliche Weise um wie seinerzeit Salgaller. Diesem war die Vorstellung, jemandem etwas schuldig zu sein, derart verhasst, dass er sich selbst aus dem korrupten und korrumpierenden System entfernt hat, indem er sich eigenhändig von der Liste strich. Perelman, der sich ebenfalls nicht vorstellen konnte, irgendjemandem etwas zu schulden, ignorierte die Vorgänge hinter den Kulissen seines Zulassungsverfahrens, so als blende er diesen Teil der Geschichte einfach aus. Und wie die Dinge lagen und wie sie ihm von seinen Lehrern vermittelt wurden, tat er genau das Richtige: Die Demütigungen, die das Sowjetsystem seinen Wissenschaftlern und besonders den Juden unter ihnen zufügte, hatten mit Mathematik nichts zu tun und schon gar nicht konnten sie das Denken eines Mathematikers beeinflussen. In der zweiten Hälfte des zwanzigsten

Jahrhunderts haben jene sowjetischen Mathematiker, die Mathematik so betreiben wollten, wie es sich gehört, es für gewöhnlich akzeptiert, in die Welt der inoffiziellen Mathematik abgeschoben zu werden, wo sie zwar keinerlei Vergünstigungen erhielten, aber wissenschaftlich arbeiten konnten. Diejenigen, die dem offiziellen Mathematikbetrieb angehörten, hatten die Büros, die Gehälter, die von der Akademie der Wissenschaften zugeteilten Wohnungen und konnten gelegentlich sogar ins Ausland reisen. Dafür mussten sie Ideologie, Diskriminierung und Korruption in Kauf nehmen. Perelmans totalisierender Geist hätte eine solche Dichotomie nicht ertragen. Er würde Mathematik betreiben, und zwar so, wie es sich gehörte und auch wo es sich gehörte: am Leningrader Steklow-Institut für Mathematik. Das Wohlwollen der Kollegen, die in seinem Namen intervenierten, und die Liebenswürdigkeit von Freunden, die das Thema in seiner Gegenwart nicht forcierten, machten ihm genau das möglich: weiter in einer Welt zu leben, wie er sie sich vorstellte.

Im Herbst 1987 wurde Grigori Perelman Doktorand am Leningrader Steklow-Institut. Als offizieller Betreuer seiner Dissertation zeichnete Alexander Danilowitsch Alexandrow verantwortlich – womit Perelman der letzte Mathematiker ist, dem diese Ehre zuteilwurde –, de facto aber ließ sich Perelman in Buragos Abteilung nieder. Auch wenn das damals niemand ahnte: Es gab nie eine bessere Zeit, nie einen besseren Platz für einen Mathematiker, um seine Forschungskarriere in Angriff zu nehmen.

Ein gutes Jahr vor Perelmans Abschluss an der Leningrader Staatsuniversität kündigte Michail Gorbatschow, damals Generalsekretär der Kommunistischen Partei, eine Reihe weitreichender Reformen an, die er »Perestroika« nannte. Ende 1986 durfte der Physiker Andrei Sacharow, Nobelpreisträger und führender Menschenrechtler der Sowjetunion, aus Gorki, wo er unter Hausarrest stand, nach Moskau zurückkehren. Zu Beginn des Jahres 1987 wurden die politischen Gefangenen in der Sowjetunion freigelassen, angeblich alle. 1988, kurz nachdem Perelman Doktorand geworden war, begann die Ära von Glasnost, das kurze Goldene Zeitalter der sowjetischen Intellektuellen. Plötzlich ging die Leserschaft so genannter »dicker intellektueller Zeitschriften« (*tolstye zhurnaly*) in die Millionen und es begann eine landesweite öffentliche Diskussion über Russlands Zukunft. 1989, das Jahr, in dem Perelman an seiner Dissertation schrieb, saß das ganze Land wie gebannt vor dem Fernseher, um die erste halbdemokratische Wahl und danach die ersten offenen Parlamentsdebatten seines Lebens zu verfolgen. So mitreißend war die Stimmung damals, dass selbst jemand, der Politik so sehr verachtete wie Perelman, sich dem Geist der Zeit nicht ganz entziehen konnte.

Es war ein außerordentlicher Glücksfall, dass Perelman seine Karriere einige Jahre vor den Wirtschaftsreformen der frühen 1990er Jahre begann, denn diese stürzten die Forschungseinrichtungen in größte finanzielle Schwierigkeiten und verurteilten russische Akademiker dazu, sich entweder von einem Forschungsauftrag zum anderen zu hangeln oder zwischen Lehraufträgen im Ausland und Forschungsstellen in Russland hin- und herzutingeln. Ende der 1980er Jahre, so Golowanow, lag ein Promotionsstipendium immerhin noch »um zehn Rubel pro Monat über dem Lohnniveau, von dem man gerade noch leben konnte«. Zugleich war die wichtigste Veränderung in der Funktionsweise der sowjetischen akademischen Einrichtungen bereits in Gang: Der Eiserne Vorhang hob sich. Sowjetische Wissenschaftler begannen, ins Ausland zu reisen, ausländische Wissenschaftler konnten ungehindert kommen und gehen, die Zensur ausländischer Fachzeitschriften wurde aufgehoben (die Wirtschaftskrise hatte noch nicht dazu geführt, dass die Bibliotheken keine Bücher mehr bestellen konnten) und die Kommunikation per Post oder Telefon war von nun an so leicht möglich, wie sie es schon immer hätte sein sollen. In Einrichtungen wie dem Steklow-Institut verbreitete sich das Gefühl, dass Veränderungen und neue intellektuelle Möglichkeiten in der Luft lagen. Perelmans Weg in die internationale mathematische Elite stand nun nichts mehr im Weg – und seine Weltsicht würde nicht mehr hinterfragt werden. Zudem lernte er nun Michail Gromow kennen.

Ab einem bestimmten Punkt stand Michail Gromows Name in Verbindung mit allen wichtigen Dingen, die Perelman tat. Alle Gesprächspartner, die mir helfen sollten, seinen Werdegang nach der Promotion zu verfolgen, kamen auf Gromow zu sprechen: Er sei es gewesen, der Perelman für diese oder jene Stelle vorschlug, er habe ihn zu dieser Tagung mitgenommen, er habe jenen Artikel zusammen mit ihm geschrieben.

Salgaller nennt Gromow »das Beste, was die Universität Leningrad jemals hervorgebracht hat«. Gromow wurde dort 1968, im Alter von fünfundzwanzig Jahren, von Wladimir Rochlin promoviert, von jenem Topologen, den

Alexander Danilowitsch Alexandrow vor weiterer Verfolgung bewahrt hatte.[4] Gromow, dessen Mutter Jüdin war, bemühte sich verzweifelt um eine Forschungsstelle am Steklow-Institut und hätte zur Not auch eine Professorenstelle an der Leningrader Staatsuniversität angenommen. Schließlich gab er auf und emigrierte Ende der 1970er Jahre in die Vereinigten Staaten, wo er am Courant Institute der New York University Arbeit fand.[5] Später, nachdem er zu einem der weltweit führenden Geometer geworden war, lehrte und forschte er sowohl am Courant als auch am außerordentlich prestigeträchtigen Institut des Hautes Études Scientifiques (IHÉS) südlich von Paris.

Ich habe mit Gromow in Paris, im Institut Henri Poincaré gesprochen, dem Teil der Université Pierre et Marie Curie (Universität Paris VI), der für Tagungen und Seminare in Mathematik und Theoretischer Physik reserviert ist. So zumindest hieß es auf der Website der Universität[6] und so stand es auch auf den Schildern, die auf den großen runden Tischen in der Cafeteria des Instituts aufgestellt sind: »Reserviert für Mathematiker und Theoretische Physiker«. Als ich dort eintraf, war Gromow in eine lebhafte Diskussion mit dem amerikanischen Topologen Bruce Kleiner verwickelt, mit dem ich einige Monate zuvor in New York gesprochen hatte.[7] Als ich an den Tisch herantrat, stand dieser gerade auf und war im Begriff zu gehen, schien aber so erregt von der Diskussion, dass er mich nicht begrüßte. Stattdessen wendete er sich erneut Gromow zu und sagte, eine Wissenschaft, in der nichts bewiesen werden müsse, sei keine Wissenschaft. Gromow erwiderte, dass ein alternatives System dennoch konsistent sein könnte. »Haben Sie jemals mit dem Mann auf der

Straße gesprochen?«, gab der offensichtlich erzürnte Kleiner zurück. »Der hat auch große Ideen.« Ich glaube, er wollte sagen, dass jeder Verrückte ein in sich schlüssiges System anzubieten hätte, war aber zu aufgeregt, um diesen Gedanken auszudrücken. Daraufhin wurde auch Gromow wütend, fuchtelte mit den Armen und schrie: »Nein, nein!« Er sah selbst so aus wie der »Mann von der Straße«: Die Sachen, die er anhatte, waren ihm viel zu groß, die Jeans mit dem schwarzen Gürtel hatte Flecken, sein hellgrünes Hemd war auf Brusthöhe fadenscheinig und an den Manschetten durchgewetzt, sein grauer Bart und sein ebenso graues Haar sprossen wild in alle Richtungen.

Kleiner stampfte davon, und Gromow wendete sich mir zu, offensichtlich noch immer erregt. Als ich ihn fragte, warum er die Sowjetunion verlassen habe, reagierte er gereizt. »Warum nicht?« Sein Russisch hatte in den drei Jahrzehnten, die er außer Landes war, hörbar gelitten. »Alle gingen weg, so auch ich. Man bot mir eine Arbeit in Amerika an, und ich ging dorthin, dann bekam ich das Angebot hier und ging hierher.« Damit sagte er nicht ganz die Wahrheit, wie ich aus meinen Recherchen bereits wusste, aber mir war klar, dass ich ihn nicht bedrängen durfte: Er war offensichtlich nicht in der Stimmung, über das lange zurückliegende Elend der jüdischen Auswanderung aus der Sowjetunion zu sprechen. Vorsichtig versuchte ich, das Gespräch in Gang zu bringen.

»Soviel ich weiß, sind Sie derjenige, der Perelman in den Westen brachte.«

»Ich war daran beteiligt«, antwortete er, noch immer brummig, »aber es war Buragos Initiative.«

»Ich habe von verschiedenen Leuten gehört, dass Sie es

waren, der kam und sagte, dass es dort diesen großen neuen Mathematiker gäbe.«

»Das hatte ich von Burago. Vielleicht habe ich das anderen Leuten gegenüber erwähnt.«

»Und was genau hat Burago Ihnen gesagt?«

»Er sagte, er habe da diesen guten jungen Mathematiker.«

»Den man hierherbringen müsse?«

»Ja, man musste dafür sorgen, dass er hierherkommt.«

Und Gromow hat dafür gesorgt, dass Perelman, nachdem er seine Dissertation am Steklow-Institut im Jahr 1990 abgeschlossen hatte, einige Monate am IHÉS verbringen konnte. Dort begann er, über Alexandrow-Räume zu arbeiten, ein nach Alexander Danilowitsch Alexandrow benanntes topologisches Phänomen, der sich allerdings in den 1950er Jahren von diesem Thema verabschiedet hatte. Nun aber waren drei seiner mathematischen Nachkommen – Burago, Gromow und Perelman – zusammengekommen, um daran zu arbeiten.

1991 sorgte Gromow mit dafür, dass Perelman am Geometrie-Festival teilnehmen konnte, das alljährlich an wechselnden Schauplätzen der amerikanischen Ostküste stattfand,[8] in jenem Jahr an der Duke University. Perelman hielt einen Vortrag über Alexandrow-Räume, der im darauffolgenden Jahr zu seiner ersten größeren Veröffentlichung wurde. Gromow und Burago waren die Koautoren.[9] Gromow brachte Perelman bei allen wichtigen Leuten ins Gespräch, um sicherzustellen, dass dieser nach seinem Doktorat zu Forschungsaufenthalten in die Vereinigten Staaten eingeladen werden würde.[10]

Während unserer Unterhaltung begann ich, Gromows

Motivation – oder vielmehr die Tiefe seines Engagements für das Perelman-Projekt – zu verstehen. »Als er sich auf die Geometrie stürzte, war er der stärkste Geometer, und bevor er von der Bildfläche verschwand, war er bestimmt der beste auf der ganzen Welt.«

»Was heißt das?«

»Er machte die beste Arbeit«, antwortete Gromow knapp und präzise.

Mir fiel sofort ein Witz ein, den ich einmal von einem Mathematiker gehört hatte: Einige Leute, die eine Fahrt in einem Heißluftballon unternehmen, werden vom Wind abgetrieben. Nach einer Weile orientierungslosen Dahintreibens sehen sie unten einen Mann spazieren gehen und rufen ihm zu: »Wo sind wir?« Der Mann, zufällig ein Mathematiker, ruft hinauf: »In einem Heißluftballon.«

Im Verlauf unserer Unterhaltung wurde mir aber klar, dass Gromow Perelman für den besten *Menschen* auf Erden hielt – nicht nur für den besten Geometer, sondern für das beste menschliche Wesen in der Welt der Mathematik. Er verglich ihn mit Isaac Newton, fügte aber sofort präzisierend hinzu: »Newton war ein ziemlich übler Zeitgenosse. Perelman ist viel besser. Er hat ein paar Fehler, aber sehr wenige.« Manchmal greife er seine Freunde an, aber solche Konflikte seien, verglichen mit seiner überwältigenden natürlichen Güte, nur von geringer Bedeutung. »Er hat moralische Grundsätze, an die er sich hält. Und das überrascht viele. Sie sagen oft, er verhalte sich merkwürdig. Dabei ist er nur ehrlich, auf eine unkonventionelle Art, die in diesen Kreisen nicht gut ankommt – auch wenn es eigentlich die Norm sein sollte. Das wirklich Besondere an ihm ist, dass er sich anständig verhält. Er folgt Idealen, die in der Wissenschaft stillschweigend akzeptiert werden.«

Mit anderen Worten: Perelman war genau so, wie ein Mathematiker – und ein Mensch – sein sollte. Am gleichen Tag noch bin ich mit einem französischen Mathematiker und Wissenschaftshistoriker in Paris spazieren gegangen. Er klagte über den Zustand der französischen Mathematik, die Kommerzialisierung der Wissenschaft und die prinzipienlose Mitarbeit von Leuten wie Gromow, der, so behauptete dieser Mann, tatenlos zugesehen habe, wie das IHÉS nichtssagende Broschüren gedruckt habe, um Drittmittel einzuwerben.[11] Ich erkannte, dass Gromow sich wahrscheinlich wünschte, ebenso prinzipientreu zu sein wie Perelman, sich ebenso entschlossen von der Institutionalisierung der Mathematik fernhalten und hohle Anerkennung mit ebenso aufrichtiger Verachtung behandeln zu können wie dieser. Ich bin ziemlich sicher, dass das der tiefere Grund ist, warum sich Gromow so intensiv um Perelman gekümmert hat – und warum er sich dies nicht als Verdienst anrechnen lassen will.

Die Reihe von Perelmans Schutzengeln wurde also immer noch länger: Rukschin führte ihn in die Wettbewerbsmathematik ein, Ryschik umhegte ihn in seiner Schulzeit, an der Universität gab Salgaller Grischas Problemlösungsfähigkeiten Nahrung und übergab ihn dann an Alexandrow und Burago, damit er ohne Unterbrechung und ungehindert weiterhin Mathematik betreiben kann. Burago schließlich gab ihn weiter an Gromow, der ihn hinausführte in die Welt.

7. Nach Amerika. Und zurück nach Russland

Wäre Grigori Perelman zehn oder auch nur fünf Jahre älter gewesen, seine Laufbahn wäre, nachdem er seine Doktorarbeit geschrieben hatte, mit ziemlicher Sicherheit ins Stocken geraten: Es wäre schwierig, wenn nicht völlig unmöglich gewesen, dass ein Jude seine Dissertation am Steklow-Institut hätte verteidigen können und dort eine Forschungsstelle bekommen hätte. Selbst eine Intervention durch eine so einflussreiche Persönlichkeit wie Alexander Danilowitsch Alexandrow hätte vermutlich nichts genutzt. Wäre Perelman zehn oder auch nur fünf Jahre jünger gewesen, hätte er vielleicht überhaupt nicht studieren können. Der staatliche Antisemitismus wäre dann zwar kein Problem mehr gewesen, aber seine Familie hätte vermutlich nicht die Mittel gehabt, ihn in einer Zeit studieren zu lassen, in der man sich von einem Stipendium kaum mehr als drei Laibe Schwarzbrot kaufen konnte. Grigori Perelman aber wurde genau zur richtigen Zeit geboren, und als er seine Dissertation beendet hatte, war er genau am richtigen Ort: in einem zusammenbrechenden Land, das es seinen Bürgern seit siebzig Jahren zum ersten Mal freistellte, ins Ausland zu reisen. Er gehörte zur glücklichsten Generation russischer Mathematiker. Wie Millionen andere Sowjetbürger begann auch Perelman um 1990 ein neues Leben, ein Leben draußen in der Welt. Und da all diese Veränderungen mehr oder weniger zufällig zu ebendieser Zeit passierten, mag man es Perelman sogar nachsehen, dass er nach wie vor glaubte, die Welt funktioniere exakt so, wie sie sollte. Genau in dem Moment, als es für Perelman wichtig wurde, seinen wissenschaftlichen Kommunikationsradius zu erweitern, fielen ihm die Gelegenheiten dazu geradezu in den Schoß.

In diesem Abschnitt in Perelmans Leben erschienen neue Mitspieler auf der Bildfläche. Ob sie es wussten oder nicht – höchstwahrscheinlich wussten sie es nicht, da Perelman auch im Umgang mit ihnen nichts an seiner üblichen Distanziertheit gegenüber Menschen änderte –, ob ihm daran gelegen war oder nicht, sicher ist, dass sie im Fortgang seiner Karriere eine wichtige Rolle spielen würden. Neben Gromow waren dies Jeff Cheeger, Michael Anderson, Gang Tian, John Morgan und Bruce Kleiner.[1]

Cheeger, ein bedeutender amerikanischer Mathematiker, eine Generation älter als Perelman, arbeitet am Courant, in einem kargen Hochhausbüro auf dem Campus der New York University. Wie andere Kollegen, die Perelman in Amerika kennenlernten, fand Cheeger ihn zwar sympathisch, aber auch undurchschaubar, und gelegentlich brachte Perelman ihn wohl auch auf die Palme. Mit Bedacht wählte er seine Worte, denn er wollte ihn auf keinen Fall beleidigen. Wie sich Cheeger erinnerte, war es Gromow, der ihn als Erster auf Perelman hingewiesen hatte: »Er kam zurück und erzählte, er habe diesen jungen Kerl getroffen und der habe enormen Eindruck auf ihn gemacht.« 1991, während des Geometrie-Festivals an der Duke University, traf Cheeger Perelman zum ersten Mal. Und dieser kam dann im Herbst 1992 als Forschungsstipendiat ans Courant. Noch immer arbeitete er über Alexandrow-Räume.

Als Perelman in die Vereinigten Staaten kam, war er sechsundzwanzig Jahre alt, nicht mehr pummelig, sondern groß, schlank und gut in Form. Sein Bart war nicht mehr im Stadium des Wildwuchses, sondern dicht, schwarz und buschig. Sein Haar war lang. Er hielt nichts davon, sich die Haare und die Fingernägel zu schneiden – einige Leute meinten sich an Bemerkungen von Perelman zu erinnern, in denen er diese Praktiken als unnatürlich bezeichnete. Aber da sich niemand dafür verbürgen wollte, kann es durchaus sein, dass er derartige Konventionen einfach nur mühsam und unvernünftig fand. »Wissen Sie, er war als Exzentriker verschrien«, sagte Cheeger und erwähnte die Fingernägel, die Haare, die Angewohnheit, jeden Tag dieselbe Kleidung zu tragen – namentlich ein braunes Kordsakko –, und Perelmans Vorträge über die Vorzüge einer besonderen Sorte Schwarzbrot, die man nur in einem russischen Laden in Brooklyn bekam, wohin er zu Fuß von Manhattan ging.

Im Wesentlichen unterschied sich das Leben eines Postdoc in den Vereinigten Staaten nur wenig von dem eines Doktoranden in Russland. Im Großen und Ganzen war Perelman sich selbst überlassen, aber anscheinend sah er keinen Grund, sich nicht die meiste Zeit im Courant aufzuhalten. Das Institut war verkehrsgünstig gelegen und in einem Betonhochhaus untergebracht, das so quadratisch und unpersönlich war wie alles, was in Russland in den vergangenen dreißig Jahren gebaut worden war. Aus dem Gebäude blickte man auf den Washington Square Park, einen Platz, der von seiner Architektur her – flach, geometrisch, feierlich – jedem x-beliebigen Stadtpark in St. Petersburg oder in Paris ähnelt, wo Perelman zuvor einige Monate verbracht hatte. Seinem Hang zu Bekanntem und Vertrautem kam zudem entgegen, dass es sein Brot und seine Sauermilch nur in der hintersten Ecke von Brooklyn gab – und indem er den Weg zu Fuß ging, verschaffte er sich dadurch die für ihn nötige Dosis sowohl an Abgeschiedenheit als auch an körperlicher Bewegung. Später ließ er seine Mutter am anderen Ende seines Wegs nach Brooklyn auf sich warten. Sie war ihm in die Vereinigten Staaten gefolgt und wohnte bei Verwandten in Brighton Beach. Das soziale Leben am Courant Institute fand Perelman nicht zu schwierig, denn es ging dort nicht anders zu als an allen anderen mathematischen Instituten. Außerdem traf er auf viele bekannte Gesichter, da sich Gromow, Burago und andere Mathematiker aus St. Petersburg gelegentlich dort aufhielten.

Am Courant fand Perelman einen Freund. Ich bin nicht sicher, ob Gang Tian wusste, dass er Perelmans Freund war, aber Wiktor Salgaller, Perelmans alter, in Israel lebender Lehrer, ist sich sicher, dass es sich so verhielt. »Er lernte dort jemanden kennen, mit dem er Freundschaft schloss, einen jungen chinesischen Mathematiker«, erzählte er mir. »Sie passten zueinander.« Das stimmt. Ich habe Tian selbst besucht, und zwar am Institute for Advanced Study in Princeton, einer der angesehensten mathematischen Einrichtungen der Welt, wo er wieder in einer dieser kalten Betonschachteln saß. Er sprach mit sehr sanfter Stimme, die fast schon traurig klang, war aber nicht ganz so zurückhaltend wie Cheeger. Den Fehler, mit Journalisten zu sprechen, hatte er schon gemacht und war überzeugt, dass Grischa deshalb seit mehreren Jahren nicht auf seine Briefe antwortete. Freunde seien er und Perelman aber nicht gewesen: »Wir redeten ziemlich oft miteinander«, aber es sei eigentlich immer nur um Mathematik gegangen. »Ich glaube nicht, dass wir auch über andere Dinge gesprochen haben. Wahrscheinlich hatte er dafür andere Freunde. Er sprach über Brot. Brot war ihm irgendwie sehr wichtig. Er hatte einen Laden in Brooklyn gefunden, in der Nähe der Brooklyn Bridge, wo er gutes Brot bekam.« Was für eine Art Brot das gewesen sei, wollte ich wissen. »Keine Ahnung«, antwortete Tian. »Ich mache mir nichts aus Brot. Ich esse es, aber es ist mir nicht wichtig, was für ein Brot es ist.« Abgesehen vom Thema Brot passten Tian und Perelman hervorragend zueinander: Beide hatten wenig übrig für Dinge, die nichts mit Mathematik zu tun hatten, und auf dem Gebiet der Mathematik verfolgten sie die gleichen Interessen.

Tian war es, der Perelman zu Vorträgen am Institute for Advanced Study in Princeton mitnahm. Auch Cheeger war dort, und nach einem dieser Vorträge beteiligte sich Perelman an einem Volleyballspiel. Cheeger war perplex: »Wenn man ihn sieht, denkt man, das ist etwas, wofür er sich nicht die Bohne interessiert oder was er gar nicht kann. Aber einmal habe ich bei einem Spiel zugesehen, und er sagte zu mir: ›Ich glaube, ich könnte das.‹ Und wissen Sie was: Er war ziemlich gut.« Ich nickte. Cheeger war überrascht, dass ich nicht überrascht war. Also erklärte ich ihm, dass Perelman damals, als er für die Internationale Mathematik-Olympiade trainierte und in den Mathesommerlagern war, viel Volleyball spielen musste. Cheeger wirkte leicht verdrossen. Selbst in diesem unbedeutenden Fall hatte er sich von Perelmans Gewohnheit, seine Fähigkeiten und Interessen herunterzuspielen, in die Irre führen lassen. Aber es war ebenderselbe Mann, der später niemandem davon erzählte, dass er über die Poincaré-Vermutung arbeitete, die Lösung ins Internet stellte und selbst dann nicht den Anspruch erhob, dass sie wirklich die Lösung war. Erst als ihn jemand fragte, ob er den Beweis für die Vermutung gefunden habe, sagte er, das sei wohl so. Hätte Cheeger ihn direkt gefragt, ob er schon oft Volleyball gespielt habe, hätte Perelman dies wahrscheinlich bejaht. Er hielt sich noch immer daran, dass man die ganze Wahrheit sagen müsse – aber nur, wenn man gefragt wird. Freiwillig mit Informationen herauszurücken, vor allem mit Informationen über sich selbst, hielt er für nutzlos. Vermutlich bereitete es ihm auch ein gewisses Vergnügen, zu zeigen, dass er jedes Problem lösen könne, das ihn interessierte – und sei es ein Volleyballspiel.

Ein anderes Ereignis in der New Yorker Zeit, das Perelman betraf und Cheeger überraschte, ließ sich nicht so leicht erklären. 1993 flogen Cheeger und Gromow nach Israel zu einer Tagung, die unter anderem aus Anlass ihrer beider fünfzigsten Geburtstage veranstaltet wurde. Auch Perelman kam, zusammen mit seiner Mutter. Nicht das sorgte für Cheegers Überraschung, sondern dass er mitbekam, wie Perelman am Flughafen einen Wagen mietete und dazu eine Kreditkarte nutzte. Ich habe von niemandem sonst gehört, dass Perelman Auto fuhr – eher im Gegenteil: Manche behaupteten, er lehne auch Autos als »unnatürlich« ab –, aber es ist durchaus denkbar, dass er während seines ersten Semesters in New York den Führerschein gemacht und sich eine Kreditkarte besorgt hatte.

Vielleicht hatte er kurzzeitig überlegt, sich dauerhaft in den Vereinigten Staaten niederzulassen.

»Sehen Sie, es geschieht häufig, dass jemand stark reagiert, wenn er die russische Grenze überschreitet«, kommentierte Golowanow. »In Grischas Fall war dies das einzige Mal, dass er so etwas wie politische Begeisterung verspürte. Kaum war er dort [in den USA], schrieb er nach Hause und verlangte, dass die ganze Familie umzog.« Damit konnte zu dieser Zeit nur seine jüngere Schwester Lena gemeint sein, die in St. Petersburg geblieben war und gerade die Oberschule beendet hatte. Der Vater war nämlich nach Israel ausgewandert und die Mutter war ja mitgekommen nach New York, wo sie ihm nicht von der Seite wich. Grischas Kampagne sollte wohl vor allem seine Schwester dazu bringen, in den Vereinigten Staaten zu studieren. Lena entschied sich für Israel, wo sie 2004 am Weizmann-Institut ihren Doktortitel in Mathematik erwarb.[2]

Soweit sich Golowanow erinnerte, plädierte Perelman nicht für den Umzug, sondern er »ordnete ihn an«, so Golowanows Formulierung. Das entsprach der Art, wie er seine Rolle in der Familie verstand: Er war derjenige, der »weiß, was richtig ist«. Vielleicht war es in seinen Augen auch unter seiner Würde oder schlicht Zeitverschwendung, mit seiner kleinen Schwester zu argumentieren. Wenn er jedoch mit Kollegen sprach, vertrat er die Ansicht, dass westliche Mathematiker im Vergleich zu ihren russischen Kollegen zwar einen zu engen Fokus hätten, ihre Forschung aber effizienter organisierten und mehr leisteten.[3] Das war vielleicht ein Fall von klassischem Solipsismus, denn 1993 tat Perelman genau das, was promovierte Forscher, die keine formalen akademischen Verpflichtungen haben und auf der Höhe ihrer kreativen und geistigen Fähigkeiten sind, in diesem Stadium ihrer Entwicklung tun sollten: Er löste ein bedeutendes, seit Langem bestehendes Problem, und das auf eine Weise, die für Mathematiker von atemberaubender Schönheit war.

Zwanzig Jahre bevor Perelman ans Courant kam, hatte Cheeger zusammen mit Detlef Gromoll einen Artikel veröffentlicht, in dem es um die Ableitung der Eigenschaften bestimmter mathematischer Objekte aus kleinen Bereichen dieser Objekte ging, die sie deren »Seele« nannten. Denn wie die imaginäre menschliche Seele besitze auch die imaginäre Seele des imaginären mathematischen Objekts sämtliche Eigenschaften, die das Ganze des Objekts ausmachen.[4] Cheeger und Gromoll konnten einen Teil von dem, was sie zeigen wollten, beweisen, und dieser Beweis wurde bekannt als das »Soul-Theorem«. Der Rest blieb Spekulation und erhielt den Namen »Soul-Vermutung«. Sie blieb eine Vermutung – das heißt, eine mathematische Annahme ohne Beweis –, bis Perelman zeigte, dass sie richtig war. Sein diesbezüglicher Artikel war vier Seiten lang.[5]

»Das Problem schien außerordentlich schwierig zu sein«, sagt Cheeger, »ein paar Leute hatten sehr lange, technische Artikel über das Theorem geschrieben, konnten es aber nur zum Teil beweisen. Er dagegen erkannte, dass bislang keiner den springenden Punkt gesehen hatte. Und daraus machte er dann einen sehr kurzen Beweis. Er benutzte etwas, das zwar nicht trivial, aber seit den späten 1970er Jahren bekannt war.«

Damit war der Trick gemeint, den Perelmans Freunde im Matheclub seinen »Stock« genannt hatten: Er nahm das Problem zunächst als Ganzes in sich auf und reduzierte es dann auf das Wesentliche, das sich plötzlich als einfacher erwies, als allgemein angenommen wurde. »Zu einem Teil hing dies damit zusammen, dass das Problem tatsächlich nicht so schwierig war, wie man gedacht hatte«, fuhr Cheeger fort. »Zu einem anderen Teil war es aber auch die Kraft seiner Persönlichkeit, so könnte man sagen. Man musste nur mit ihm reden und wusste, dass man es mit einem ungewöhnlich scharfen und mächtigen Verstand zu tun hatte. Mit einer Persönlichkeit, die – in einer bestimmten Richtung – etwas sehr Kraftvolles hat sowie ein großes Vertrauen in die eigenen Einsichten. Man könnte das fast Sturheit nennen, wobei er nicht aggressiv war, eher schon, nun ja, ein bisschen arrogant.«

Das war er in der Tat. Und diesem Aspekt von Perelmans Persönlichkeit ist Cheeger begegnet, als er ihn davon überzeugen wollte, einen seiner Artikel auszubauen, um seine Gedanken ausführlicher darzustellen. »Einer der Artikel, die er schrieb, als er hier war, war sehr kurz – eine Mischung aus Energie und Arroganz. Ein ganz erstaunlicher Artikel. Ich las ihn voller Bewunderung. Aber ich fand ihn zu gedrängt, seine Überlegungen kamen nicht so klar heraus, wie sie könnten. Ich sagte ihm das, und er versprach, sich die Sache durch den Kopf gehen zu lassen. Aber ich brachte ihn nicht dazu, den Artikel zu verändern. Ich weiß nicht. Haben Sie den Film *Amadeus* gesehen?« In der Szene, die Cheeger meinte, präsentiert Mozart am Wiener Hof eine seiner Opern, und der Kaiser fand sie wundervoll, aber nicht vollkommen: Sie habe zu viele Noten. »Nehme er ein paar heraus und das Ganze ist perfekt«, sagt er. »Und welche Noten haben Majestät im Sinn?«, gibt Mozart zurück. Um 1992 war sich Perelman offenbar schon ziemlich sicher, der Mozart der zeitgenössischen Mathematik zu sein. Niemand, nicht einmal ein hervorragender Mathematiker, der dreiundzwanzig Jahre älter war als er, hatte ihm zu sagen, was er tun und wie er der Welt seine Ideen präsentieren sollte.

Für das Frühjahrssemester 1993 wechselte Perelman zum Stony-Brook-Campus der State University of New York (SUNY), wo es eines der besten Graduiertenprogramme für Mathematiker in Amerika gibt.[6] Stony Brook liegt nur etwa hundert Kilometer von New York City entfernt, aber Perelman war wohl nie zuvor an einem Ort gewesen, der so anders war als St. Petersburg und New York. Die Anlage bestand aus rechtwinkligen Gebäuden und drum herum gab es nur Parkplätze, gedrückte Häuser und riesige Felder. Der Bahnhof war ein winziger Bau, bestehend aus zwei Räumen, der sich vom Campus aus gesehen auf der anderen Seite der Gleise befand. Auf einen Außenseiter – und Perelman war immer Außenseiter, egal wohin er ging – muss das alles einen trostlosen Eindruck gemacht haben.

Mike Anderson, ein Geometer, dem Perelman schon früher begegnet war und der von 2004 bis 2008 den Graduiertenstudiengang für Mathematik an der SUNY in Stony Brook leitete, half Perelman, eine Wohnung zu finden. Er wollte es »ruhig und klein« und fand ein Studio für dreihundert Dollar im Monat. Er schlief auf einem Futon, den er sich von den Andersons lieh. Ein Postdoc erhielt damals etwa fünfunddreißig- bis vierzigtausend Dollar im Jahr, und Perelman, der von Brot und Joghurt lebte, legte das meiste davon auf ein Bankkonto. Seine Mutter blieb in Brooklyn, kam ihn aber oft besuchen.

Noch immer trug Perelman das braune Kordsakko und noch immer fielen sein langes Haar und seine langen Fingernägel ins Auge. Gut möglich, dass es mit seiner Körperpflege ein wenig bergab ging. Zwar machte er durchaus den Eindruck, als bade er regelmäßig, aber der Futon, auf dem er schlief, roch derart stark, dass die Andersons ihn wegwerfen mussten, als er ihn zurückgab. Seine ungewöhnlich langen Fingernägel waren jedoch immer sauber.

Perelman gab einen Kurs in Alexandrow-Geometrie. Im folgenden Sommer reiste er zum Internationalen Mathematikerkongress nach Zürich und hielt dort einen Vortrag über Alexandrow-Räume.[7] Der Kongress war eine große Chance: Er fand nur alle vier Jahre statt, und in diesem Jahr waren nur fünfundfünfzig der weltbesten Mathematiker zu Vorträgen eingeladen,[8] die meisten bedeutend älter als Perelman – unter ihnen ein Träger der Fields-Medaille und drei, die es noch werden sollten.[9] Mit seinem Beweis der Soul-Vermutung war Perelman zum unbestrittenen Jungstar geworden. In Zürich sprach er über jenen Artikel, den er zusammen mit Gromow und Burago geschrieben hatte. Sein erster Vortrag auf dem Kongress wird Leute angezogen haben, die den Achtundzwanzigjährigen sehen wollten, der, wenn Gromow recht hatte, die weltweit beste Arbeit auf diesem Gebiet leistete. Doch Perelman zeigte sich von seiner schlechtesten Seite. Zu Beginn seines Vortrags zeichnete er etwas an die Tafel und tigerte dann unablässig auf und ab, während er redete. Seine Sprache schien unklar, unzusammenhängend und im Grunde unverständlich.[10]

Wenn Perelman seiner Gewohnheit treu geblieben war, eher die persönliche Beziehung, die er zu einem Problem hatte, zu beschreiben als das Problem selbst, dann kann man verstehen, warum sein Vortrag in Zürich zum Desaster wurde. Er hatte schon früher über dieses Thema gesprochen – 1991 auf dem Geometrie-Festival an der Duke University und kurz danach an einer Reihe amerikanischer Universitäten. Bei diesen Gelegenheiten hatte er klar vorgetragen – und damals, so erinnerte sich der Geometer Bruce Kleiner,[11] der ihn sowohl an der Duke als auch an der University of Pennsylvania gehört hatte, sei »die Mathematik sehr, sehr gut« gewesen. Drei Jahre später war Perelmans Beziehung zu den Alexandrow-Räumen jedoch komplizierter geworden.

Im Herbst 1993, nach einem Semester in Stony Brook, ging Perelman an die Westküste, um ein zweijähriges Miller Fellowship anzutreten – eine beneidenswerte Position an der University of California in Berkeley, mit der eine großzügige Förderung von Grundlagenforschung verbunden war, ohne jede Lehrverpflichtung. In den Statuten für die Stipendienvergabe stand ausdrücklich, dass den Stipendiaten »mehr Unabhängigkeit gewährt wird als anderen Graduierten in der Universität« und dass sie selbst bestimmen dürfen, in welchem Umfang sie am Leben ihrer Gastfakultäten teilnehmen.[12] Das war genau die Umgebung, für die Perelman von seinen frühen Mathematikmentoren erzogen worden war – die Umgebung, die er in seinen Gesprächen mit russischen Kollegen gelobt hatte –, aber sie funktionierte nicht. Oder etwas funktionierte nicht. Perelman hatte versucht, seine Arbeit an den Alexandrow-Räumen fortzuführen, doch er war ins Stocken geraten.

»Das ist normal«, so Gromow, »das meiste von all dem, was man versucht, klappt nicht. So ist das Leben.« Gromow mag an das Leben in der Mathematik oder an das Leben im Allgemeinen gedacht haben, jedenfalls sprach er aus einer Erfahrung, die Perelman, auch wenn er inzwischen Ende zwanzig war, einfach noch nicht gemacht hatte. Das klingt unwahrscheinlich, doch er hatte, vielleicht mit Ausnahme seines zweiten Platzes auf der Allrussischen Mathe-Olympiade mit vierzehn Jahren, alle seine Ziele erreicht, hatte bekommen, was ihm zustand, beziehungsweise die Probleme gelöst, die er lösen wollte. Und er hatte das alles, ungeachtet all der vielen Stunden, die er in seine Arbeit investiert hatte, sowie trotz der Unruhe hinter den Kulissen und der vielen Intrigen, mit Leichtigkeit geschafft. So jedenfalls der Eindruck derjenigen, die ihn beobachteten. Zu diesem Zeitpunkt, nach dem Beweis der Soul-Vermutung und dem internationalen Kongress, richteten sich mehr mathematische Augen auf ihn als je zuvor – und ausgerechnet jetzt musste er sich mit einer ihm bislang unbekannten Erfahrung auseinandersetzen: der des Scheiterns.

Auch Kleiner verbrachte das akademische Jahr 1993/94 in Berkeley, und seiner Erinnerung nach führten er und Perelman »in diesem Jahr mehrere Gespräche über Mathematik«. Perelman habe über Alexandrow-Räume geforscht und sich dabei gelegentlich auf benachbarte Gebiete vorgewagt. Er habe über die Thurston'sche Geometrisierungsvermutung gesprochen, ein lange ungelöstes Problem, zu dem die Poincaré-Vermutung als Sonderfall gehört – wenn jemand die Geometrisierungsvermutung beweisen könnte, hätte er zugleich auch die Poincarés bewiesen. Es sei Perelman um die Möglichkeit gegangen, Alexandrow-Räume auf das Geometrisierungsproblem anzuwenden, und da, so Kleiner, »war kein Weg oder Plan in Sicht«. Perelman habe auch erwogen, sich den Ricci-Fluss genauer anzusehen, eine Herangehensweise, die ein anderer Mathematiker entwickelt hatte, um die Poincaré-Vermutung zu beweisen – aber auch dieser Mathematiker hatte sich vor Jahren festgefahren. Perelman habe sich nun laut gefragt, ob sich der Ricci-Fluss auf die Alexandrow-Räume anwenden lasse. Ich wollte von Kleiner wissen, ob es irgendein Anzeichen gegeben habe, dass er die Poincaré- und die Geometrisierungsvermutung in Angriff genommen hatte. Das nicht, so Kleiner, aber: »Er sagte ja nicht offen, was genau er tat oder worüber er nachdachte. Wobei er sich damit nicht zurückhaltender verhielt als andere Leute in einer solchen Situation. Es ist nicht unbedingt eine gute Idee, über seine Einfälle offen zu reden, es sei denn, man kennt die Betreffenden und vertraut ihnen, denn sie könnten ihrerseits auf die Idee kommen, darüber zu arbeiten, oder sie könnten Informationen an Dritte weitergeben, die sich dann an das Problem setzen. Es sind immer welche da, die mit einem konkurrieren, indem sie dieselbe Idee benutzen, was keine sehr angenehme Situation ist.« Kleiners eigenes Forschungsgebiet lag damals ziemlich nahe an dem Perelmans, so dass ihm dessen Zurückhaltung durchaus nachvollziehbar zu sein schien.

Wahrscheinlich gab es aber noch einen anderen Grund für diese Zurückhaltung und Perelman hat ihn 1995, in einem Gespräch mit Cheeger, sogar genannt. Cheeger berichtete mir, wie Perelman ihm während eines Kurzaufenthalts in New York einen Besuch abstattete und sie über einige Fragen im Zusammenhang mit den Alexandrow-Räumen sprachen, aber nicht über die besonderen Aspekte, mit denen sich Perelman in der Vergangenheit beschäftigt hatte. Dieses Mal jedoch sei er sehr interessiert gewesen und habe eine dieser Fragen sogar den »Heiligen Gral« des Themas genannt. »Und ich frage ihn: ›Sagtest du nicht, das würde dich nicht interessieren?‹ Und er antwortete: ›Nun, ob ein Problem interessant ist, hängt davon ab, ob es irgendeine Möglichkeit gibt, es zu lösen.‹« So pompös sich diese Äußerung anhört, Perelman hat damit vielleicht eine bedeutsame Wahrheit über sich selbst zum Ausdruck gebracht: Er konnte sich auf ein Problem nur einlassen, wenn er es vollkommen verstand – und wenn er ein Problem vollkommen verstand, bis in die kleinsten technischen Verästelungen hinein, dann konnte er es auch lösen. Was sich zwischen Perelman und die Alexandrow-Räumen schob, waren technische Schwierigkeiten, die er nicht durchdringen konnte, und infolgedessen hatte er sich emotional mehr und mehr von dem Problem distanziert. Das erklärt, warum sein Vortrag auf dem Kongress so nebulös und unkonzentriert geriet.

Perelmans Zeit als Miller Fellow endete im Frühjahr 1995. Im Jahr zuvor war sein Artikel über die Soul-Vermutung erschienen, und er hatte auf dem Internationalen Mathematikerkongress gesprochen. Es war also kein Wunder, dass ihm gleich mehrere renommierte Institute den Hof machten, obwohl er von sich aus keine Anstalten machte, eine neue Stelle für die Zeit nach Berkeley zu finden. Er lehnte alle Angebote ab, und zwar auf eine Art und Weise, die – insbesondere im Fall Princeton – in die Annalen der amerikanischen und russischen Mathematik eingegangen ist. Ich hatte auf beiden Seiten des Atlantiks davon gehört, bevor ich die Gelegenheit hatte, einen der direkt Beteiligten zu dem genaueren Geschehen zu befragen. Sein Bericht bestätigte im Großen und Ganzen das, was mir erzählt wurde.

Peter Sarnak,[13] Professor in Princeton und von 1996 bis 1999 Leiter des Fachbereichs Mathematik, hatte von Perelman zum ersten Mal durch Gromow gehört; der habe ihm, wie Sarnak mir per E-Mail berichtete, gesagt, Perelman sei »außergewöhnlich gut«.[14] Im Wintersemester 1994/95 hielt Perelman in Princeton einen Vortrag über seinen Beweis der Soul-Vermutung. Nur wenige Leute kamen, aber die Prominenz des mathematischen Fachbereichs war geschlossen anwesend: Professor John Mather, der vormalige Leiter Simon Kochen und Sarnak. Perelman hielt einen glänzenden Vortrag: klar, präzise und engagiert – vermutlich deshalb, weil seine persönliche Beziehung zur Soul-Vermutung kurz und befriedigend, will sagen, geklärt war. »Nach dem Vortrag gingen wir drei zu Perelman und sagten ihm, dass wir ihn gern als Assistenzprofessor in Princeton hätten«, so Sarnak. Die Sage geht so – Sarnak selbst erinnert sich allerdings nicht an diesen Moment –, dass Perelman daraufhin fragte, warum man ihn denn nach Princeton holen wolle, wenn doch niemand dort an seinem Forschungsgebiet interessiert sei – ein Eindruck, der durch den nahezu leeren Vortragssaal vielleicht verstärkt wurde, mit dem er jedoch, wie Sarnak bestätigte, die Situation am Fachbereich, »die wir dringend verändern wollten«, durchaus richtig erfasst hatte. Perelman habe, wie Sarnak mir schrieb, zu verstehen gegeben, »dass er eine Lebenszeitstelle wolle, woraufhin wir sagten, darüber könne man reden, wir bräuchten in jedem Fall noch einige Informationen von ihm, zum Beispiel seinen Lebenslauf. Das überraschte ihn, denn er sagte so etwas wie: ›Sie haben meinen Vortrag gehört, warum brauchen Sie dann noch weitere Informationen?‹ Da er an einer befristeten Stelle mit der Aussicht auf Entfristung nicht interessiert zu sein schien, verfolgten wir die Sache nicht weiter. Es war, wie die Geschichte gezeigt hat, ein Fehler, dass wir uns nicht intensiver dahintergeklemmt haben, ihn nach Princeton zu holen.«

Perelman ließ damals bei verschiedenen Gelegenheiten verlauten,[15] er werde sich nicht mit weniger als einer sofortigen Lebenszeitstelle zufriedengeben – eine verwegene Einstellung für einen neunundzwanzigjährigen Mathematiker mit einer sehr überschaubaren Publikationsliste und nur einem Semester Lehrerfahrung. Aber Perelmans eigene Logik war makellos. Nicht er suchte eine Stelle, sondern die Angebote kamen von den Institutionen – vielmehr von einzelnen Kollegen –, die, wie Cheeger es formulierte, »wussten, wie toll er war«. Anders gesagt, sie wussten, was Perelman und Gromow wussten: Er war einfach der Beste auf der Welt. Warum aber würden sie ihn dann durch die übliche Bewerbungsmangel drehen wollen, bevor er ordentlicher Professor werden konnte? Warum sollten sie einen Lebenslauf von ihm verlangen, bevor sie ihm seine wohlverdiente Stelle anboten? Es schien Perelman nicht in den Sinn gekommen zu sein, dass seine gutwilligen Gesprächspartner seinen Platz in der mathematischen Hierarchie nicht so sahen wie er selbst; ihnen schien einfach nicht klar zu sein, dass er der Star jedes mathematischen Fachbereichs wäre, egal an welcher Universität. Vielleicht war sein Beharren auf einer sofortigen Lebenszeitstelle aber auch bloß ein Weg, die Latte so hoch zu legen, um jede weitere Diskussion über seinen Verbleib in den Vereinigten Staaten im Keim zu ersticken. Auch die Universität von Tel Aviv, an der Perelmans Schwester inzwischen studierte, hatte ihm eine volle Professorenstelle angeboten, aber er »lehnte ab oder antwortete gar nicht«, wie Cheeger sagte. Es mag ein Trost für Sarnak sein, dass sie ihn auch dann nicht nach Princeton bekommen hätten, wenn die Verantwortlichen dort entschlossener aufgetreten wären.

Als sich Perelman auf seine Rückkehr nach Russland vorbereitete, erklärte er seinen amerikanischen Kollegen, er könne zu Hause besser arbeiten. Das war genau das Gegenteil dessen, was er drei Jahre zuvor seiner Familie nach Russland geschrieben hatte, entsprang aber aller Wahrscheinlichkeit nach der gleichen Ichbezogenheit. Solange ihm Durchbrüche mit Leichtigkeit gelangen, schien die amerikanische Umgebung auf seiner Seite zu sein, jetzt aber, da er nicht vorankam, weckte eine Rückkehr nach Russland die Hoffnung auf einen Neustart, eine Auffrischung seiner Arbeitsfähigkeit. Woran er damals tatsächlich arbeitete, wusste keiner. Die Fragen, die er Cheeger stellte, als er 1995 auf seinem Weg nach St. Petersburg in New York einen Zwischenstopp einlegte, deuten darauf hin, dass er den Blickwinkel, unter dem er die Alexandrow-Räume betrachtete, erweitert hatte – auf eine Weise, die, wie im Rückblick zu erkennen ist, bedeutete, dass er sich an die Auseinandersetzung mit der Poincaré-Vermutung heranarbeitete.

Zurück in St. Petersburg, fand Perelman für sich und seine Mutter eine Wohnung in Kuptschino und wollte seine Stelle an Buragos Labor am Steklow-Institut wiederhaben. Er hatte dort keine Lehrverpflichtungen – eigentlich überhaupt keine Verpflichtungen. Mitte der 1990er Jahre zerfielen Gebäude und Einrichtungen der Russischen Akademie der Wissenschaften immer mehr, die Akademie selbst versank in einem organisatorischen Chaos. Die Forscher mussten keine regelmäßigen Berichte mehr über ihre Arbeit vorlegen oder sonst irgendwie nachweisen, was sie die ganze Zeit taten, die Institutsregister füllten sich mit »toten Seelen« – jedenfalls mit seit Langem abwesenden Emigrantenseelen. Die Gebäude, die in der Sowjetzeit notdürftig erhalten worden waren, begannen nach fünf Jahren Vernachlässigung buchstäblich zusammenzustürzen. Im Steklow-Institut in St. Petersburg, einst ein hübscher niedriger Bau, mitten in der Stadt am Ufer der Fontanka gelegen, wurde es immer kälter und zugiger. Die Gehälter der Wissenschaftler hielten mit der Inflation so wenig Schritt, dass die ausgezahlten Summen immer lächerlicher wurden, manche holten den wertlosen Haufen Scheine, der ihr Gehalt sein sollte, erst gar nicht ab. Sie suchten sich ihre Einkommensquellen anderswo – zumeist im Westen, wo viele die ganze Zeit blieben. Andere stellten komplizierte Zeitpläne auf, um mal ein Semester hier und mal eines dort unterrichten zu können. Aber all das schien Perelman überhaupt nicht zu kümmern. Im

Institut war es geheizt, es gab Strom und Telefon – meistens. Zu Hause nahm sich seine Mutter seiner asketischen Bedürfnisse an; nach wie vor fuhr die U-Bahn vom Stadtzentrum hinaus nach Kuptschino. Zudem hatte Perelman in den USA einige zehntausend Dollar gespart, und 1995 konnten zwei Personen in St. Petersburg von weniger als hundert Dollar im Monat recht anständig leben. Es sah so aus, als müsse er sich nie mehr um etwas anderes kümmern als um Mathematik. Nachdem er alle Ablenkungen wie Prüfungen, Wettbewerbe, Dissertation und Lehrverpflichtungen hinter sich hatte, konnte er nun das Leben führen, auf das er vorbereitet worden war: das Leben des reinen Mathematikers.

Die Geduld, die er einst für Ablenkungen aufbrachte, war verschwunden. 1996 hielt die Europäische Mathematische Gesellschaft (EMS) in Budapest den zweiten ihrer alle vier Jahre stattfindenden Kongresse ab und verlieh Preise an Mathematiker unter fünfunddreißig Jahren.[16] Gromow, Burago und der Vorsitzende der St. Petersburger Mathematischen Gesellschaft Anatoli Werschik nominierten Perelman für seine Arbeit über Alexandrow-Räume.[17] »Ich hatte immer ein Interesse daran, dafür zu sorgen, dass unsere jungen Mathematiker gut dastanden«, erzählte mir Werschik. »Sie entschieden, ihm den Preis zu geben, aber sobald er davon erfuhr – ich weiß nicht mehr, ob ich es ihm mitgeteilt habe oder jemand anderer –, sagte er, er wolle den Preis nicht und werde ihn nicht annehmen. Und er sagte, er werde einen Skandal vom Zaun brechen, wenn angekündigt würde, dass er einer der Preisträger sei. Ich war sehr verwundert und ziemlich empört. Er wusste durchaus, dass er in der engen Wahl für den Preis war, hat aber keinen Ton dazu gesagt. Ich musste mich Hals über Kopf mit dem Vorsitzenden des Preiskomitees, der ein Bekannter von mir war, in Verbindung setzen, um zu verhindern, dass sie ihn als Preisträger verkündeten.«

Ganz offensichtlich fühlte sich Werschik, ein leise sprechender, bärtiger Mann Anfang siebzig, noch zwölf Jahre später von Perelman und dessen Verhalten hintergangen. Er habe, sagte er mir, keine Lust, den Grund für Perelmans Ablehnung des Preises herauszufinden. Sollte der prinzipiell gegen Preise gewesen sein, dann war das für Werschik etwas Neues: Anfang der 1990er Jahre hatte die Mathematische Gesellschaft ihm einen Preis verliehen und Perelman hatte akzeptiert, ja sogar einen Vortrag bei diesem Anlass gehalten. Später muss er wohl zu jemandem gesagt haben, es gebe in der Europäischen Mathematischen Gesellschaft niemanden, der seine Arbeit beurteilen könne, aber Werschik konnte sich nicht erinnern, jemals dergleichen gehört zu haben – und da Gromow und Burago mit von der Partie waren, wäre das wohl auch ein ziemlich merkwürdiges Argument gewesen. »Er sagte damals etwas zu mir, und das klang überzeugend. Er sagte, die Arbeit sei nicht abgeschlossen. Ich entgegnete, die Arbeit sei von kompetenten Gutachtern geprüft worden und die Preisrichter hätten entschieden, dass er den Preis verdiene.« Die Vorstellung jedoch, jemand könne besser als er selbst beurteilen, ob ein Artikel von ihm einen Preis verdiene, konnte Perelman nur in Rage bringen.

Gromow wiederum, ganz anders als Werschik, fand Perelmans Verhalten völlig akzeptabel, auch wenn er einer der drei Mathematiker war, die Perelman für den Preis vorgeschlagen hatten. Für Gromow ist das ganz einfach: »Er glaubt, es sei an ihm, zu entscheiden, wann er einen Preis bekommen sollte und wann nicht. Also entschied er, dass er sein Programm nicht erfüllt habe und sie ihren Preis nehmen und ihn sich sonstwo hinstecken können. Und natürlich wollte er auch angeben.« Oder zumindest deutlich signalisieren, man solle ihn in Ruhe lassen.

Nicht alle Einladungen zu Ereignissen in der Mathematikergemeinde lehnte er ab, vor allem dann nicht, wenn es dabei um Kinder ging. Das lag freilich nicht daran, dass er Kinder besonders mochte, aber er hatte Respekt vor der Tradition der Clubs und Wettbewerbe, in der er groß geworden war. Allerdings weigerte er sich immer entschiedener, auf Fragen einzugehen, die seine Projekte betrafen. Seine amerikanischen Kollegen mussten bald feststellen, dass er ihre E-Mails nicht beantwortete. 1996 reiste Kleiner nach St. Petersburg, zu einer Tagung über Alexandrow-Räume, an der auch Perelman teilnahm. Und obwohl sich die beiden ein paar Jahre zuvor in Berkeley verschiedene Male über mathematische Probleme unterhalten hatten, fand Kleiner diesmal keine Möglichkeit, an Perelman heranzukommen und ihm Fragen zu dessen aktueller Forschungsarbeit zu stellen. Bernhard Leeb, einem deutschen Mathematiker und Freund Kleiners, der Perelman von der Internationalen Mathematik-Olympiade kannte, gelang es zwar, ihm eine Frage zu stellen, aber eine Antwort bekam auch er nicht.[18] »Ich möchte es Ihnen nicht sagen« – mehr habe er Perelman damals nicht entlocken können, erinnerte sich Kleiner zwölf Jahre später. Leebs Erinnerung ist etwas anders, im Ton, vielleicht auch in der Substanz. »Ich fragte ihn, woran er arbeite«, schrieb er mir. »Er sagte, er arbeite über ein geometrisches Thema, wolle sich aber nicht näher dazu äußern. Ich finde diese Einstellung ganz vernünftig. Jemand, der an einem so großen Problem wie der Poincaré-Vermutung arbeitet, ist gut beraten, den Mund zu halten.«

Niemand also wusste, womit sich Perelman beschäftigte. Selbst Gromow hörte nichts von ihm und nahm an, dass er noch an den Alexandrow-Räumen saß und nicht weiterkam – sich also einreihte in die beachtliche Riege jener begabten Mathematiker, die zu Beginn ihrer Karriere brillante Sachen machten und dann im schwarzen Loch eines unlösbaren Problems verschwanden.

Im Februar 2000 bekam Mike Anderson in Stony Brook plötzlich eine E-Mail von Perelman. »Lieber Mike«, begann sie, »ich habe gerade Deinen Artikel über das generalisierte Lichnerowicz-Theorem gelesen, und es gibt da einen Punkt, der mich irritiert.«[19] Dann beschrieb er in einem einzigen langen und perfekt konstruierten Satz, was ihn störte, und endete mit: »Habe ich etwas übersehen? Viele Grüße, Grischa.« Kein Wort zu viel, keine jener Nettigkeiten, die man in einem solchen Brief erwarten könnte – nichts in der Art von »Ich hoffe, Dir geht es gut« oder »Es ist lange her, dass …«. Gleichwohl, das Schreiben ist von vollendeter Höflichkeit, und Perelmans Englisch – von dem er vermutlich über fünf Jahre keinen Gebrauch mehr gemacht hatte – makellos.

Anderson antwortete am nächsten Tag mit einem gemessen an den Standards mathematischer Zirkel geradezu überschwänglichen Brief:

Lieber Grischa,
welche Überraschung, wieder von Dir zu hören – eine angenehme Überraschung. Ich frage immer, wenn ich jemanden aus St. Petersburg treffe, wie es Dir geht und worüber Du gegenwärtig nachdenkst.
Ich komme gerade von einer kurzen Reise zurück und konnte mich daher noch nicht im Einzelnen mit Deinen Bemerkungen zu meinem Artikel beschäftigen. Aber ich sehe, worauf Du hinauswillst, und Du hast recht, ich habe Fehler gemacht. Aber ich glaube nicht, dass diese beiden Fehler die Ergebnisse beeinträchtigen, und meine, dass die Beweise nur geringfügig geändert werden müssen. Ich werde mich in den nächsten Tagen daransetzen und Dir dann Bericht erstatten.
Ich würde auch gern wissen, wie es Dir geht und mit welchen mathematischen oder anderen Themen Du Dich zurzeit beschäftigst.
Alles Gute für Dich,
Mike[20]

Drei Tage später schickte Anderson eine weitere E-Mail an Perelman, in der er skizziert, wie sich die Fehler, die dieser gefunden hatte, reparieren lassen. Wieder bekundete er sein persönliches und berufliches Interesse: »Ich danke Dir sehr dafür, dass Du diese Fehler entdeckt hast. Beschäftigst Du Dich auch mit diesem Gebiet?« Es gebe, klagte Anderson, so wenige Leute, die auf diesem Gebiet – Geometrisierung – arbeiteten, so dass er niemanden habe, um seine Einfälle zu überprüfen. Er fragte Perelman, ob er sich auch seine beiden anderen Artikel zu verwandten Themen angesehen habe.[21]

Perelman antwortete am nächsten Tag. Er dankte Anderson für seine prompte Antwort, ignorierte aber alle Fragen, die er ihm gestellt hatte, sondern schrieb nur, Andersons Artikel habe seine Aufmerksamkeit erregt, weil er sich mit seinen eigenen derzeitigen Interessen »am Rande berührt« – und weil er kurz war. Kein Wort zu einem weiteren Gedankenaustausch, keine Zusage, auch Andersons andere Artikel zu lesen – er schrieb lediglich, dass er sie habe, allerdings nicht gelesen hätte. Wahrscheinlich wird er sie bald darauf gelesen haben, aber da er keine Fehler fand, sah er auch keinen Grund, Anderson noch einmal zu schreiben.

Anderson blieb hartnäckig. Er sandte Perelman eine Datei mit einem detaillierten Reparaturvorschlag für seinen Artikel. Perelman antwortete, er könne die Datei nicht ohne fremde Hilfe öffnen (»Ich kenne mich mit Computern überhaupt nicht aus«)[22], und erklärte, seine Schwester habe ihm Andersons Originalartikel ausgedruckt, als er bei ihr in Rehovot zu Besuch war. Und weiter: Wenn er die Datei zu einem Computer im Steklow-Institut schicke, um sie dort öffnen zu lassen, könnten andere Leute sie zu Gesicht bekommen, also warte er lieber, bis Anderson den Artikel veröffentliche. Mit anderen Worten: Er hatte bereits alles bekommen, was er brauchte.

Diese Nachricht ist ein auch in anderer Hinsicht kurioses Dokument. Offenbar hatte sich Perelman in den fünf Jahren nach seiner Rückkehr aus den Vereinigten Staaten von den praktischen Aspekten selbst der Mathematik verabschiedet: Er wusste anscheinend nicht, wie er es anstellen sollte, sich von seinem Bürocomputer aus in den E-Mail-Account der SUNY einzuloggen, den er für seine

Korrespondenz mit Anderson benutzte; oder wie man eine Datei an eine Adresse weiterleitet, zu der sonst niemand Zugang hat. Als Grund, das Gespräch, dessen Nutzen sich für ihn offensichtlich erschöpft hatte, zu beenden, war ihm sein fehlendes technisches Wissen jedoch gerade recht. Als er Andersons Vorabdrucke brauchte, war er einfallsreich genug, seine Schwester um Hilfe zu bitten. Es ist auch bemerkenswert, wie beiläufig er Einzelheiten seines und ihres Lebens mitteilte. Es ging ihm nie darum, sein Familienleben grundsätzlich zu verbergen, er weigerte sich auch nicht, über sich selbst oder seine Verwandten zu sprechen. Diese Dinge waren einfach nur sehr selten von Bedeutung für ein Gespräch, das zu führen er sinnvoll fand.

Es dauerte zweieinhalb Jahre, bis Mike Anderson wieder von Perelman hörte.

8. Das Problem

»Die Möglichkeit der Existenz einer mathematischen Wissenschaft scheint ein unlösbarer Widerspruch in sich selbst.« Das schrieb vor über einem Jahrhundert Henri Poincaré, der unter Mathematikern als der letzte Universalist gilt, weil er auf allen Gebieten des Fachs Hervorragendes geleistet hat. In seiner Schrift *Wissenschaft und Hypothese* fragt er, wie die Mathematik, deren Forschungsobjekte ja lediglich im Bereich der Vorstellungskraft angesiedelt sind, »zu dieser vollkommenen Unwiderlegbarkeit kommt, welche niemand anzuzweifeln wagt?« Und wenn die Regeln der formalen Logik an die Stelle des Experiments getreten sind, »warum besteht die Mathematik dann nicht in einer ungeheuern Tautologie?« Und schließlich: »Müsste man [dann] also zugeben, dass alle diese Lehrsätze, welche so viele Bände füllen, nichts anderes lehren, als auf Umwegen zu sagen, dass A gleich A ist[?]«[1]

Mathematik, so Poincarés Antwort, ist eine Wissenschaft, weil sie vom Besonderen auf das Allgemeine schließe. Ein Mathematiker, der seine Gedankenexperimente streng genug durchführe, könne diejenigen Gesetze ableiten, die auch im restlichen imaginären Gelände gelten, das er mit anderen Mathematikern teilt. Mit anderen Worten: Er hätte, nach Poincaré, nicht nur bewiesen, dass A gleich A ist, sondern auch erklärt, was A zu einem A macht und wo vielleicht andere As zu finden sind oder wie sie konstruiert werden können. »Wir wissen, wie es sich anfühlt, verliebt zu sein oder Schmerzen zu haben, und für diese Art von Kommunikation brauchen wir keine präzisen Definitionen«, schreibt Donald O'Shea, ein amerikanischer Mathematikprofessor, der sich, nach einer ganzen Reihe wissenschaftlicher Bücher, vorgenommen hat, die Topologie einem größeren Publikum nahezubringen. »Die Gegenstände der Mathematik jedoch liegen außerhalb der gewöhnlichen Erfahrung. Wenn man sie nicht sorgfältig definiert, kann man nicht sinnvoll mit ihnen umgehen oder mit anderen über sie sprechen.«[2]

Das mag so sein. Aber wenn wir darüber nachdenken, ob eine Entfernung lang oder kurz ist, ein Hang steil abfällt oder sanft, wenn wir über Linien, Kreise und Kugeln sprechen, dann tun die meisten von uns das in einer völlig unmethodischen Weise und sind damit völlig zufrieden. Uns reicht ein Bauchgefühl, das uns sagt, dass sich ein Gegenstand, wenn man in ihn hineinsticht, manchmal verändert, manchmal aber auch nicht – ein Ballon mit einem Loch ist völlig verschieden von einem ohne Loch, während uns zum Beispiel ein mit Marmelade gefüllter Krapfen ohne Loch im Wesentlichen das Gleiche zu sein scheint wie ein Krapfen mit einem Loch in der Mitte, ob da nun Marmelade drin ist oder nicht. Alle diese Dinge sind in ihrer einfachsten Form Teil unserer gewöhnlichen Erfahrungswelt. Aber in der davon losgelösten Welt des Mathematikers sind instabile Erklärungen und ungenaue Koordinaten dazu angetan, das Bild auf untragbare Weise zu verpfuschen. In seiner Welt ist kein Ding wie ein anderes, es sei denn, es ist bewiesen, dass sie sich gleichen; und nichts ist bekannt, bevor es nicht sorgfältig definiert ist; nichts – oder fast nichts – ist selbstevident.

Euklid, der am Anfang der Mathematik steht, ging noch von selbstverständlichen Tatsachen aus. An den Anfang seiner *Elemente* setzt er fünfunddreißig Definitionen, fünf Postulate und eine Reihe von Axiomen. Die Definitionen reichen vom Punkt (das, »was keine Teile hat«[3]) bis zu parallelen Geraden (»die in derselben Ebene liegen und dabei, wenn man sie nach beiden Seiten ins Unendliche verlängert, auf keiner einander treffen«). Zu den logischen Axiomen gehört zum Beispiel »Was demselben gleich ist, ist auch einander gleich.« Und die fünf Postulate sind:

1. »Daß man von jedem Punkt nach jedem Punkt die Strecke ziehen kann.« (Was bedeutet, dass man nur eine gerade Linie von einem Punkt zum anderen ziehen kann.)[4]
2. »Daß man eine begrenzte gerade Linie zusammenhängend gerade verlängern kann.« (Mit anderen Worten: Ein Abschnitt kann zu einer unendlichen Geraden verlängert werden.)
3. »Daß man mit jedem Mittelpunkt und Abstand den Kreis zeichnen kann.«
4. »Daß alle rechten Winkel einander gleich sind.«
5. »Und daß, wenn eine gerade Linie beim Schnitt mit zwei geraden Linien bewirkt, daß innen auf derselben Seite entstehende Winkel zusammen kleiner als zwei rechte werden, dann die zwei geraden Linien bei Verlängerung ins Unendliche sich treffen auf der Seite, auf der die Winkel liegen, die zusammen kleiner sind als zwei rechte.«[5]

Für einen echten Klassifikator setzen sogar diese fünf Postulate schon zu viel als bekannt oder selbstverständlich voraus: »Es war mir gesagt worden, Euklid führe Beweise, und ich war daher sehr enttäuscht, daß er mit Axiomen begann«, schreibt Bertrand Russell über seine erste Kindheitsbegegnung mit den *Elementen.* »Anfänglich weigerte ich mich, sie anzunehmen, wenn mein Bruder mir keine Begründung bieten könne, doch der sagte nur: ›Wenn du sie nicht annimmst, dann können wir nicht weitergehen.‹ Da dies jedoch mein Wunsch war, fand ich mich einstweilen damit ab.«[6]

Zunächst einmal: Die ersten vier Postulate waren in den Augen Euklids, seiner Zeitgenossen und der nachfolgenden Mathematikergenerationen in der Tat selbstevident. Weil sie auf einen Raum beschränkt sind, den wir nicht nur visualisieren, sondern tatsächlich *sehen* können, lassen sich die Postulate mithilfe eines Lineals beziehungsweise eines Zirkels oder einer gespannten Schnur empirisch überprüfen. Selbst wenn eine Strecke immer länger oder der Radius eines Kreises immer größer wird, auch über den Punkt hinaus, bis zu dem das menschliche Auge folgen kann, werden sie sich nicht wesentlich ändern. Und das ist so offensichtlich, dass es eines weiteren Beweises nicht bedarf. Das fünfte Postulat jedoch verlangt nach Vorstellungskraft. Es besagt, dass zwei nicht parallele Geraden sich irgendwann schneiden. Umgekehrt heißt es, dass zwei Parallelen sich nicht schneiden, gleichgültig wie lang sie sind. Manchmal wird das auch anders formuliert: dass sich zu einer Geraden durch einen beliebigen Punkt, der nicht auf dieser Geraden liegt, eine und nur eine Parallele ziehen lässt. Das ist keineswegs offensichtlich und kann auch nicht nachgeprüft werden. Und weil es nicht nachgeprüft werden kann, muss es bewiesen werden. Jahrhundertelang mühten sich Mathematiker ab, einen Beweis für diese Behauptung zu finden, doch sie fanden keinen.

Im achtzehnten Jahrhundert versuchten zwei Mathematiker, das fünfte Postulat zu beweisen, indem sie zunächst davon ausgingen, dass es falsch ist. Das Ziel einer solchen Übung besteht darin, eine Annahme so lange zu strapazieren, bis sie nachweislich absurd geworden ist, womit sich die ursprüngliche Prämisse als falsch erweist. Aber die zu diesem Zweck entwickelten Beispiele funktionierten nicht wie gewünscht, denn heraus kamen in sich schlüssige Bilder, die sich problemlos in die Vorstellungswelt integrieren ließen, aber mit Euklids fünftem Postulat nichts mehr zu tun hatten. Die beiden Mathematiker hielten das für albern und gaben auf. Ein weiteres Jahrhundert später kamen drei Mathematiker – der Russe Nikolai Lobatschewski, der Ungar Jonas Bolyai und sein Lehrer, der Deutsche Johann Carl Friedrich Gauß – zu dem Schluss, dass es andere, nichteuklidische Geometrien geben könnte, in denen die ersten vier Postulate gelten, nicht aber das fünfte. Aber was heißt das, es *könnte* solche Geometrien geben? Gibt es sie? Es gibt sie, und zwar so lange, wie Mathematiker in ihnen keine »faulen Stellen« finden, will sagen, keine internen Widersprüche entdecken. Können wir sie sehen, so wie wir den Abschnitt einer Geraden oder einen Kreis sehen können? Gewiss, nicht mehr und nicht weniger, als wir eine strikt euklidische Geometrie sehen können. Wie also wissen wir, welche richtig ist? Der große amerikanische Mathematiker Richard Courant (nach dem das Courant Institute of Mathematical Sciences an der New York University benannt ist) schrieb zusammen mit Herbert Robbins, damals Professor an der Rutgers University, dass diese Frage für unsere Zwecke eigentlich keine Rolle spielt. Wir können uns ebenso gut für Euklid entscheiden: »Da sich mit dem euklidischen System einfacher umgehen lässt, sind wir berechtigt, es ausschließlich zu benutzen, solange einigermaßen kleine Entfernungen (bis zu einigen Millionen Kilometern!) betrachtet werden. Aber wir sollten nicht erwarten, dass es notwendigerweise zu einer angemessenen Beschreibung des Weltalls im Ganzen, in seiner weitesten Ausdehnung, tauglich sein muss.«[7]

Aber wie verhält es sich, wenn man ein kleines Stück des Universums beschreibt? Zum Beispiel den Planeten Erde. Oder einen Apfel. Behalten wir für das Folgende in Erinnerung: Im Prinzip sind die Erde und ein Apfel das Gleiche. Nehmen wir an, die Oberfläche der Erde oder eines Apfels ist unser Untersuchungsgegenstand. Nehmen wir einen Apfel und zeichnen ein Dreieck darauf. Würde die euklidische Geometrie für die Oberfläche des Apfels gelten, müsste die Winkelsumme dieses Dreiecks 180 Grad betragen. Da jedoch die Oberfläche des Apfels gekrümmt ist, ist die Winkelsumme größer. Das würde bedeuten, dass das fünfte Postulat für diese Oberfläche nicht gilt. Es ist in der Tat leicht zu sehen, dass sich auf dieser Oberfläche zwei beliebige Geraden – »Gerade« verstanden als Verlängerung eines Abschnitts, der zwei Punkte auf dem kürzesten Weg miteinander verbindet – schneiden werden. Alle Geraden auf dem Apfel oder auf der Erde sind »Großkreise«, die ihren Mittelpunkt im Mittelpunkt der Kugel haben.

Es war der deutsche Mathematiker Bernhard Riemann, der dann Mitte des neunzehnten Jahrhunderts eine Geometrie gekrümmter Räume entwickelte, in der Geraden Geodäte (geodätische Linien) heißen, von denen sich beliebige zwei immer schneiden. Diese Geometrie wird elliptische oder einfach Riemann'sche Geometrie genannt; Einstein hat sie für seine Allgemeine Relativitätstheorie vorausgesetzt.[8]

Die Welt Euklids, in ihrer Begrenzung auf seine unmittelbare Umgebung, war im Grunde flach. Unsere Welt ist gekrümmt. Die Menschen heute legen bei ihren Reisen regelmäßig so große Entfernungen zurück, dass die Erdkrümmung Teil unserer gelebten Erfahrung geworden ist. Natürlich reisen wir nicht alle und auch nicht ständig so weit, aber in der Vorstellungskraft – dort also, wo die Mathematik zu Hause ist – ist die kürzeste Entfernung zwischen zwei Punkten die von einem Flugzeug beschriebene Flugbahn, die im Allgemeinen entlang einer geodätischen Linie liegt, auch wenn wir das Wort noch nie gehört haben. Diese Geraden sind nicht unendlich, aber weil es sich bei ihnen um Kreise handelt, sind sie unweigerlich in sich geschlossen. Und natürlich schneiden sie sich, beliebige zwei von ihnen. Was noch im achtzehnten Jahrhundert absurd erschien, ist jetzt ein genaues Abbild der Art und Weise, in der wir die Welt erfahren.

Mit anderen Worten: Unsere Welt ist größer geworden. Und schon wieder stellen sich zwei Fragen: Wie viel größer kann sie werden? Und was heißt »größer«? Es ist nun an der Zeit, Ihnen in aller Form ein Gebiet der Mathematik vorzustellen, das 1736 in St. Petersburg das Licht der Welt erblickte: die Topologie. Ihr »Vater« war der Schweizer Mathematiker Leonhard Euler, der damals dort lehrte und die Geometrie von der Last des Messens von Entfernungen befreite.[9] Er veröffentlichte eine Abhandlung über die Lösung des »Königsberger Brückenproblems«, einer Aufgabe, die der Bürgermeister der gleichnamigen Stadt gestellt hatte. Es sollte ein Fußweg angegeben werden, in dessen Verlauf alle sieben Brücken der Stadt genau einmal überquert werden. Euler kam zu dem Ergebnis, dass dies nicht möglich ist. Außerdem zeigte er erstens, dass sich in allen Städten mit Brücken ein solcher Weg dann und nur dann angeben lässt, wenn eine ungerade Anzahl von Brücken zu zwei Stadtgebieten führt oder zu keinem; und er zeigte zweitens, dass sich dieser Weg *nicht* angeben lässt, wenn eine ungerade Anzahl von Brücken zu einem Stadtgebiet führt oder zu mehr als zwei. Und indem Euler ein Problem löste, bei dem es um Örtlichkeiten und nicht um Entfernungen ging, führte er drittens ein neues Gebiet der Mathematik ein, das er *geometria situs* (»Geometrie des Ortes«) nannte.[10]

In dieser neuen Disziplin spielte Größe – Entfernung – im vertrauten Wortsinn keine Rolle. Die Anzahl der Schritte auf dem Weg ist ohne Bedeutung, bedeutsam ist allein der Weg, auf dem die Schritte gemacht werden. Was einen Gegenstand in dieser neuen Sichtweise kleiner oder größer werden lässt, ist die Menge der Informationen, die man braucht, um ihn zu lokalisieren, genauer: die Anzahl der Koordinaten, die man braucht, um ihn zu beschreiben. Ein einzelner Punkt hat die Dimension null, ein Abschnitt einer Geraden hat eine Dimension, die Oberfläche zum Beispiel eines Dreiecks oder eines Quadrats oder einer Kugel hat zwei Dimensionen. Das mag verwirrend klingen, ist aber korrekt: Topologisch gesehen sind die Oberfläche von etwas, das wir uns als flach vorstellen, und die Oberfläche von etwas, das wir uns als räumlich vorstellen, dasselbe. Topologen meinen, wenn sie von der Oberfläche einer Kugel oder eines Apfels sprechen, *nur* die Oberfläche, ohne Berücksichtigung des »Apfelinnenraums«. Um es anders zu sagen: Ein Topologe verhält sich wie ein kleiner Käfer, der auf dem Apfel krabbelt, oder wie Euklid, der auf der Erde spazieren geht: Weder der Käfer noch Euklid müssen damit rechnen, dass ein Dreieck, das sie beschreiben, eine Winkelsumme von mehr als 180 Grad hat oder dass die Gerade, auf der sie sich bewegen, sich nicht unendlich fortsetzt, sondern sich irgendwann zu einem Großkreis schließt. Die Krümmung der Oberfläche ist eine Funktion der dritten Dimension, mit der weder der Käfer noch Euklid Bekanntschaft gemacht haben.

Wir modernen Menschen, die aus eigener Erfahrung wissen, dass die Erde eine Kugel und ihre Oberfläche daher gekrümmt ist, leben in drei Dimensionen. Aber es gibt noch eine vierte Dimension – wir wissen, dass es sie gibt –, und diese Dimension heißt Zeit. Wir können uns in der Zeit nicht rückwärts oder vorwärts bewegen, deshalb können wir unser dreidimensionales Habitat nicht beobachten, wie wir, wenn wir uns in die Lüfte erheben, das zweidimensionale Habitat der Tiere beobachten können. Wir müssen uns damit begnügen, den Raum zu erkunden, der uns umgibt, und darüber zu spekulieren, wie er wohl aus einem Blickwinkel aussehen mag, den wir zwar theoretisch behaupten, aber nicht erfahren und uns auch nicht wirklich vorstellen können. Das ist im Grunde der Kern der Poincaré-Vermutung: Der letzte Universalist nahm an, dass das Universum wie eine Kugel geformt sei – eine dreidimensionale Kugel.

Damit ich dieses Buch überhaupt schreiben konnte, habe ich Topologieunterricht bei einem jungen Mathematiker genommen. Er sah, wie ich mich quälte bei dem Versuch, meinen Verstand wie viele stramme Gummibänder um die grundlegenden Begriffe der Topologie zu wickeln. Und er zuckte jedes Mal zusammen, wenn irgendwo stand oder gesagt wurde, die Poincaré-Vermutung beschreibe die Form des Universums. Genauer müsse man sagen, dass ihr Beweis vermutlich der Wissenschaft enorm dabei helfen werde, die Gestalt und die Eigenschaften des Universums zu begreifen. Das allerdings war nicht das Problem, das Grigori Perelman behandelt hat: Er tat nichts anderes, als sich einem einfach formulierten, viel diskutierten mathematischen Problem zuzuwenden, das mehr als ein Jahrhundert ungelöst geblieben war. Wie mein junger Lehrer und viele andere Mathematiker, die ich kennengelernt habe, kümmerte er sich ausdrücklich nicht um die physikalische Gestalt des Universums oder um die Erfahrung der Menschen, die es bewohnen. Die Mathematik gab ihm die Freiheit, unter abstrakten Gegenständen in seiner eigenen Vorstellungskraft zu leben, und genau dort musste dieses Problem gelöst werden.

1904 veröffentlichte Henri Poincaré einen Artikel über dreidimensionale Mannigfaltigkeiten. Was ist eine Mannigfaltigkeit? Sie ist ein Objekt oder ein Raum, der in der Vorstellungskraft des Mathematikers existiert – ganz gleich, ob sich etwas dieser Art in der Wirklichkeit beobachten lässt oder nicht – und der in verschiedene Umgebungen aufgeteilt werden kann. Jede Umgebung hat, für sich genommen, eine grundlegende euklidische Geometrie oder kann durch sie erklärt werden, aber alle Umgebungen zusammen können sich zu etwas addieren, das viel komplizierter ist. Das beste Beispiel für eine Mannigfaltigkeit ist die Erde, wie sie durch eine Reihe von Landkarten dargestellt wird, die jeweils nur einen kleinen Teil ihrer Oberfläche zeigen. Stellen wir uns einen Stadtplan von Manhattan vor: Seine euklidische Struktur liegt auf der Hand. Wenn Landkarten in einem Atlas zusammengestellt werden, schneiden sich ihre parallelen Geraden auch weiterhin nicht, und die Winkelsumme ihrer Dreiecke bleibt bei 180 Grad. Wenn wir jedoch mit den Landkarten die wirkliche Erdoberfläche nachstellen wollten, käme dabei etwas heraus, das aussähe wie eine Discokugel mit vielen, vielen Facetten; wir würden die Kanten glätten und bekämen schließlich einen Globus, der die gekrümmte Komplexität der Erde wiedergibt – und wenn wir nun die First und die Second Avenue von Manhattan verlängerten, würden sie sich schneiden. Diese Begriffe – »Landkarten«, »Atlanten« und »Mannigfaltigkeiten« – sind grundlegend für die Topologie.

Eine Mannigfaltigkeit unterscheidet sich von einer anderen dadurch, dass sie ein Loch oder mehrere Löcher hat. Für einen Topologen sind ein Ball, eine Dose, ein Brötchen und ein Kügelchen im Wesentlichen dasselbe. Ein Bagel ist dagegen etwas anderes. Entscheidend für diese Unterscheidung ist das Gummiband, ein Werkzeug, das für die topologische Vorstellungskraft so wichtig ist wie der Atlas. Das imaginäre Gummiband wird um das imaginäre Objekt gelegt und darf tun, was ein Gummiband gewöhnlich tut, nämlich sich zusammenziehen. Wenn ein Gummiband – ein strammes Gummiband – um einen Ball gelegt wird, wird es sich zusammenziehen und irgendwann vom Ball abrutschen. Dass dies immer geschieht, gleichgültig wo am Ball das Band angelegt wurde, ist entscheidend. Bei einem Bagel dagegen ist das anders: Wenn ein Ende des imaginären Gummibands durch das Loch in dem Bagel geführt und dann mit seinem anderen Ende verknüpft wird, wird es den Bagel umschließen und niemals abspringen, egal wie stramm es sitzt. Auf einem Ball, einer Dose, einem Brötchen oder einem Kügelchen ohne Loch kann das Gummiband an jeder Stelle wegrutschen, und eben dadurch sind diese Gegenstände im Wesentlichen alle gleich oder, in der Sprache der Topologie, verhalten sich diffeomorph zueinander. Das heißt: Man kann jedes dieser Objekte zu jedem der anderen Objekte umformen – und wieder zurück.

Jetzt haben wir mehr oder weniger den Punkt erreicht, an dem wir die Poincaré-Vermutung verstehen können. Poincaré hat vor etwas mehr als hundert Jahren eine ganz harmlos klingende Frage aufgeworfen: Wenn eine dreidimensionale Mannigfaltigkeit (eine 3-Mannigfaltigkeit) glatt und einfach zusammenhängend ist, ist sie dann diffeomorph zu einer dreidimensionalen Kugel? »Glatt« heißt, dass die Mannigfaltigkeit nicht in sich gedreht ist. (Etwas, das in sich gedreht ist, würde das Vorhaben, es mit Landkarten zu bedecken, vor gewisse Probleme stellen …) »Einfach zusammenhängend« heißt, dass sie keine Löcher hat. Was »diffeomorph« heißt, wissen wir bereits. Und wir wissen ebenfalls, was »dreidimensional« bedeutet: Eine dreidimensionale Mannigfaltigkeit ist die Oberfläche eines vierdimensionalen Objekts. Halten wir noch einen Augenblick inne, um zu überlegen, was eine »Kugel« ist. Eine Kugel ist eine Ansammlung von Punkten, die alle gleich weit von einem gegebenen Punkt entfernt sind – dem Mittelpunkt. Eine eindimensionale Kugel (ein Kreisumfang in der gewöhnlichen Schulgeometrie) ist das Ganze dieser Punkte in einem zweidimensionalen Raum (einer Fläche). Eine zweidimensionale Kugel (die Oberfläche eines Balls) ist das Ganze dieser Punkte in einem dreidimensionalen Raum. Kugeln sind für Topologen darum von besonderem Interesse, weil sie zu den sogenannten Hyperflächen gehören. Das sind Objekte, die in einem gegebenen Raum so viele Dimensionen haben wie möglich (eine Dimension in einem zweidimensionalen Raum, zwei Dimensionen in einem dreidimensionalen Raum usw.). Die dreidimensionale Kugel, an der Poincaré ein so großes Interesse hatte, ist die Oberfläche eines vierdimensionalen Balls. Wir können uns dieses Ding nicht vorstellen, aber vielleicht bewohnen wir es.

Um ein Problem in den Griff zu bekommen, bedienen sich Topologen häufig der Strategie, es für eine andere Anzahl von Dimensionen zu lösen, als es das Problem eigentlich verlangt. Das Äquivalent der Poincaré-Vermutung für zwei Dimensionen – die Einsicht, dass die Oberflächen eines Balls, einer Dose, eines Brötchens und eines Kügelchens im Wesentlichen gleich sind – ist elementar für die Topologie. Gehen wir aber zu drei Dimensionen über – und damit de facto zur Vermutung selbst –, wird es verzwickt. Mathematiker haben jahrzehntelang mit der Poincaré-Vermutung in ihrer ursprünglichen dreidimensionalen Fassung gerungen, aber die ersten Durchbrüche wurden anderswo erzielt – oder, genauer gesagt, in höheren Dimensionen.

Anfang der 1960er Jahre haben mehrere Mathematiker – wie viele genau und unter welchen Umständen ist bis heute umstritten – die Poincaré-Vermutung für fünf und mehr Dimensionen bewiesen. Einer von ihnen war der Amerikaner John Stallings, der 1960 einen Beweis der Vermutung für sieben oder mehr Dimensionen veröffentlicht hat,[11] und dies nur ein Jahr nach seiner Promotion in Princeton.[12] Der Nächste war der Amerikaner Stephen Smale, der seinen Beweis wahrscheinlich früher als Stallings abgeschlossen hatte, ihn aber erst mehrere Monate später veröffentlichte. Smale allerdings hat die Vermutung nur für fünf und mehr Dimensionen bewiesen.[13] Dann erweiterte der britische Mathematiker Christopher Zeeman den Stallings'schen Beweis für die Dimensionen fünf und sechs.[14] Der Vierte im Bunde war der amerikanische Mathematiker Andrew Wallace; er veröffentlichte 1961 einen Beweis, der dem von Smale weitgehend ähnlich war.[15] Und schließlich war da noch der Japaner Hiroshi Yamasuge, der seinen Beweis für fünf und mehr Dimensionen ebenfalls im Jahr 1961 publizierte.[16]

Mehr als fünfzig Jahre nachdem sie aufgestellt worden war, begann die Poincaré-Vermutung also ergiebig zu werden – wenn auch nicht sehr. Alle diese Mathematiker hatten, wie all die anderen, die weit weniger erfolgreich waren, gehofft, die Vermutung selbst beweisen zu können – für die drei Dimensionen, für die sie ursprünglich formuliert wurde. Und während man sich ihrer vermutlich wegen der bahnbrechenden Beiträge erinnern wird, die sie geleistet haben, um die Vermutung zu knacken, schien zumindest einer von ihnen zu denken, das Bemerkenswerte an ihm sei der Beitrag, den er *nicht* geleistet hat. Auf der Website des 2008 verstorbenen John Stallings sind nur wenige seiner Artikel aufgelistet.[17] Der erste von ihm erwähnte Artikel stammt aus dem Jahr 1966 und trägt den Titel »How Not to Solve the Poincaré Conjecture« [»Wie die Poincaré-Vermutung nicht zu lösen ist«].

»Ich habe gesündigt – die Sünde begangen, die Poincaré-Vermutung falsch zu beweisen«, so beginnt Stallings. »In der Hoffnung, andere davon abzuhalten, dieselben Fehler zu machen, will ich nun meinen falschen Beweis beschreiben. Wer weiß, vielleicht bedarf es nur einer kleinen Veränderung, einer neuen Interpretation, um diese Beweisführung richtigzustellen!«[18] Aus diesen Worten spricht der Geist der Hoffnung in der Hoffnungslosigkeit, der zum einen um die Vergeblichkeit aller Bemühungen weiß und zugleich obsessiv an ihnen festhält, der unfähig ist, aufzugeben. Dieser Geist ist charakteristisch für den nahezu hundertjährigen Kampf um die Vermutung.

Zwanzig Jahre später sollte es mit der Vermutung wieder einen kleinen Schritt vorangehen. 1982 veröffentlichte der junge amerikanische Mathematiker Michael Freedman – er war zu dieser Zeit einunddreißig Jahre alt – einen Beweis der Vermutung für Dimension vier.[19] Diese Leistung wurde als Durchbruch gefeiert, und Freedman bekam die Fields-Medaille.[20] Die Vermutung für die Dimension drei blieb jedoch weiterhin unbewiesen. Keine der in den höheren Dimensionen angewandten Methoden funktionierte für sie; es war in Dimension drei nicht genug Platz, um mit den Werkzeugen zu arbeiten, die Topologen für ihre Gedankenexperimente in höheren Dimensionen einsetzten. Ein neuer, revolutionärer Ansatz schien nötig zu sein, etwas, das sich Poincaré selbst nicht vorstellen oder auch nur erahnen konnte.

Vielleicht liegt eines der Probleme mit vierdimensionalen Räumen darin, dass sie im Unterschied zu höherdimensionalen Räumen keine Abstraktionen im vollen Sinn sind; dass wir Menschen einen dreidimensionalen Raum bewohnen, der in vier Dimensionen eingelassen ist, scheint durchaus nachvollziehbar, selbst wenn sich die meisten von uns das nicht vorstellen können. Fachleute allerdings behaupten, es habe ein menschliches Wesen gegeben, das sich vier Dimensionen vorstellen konnte: den amerikanischen Geometer William Thurston. Thurston, so sagen sie, habe eine geometrische Intuition besessen, die auf diesem Planeten ihresgleichen suchte. »Wenn man ihn sieht oder mit ihm spricht, blickt er oft starr hinaus ins Leere, und man merkt, dass er diese Bilder sieht«, so John Morgan, Professor an der Columbia University, ein Freund Thurstons und Mitautor eines von mehreren Büchern, die über Perelmans Beweis der Poincaré-Vermutung geschrieben wurden.* Zu Thurston sagte Morgan: »Sein Verständnis von Geometrie ist anders als das aller anderen, mit denen ich jemals zu tun hatte. Kann es so einen Mathematikertyp geben wie Bill Thurston? Wie kann einer ein solches Verständnis von Geometrie haben? Wissen Sie, ich

* William Thurston verstarb am 21. August 2012 im Alter von 65 Jahren; Anm. d. Übers.

bin auch nicht gerade unbegabt, aber ich komme bei Weitem nicht an die Schlussfolgerungen heran, die dieser Mensch zu ziehen in der Lage ist.«[21]

Thurston habe von dreidimensionalen Mannigfaltigkeiten in vierdimensionalen Räumen gesprochen, als könne er sie sehen und manipulieren. Er hat beschrieben, wie sie sich zerteilen lassen und was infolgedessen geschähe. Das ist eine für Topologen sehr wichtige Übung. Um komplexe Gegenstände zu verstehen, nimmt man sich für gewöhnlich die einfacheren Teile vor, aus denen sie bestehen. Das Wesen dieser Teile und ihrer Beziehungen untereinander zu verstehen ist essenziell, um das größere Objekt zu verstehen. Thurston hatte die Idee, dass alle dreidimensionalen Mannigfaltigkeiten auf besondere Weisen zerlegt werden können, so dass Objekte herauskommen, die zu einer von acht besonderen Spielarten dreidimensionaler Mannigfaltigkeiten gehören. Es wäre nicht ganz richtig, Thurstons Vermutung als einen Schritt zu betrachten, der zum Beweis der Poincaré-Vermutung führt. Tatsächlich war sie noch ehrgeiziger, wenn auch ein bisschen weniger berühmt. Hätte Thurston seine Vermutung bewiesen, wäre der Beweis der Poincaré'schen von selbst gefolgt; sie ist nämlich als Sonderfall der Geometrisierungsvermutung von Thurston zu verstehen. Aber er konnte sie nicht beweisen.

»Ich sah, welche Fortschritte Bill machte«, erinnerte sich Morgan, »und als er es nicht packte, dachte ich: ›Dann kriege ich das auch nicht hin, niemand schafft das.‹ Genau wie Jeff [Cheeger] einmal sagte: ›Es wird einfach zu kompliziert, sich weiterhin mit der Poincaré-Vermutung zu beschäftigen.‹«

Während andere Mathematiker klug genug waren, ihre Energien auf andere Fragen zu lenken, arbeitete sich Richard Hamilton, Professor in Berkeley, weiter an der Poincaré- und dann der Thurston-Vermutung ab. Die journalistische Standardbeschreibung Hamiltons enthält gewöhnlich das Wort »flamboyant«, was im Grunde heißen soll, dass er sich nicht nur für Mathematik, sondern auch fürs Surfen und für Frauen interessiert. Er ist gesellig, charmant und absolut brillant – schließlich war er es, der den Weg fand, der zum Beweis beider Vermutungen führte.

Anfang der 1980er Jahre machte Hamilton einen Vorschlag, der täuschend einfach klingt. Die Oberfläche einer Kugel hat, in allen Dimensionen, eine konstante positive Krümmung; dies ist eine grundlegende Eigenschaft des Objekts. Würde man nun einen Weg finden, zunächst die Krümmung eines nichtidentifizierbaren, nichtvorstellbaren dreidimensionalen Klümpchens zu messen, um es dann unter ständiger Messung seiner Krümmung umzuformen, dann käme man schließlich an den Punkt, an dem die Krümmung sowohl positiv als auch konstant ist, wodurch bewiesen wäre, dass das Klümpchen eine dreidimensionale Kugel ist. Das aber würde bedeuten, dass dieses Klümpchen schon die ganze Zeit, immer, eine Kugel gewesen ist. Das Umformen, so wissen wir inzwischen, ändert ja an den topologischen Eigenschaften von Gegenständen nichts – sie werden dadurch nur besser erkennbar.

Hamilton entwickelte nun eine Methode, um eine Metrik auf die Blase zu applizieren und die Krümmung zu messen, und er schrieb eine Gleichung, die zeigte, wie sich das Klümpchen und die Metrik im Zeitverlauf verändern.

Er bewies, dass die Krümmung des Klümpchens im Zuge seiner Formung nicht ab-, sondern notwendigerweise zunimmt, und damit konnte er beweisen, dass die Krümmung tatsächlich positiv sein wird. Aber ist sie auch konstant? An diesem Punkt kam Hamilton nicht weiter.

Nehmen wir eine einfache Funktion von der Art, die Sie in der Schule kennengelernt haben, zum Beispiel $f(x) = 1/x$. Ein Graph dieser Funktion ist eine kontinuierliche Linie, bis er zu dem Punkt gelangt, an dem $x = 0$ ist. Dort gerät die Sache aus dem Ruder, weil man durch null nicht teilen kann. Die Linie Ihres Graphen hebt plötzlich in Richtung Unendlichkeit ab. Das nennt man eine Singularität.

Den Transformationsprozess der Metrik, den Hamilton mit der von ihm entwickelten Gleichung beschrieben hat, nennt man den Ricci-Fluss. Wenn dieser Fluss seinen theoretischen Zauber auf die imaginäre Metrik ausübt, die auf das nichtimaginierbare Klümpchen appliziert ist, entsteht ab und zu eine Singularität. Hamilton behauptete nun, dass die Singularitäten vorausgesagt und entschärft werden können, indem man die Funktion – den Ricci-Fluss – anhält, das Problem per Hand repariert und den Fluss wieder aufnimmt. Wenn ein Mathematiker sagt, er habe etwas »per Hand« erledigt, meint er in Wahrheit, dass er für den problematischen Abschnitt eine andere Funktion gefunden hat. Ein Beispiel dafür ist etwas, das beim Programmieren oft vorkommt, wo je nach den Bedingungen unterschiedliche Funktionen herangezogen werden. Wenn etwa Ihre Funktion gleich x ist in allen Fällen, in denen x gleich oder größer als 0 ist, und gleich –x, wenn x kleiner als 0 ist. Dieser Eingriff wird in der Topologie, wo imaginäre Hände in die imaginäre Transformation eines Objekts eingreifen, »Chirurgie« genannt. Der Prozess, den Hamilton sich vorstellte, war also ein Ricci-Fluss mit Chirurgie.

Hamilton war nicht der erste Mathematiker, der dachte, er kenne den Weg, auf dem die Poincaré-Vermutung zu beweisen wäre. Er war auch nicht der erste, der bei seiner Beweisführung auf unüberwindliche Hindernisse stieß. Damit sein Programm – wie Mathematiker es nennen – funktioniert, mussten mehrere Dinge zutreffen. Zunächst musste die Krümmung, die er messen wollte, ein konstantes Limit haben, eine Art einförmige Grenze. Würde er annehmen, dies sei der Fall, würde der Beweis wahrscheinlich funktionieren – aber wie konnte er wissen, dass seine Annahme richtig ist? Zweitens dachte sich Hamilton einen Ricci-Fluss mit Chirurgie aus und konnte sogar zeigen, dass dies in manchen Fällen funktioniert. Aber er konnte nicht zeigen, dass es immer funktioniert, gleichgültig welche Art von Singularität sich entwickelt würde. Er konnte über die Arten von Singularitäten, die auftreten würden, theoretische Annahmen formulieren, aber er fand weder einen Weg, sie alle zu bändigen, noch konnte er behaupten, sie alle identifiziert zu haben. Auch er war somit einer, der »Fortschritte machte und es dann nicht packte« und für den, wie Morgan Jeff Cheeger zitiert, die Angelegenheit »zu kompliziert« wurde, »um sich weiterhin mit der Poincaré-Vermutung zu beschäftigen«.

Fünfundzwanzig Jahre später sind zwei Dinge vollkommen klar. Erstens hatte Hamilton tatsächlich die Vorlage für den Beweis der Poincaré- und der Geometrisierungsvermutung geliefert. Und zweitens war seine persönliche Tragik ebenso groß wie seine berufliche Leistung: Im

Alter von vierzig Jahren hatte sich Hamilton festgefahren und dabei blieb es offenbar.

Der Punkt, an dem Hamilton festsaß, ist ungefähr der, an dem Perelman ansetzte, als er sich mit der Poincaré-Vermutung zu beschäftigen begann. Es ist auch der Punkt, an dem er allmählich verschwand. Er besuchte weniger Seminare, reduzierte schrittweise seine Stunden am Steklow-Institut, bis er eigentlich nur noch auftauchte, um sein Monatsgehalt abzuholen. Er schränkte seine E-Mail-Korrespondenz dermaßen ein, dass die meisten Bekannten annahmen, er sei nun auch zu einem jener Mathematiker geworden, die vielversprechende Anfänge gezeigt hatten, dann aber auf ein Problem stießen, das sie dermaßen in die Knie zwang, dass sie von der Bildfläche der Mathematik verschwanden.

Das war, wie wir wissen, nicht der Fall. Vielmehr hatte Perelman seine mathematische Ausbildung abgeschlossen und begann nun, sie anzuwenden. Der Ausbildungsprozess – oder, genauer, Perelmans Wunsch, alles mathematische Wissen zu erwerben, das ihm andere beibringen konnten – hatte ihn mit der Außenwelt in Verbindung gehalten. Doch diese Welt, das, was sie ihm geben konnte, war nun mehr oder weniger aufgezehrt. Und da sie nun nahezu nutzlos war, waren ihre Forderungen aus Perelmans Sicht nicht nur unbegreiflich, sondern sogar noch lästiger als zuvor. Also kehrte er der Welt den Rücken und nahm das Problem in Angriff.

Eines allerdings hatte Perelman dieser Welt zu verdanken: die Gewohnheit, seine unvergleichlichen Verstandeskräfte an einem einzigen Problem zu vervollkommnen.

Was Hamilton im Wesentlichen getan hatte, war, die Poincaré-Vermutung zu einem Mathematik-Olympiaden-Problem der Extraklasse zu machen. Er hatte sie, so könnte man sagen, etwas entschärft. In der Welt der Spitzenmathematiker besteht die intellektuelle Elite aus Leuten, die neue Horizonte eröffnen, indem sie Fragen stellen, die zu stellen bis dahin noch niemand in den Sinn gekommen war. Die Schicht darunter bilden diejenigen, die sich Wege ausdenken, diese Fragen zu beantworten. Oft sind das Angehörige der Elite in einem frühen Stadium ihrer Karriere – beispielsweise ein paar Jahre nach Abschluss ihrer Dissertation, wenn sie noch die Theoreme anderer Leute beweisen, bevor sie beginnen, ihre eigenen zu formulieren. Und schließlich sind da noch jene ganz seltenen Vögel, die die letzten Schritte tun und Beweise zum Abschluss bringen. Sie sind die hartnäckigen, die anspruchsvollen, die geduldigen Mathematiker; diejenigen, die jene Pfade, die andere sich ausgedacht und abgesteckt haben, bis zum Ende gehen. In unserer Geschichte gehören Poincaré und Thurston zur ersten Gruppe, Hamilton zur zweiten und Perelman zur dritten, die die Arbeit zum Abschluss bringt.

Wer also war er? Er war einer, der bis dahin noch nie mit einem Problem zu tun gehabt hatte, das er nicht lösen konnte. Was er mit den Alexandrow-Räumen in Berkeley versucht hatte, war vielleicht eine Ausnahme – womöglich hatte er sich da wirklich festgefahren –, aber vielleicht war es auch das einzige Mal, dass er etwas tun wollte, was unter die zweite oder sogar die erste der eben erwähnten Kategorien fiel und nicht unter die dritte. Die dritte Kategorie ist im Grunde das Gleiche wie das Lösen einer Aufgabe bei der Mathematik-Olympiade: Es gibt eine klare Fragestellung und mit Blick auf ihre Lösung Restriktionen – den Weg zum Beweis hatte Hamilton abgesteckt. Das war nun allerdings ein sehr, sehr kompliziertes Olympiade-Problem, das sich nicht in Stunden oder Wochen, auch nicht in Monaten lösen ließ, ja eines, das vielleicht von niemandem in egal welchem Zeitraum zu knacken war – außer von Perelman. Und der war ja auf der Suche nach genau einem solchen Rätsel, einem, das endlich die volle Kapazität des Superverdichters in seinem Kopf beanspruchen würde.

Perelman gelang es, zwei wichtige Dinge zu beweisen: Erstens zeigte er, dass Hamiltons Annahme, die Krümmung sei immer konstant, unnötig ist. Denn in dem imaginären Raum, in dem sich der Beweis entfaltete, ist dies ohnehin immer der Fall. Zweitens wies er nach, dass alle Singularitäten, die sich entwickeln können, aus derselben Wurzel stammen. Sie treten auf, wenn die Krümmung »explodiert«, das heißt unbeherrschbar wird. Wenn aber alle Singularitäten wesensgleich sind, dann reicht ein einziges Instrument, um sie alle in den Griff zu bekommen – und die von Hamilton ursprünglich ins Auge gefasste Chirurgie würde ihre Arbeit tun. Darüber hinaus bewies Perelman, dass einige von Hamilton angenommene Singularitäten niemals vorkommen werden.

Die Logik von Perelmans Beweis hat etwas Eigentümliches und leicht Ironisches. Er schaffte den Durchbruch, weil er seine schier unermesslichen Verstandeskräfte benutzte, um ausnahmslos alle Möglichkeiten zu erfassen: Er konnte am Ende mit Fug und Recht behaupten, alles, was passieren kann, wenn die Matrix zunimmt und das Objekt sich neu formt, zu wissen. Und weil er alles wusste, konnte er einige topologische Entwicklungen als unmöglich ausschließen. Wenn er über den imaginären vierdimensionalen Raum sprach, bezog er sich auf Dinge, die »in der Natur« vorkommen können oder auch nicht. Im Grunde genommen konnte er in der Mathematik das tun, was er im Leben zu tun versucht hatte: alle Möglichkeiten der Natur auf einmal zu erfassen und alles auszulöschen, was nicht in diesen Bereich fällt – Kastratenstimmen, Autos, Antisemitismus und jedwede andere unbequeme Singularität.

9. Der Beweis taucht auf

Datum: Dienstag, 12. Nov. 2002 05:09:02 -0500 (EST)
Von: Grigori Perelman
An: [mehrere Empfänger]
Betreff: neuer Preprint

Sehr geehrter [Name],
Ich möchte Sie auf meinen Artikel in arXiv math.DG/0211159 hinweisen.

Abstract:
Wir präsentieren einen monotonen Ausdruck für den Ricci-Fluss, der für alle Dimensionen und ohne Krümmungsannahmen gilt. Er wird als eine Entropie für ein bestimmtes kanonisches Ensemble interpretiert. Mehrere geometrische Anwendungen sind gegeben. Insbesondere (1) hat der Ricci-Fluss, betrachtet im Raum der Riemann'schen Metriken modulo Diffeomorphismen und Reskalierung, keine nichttrivialen periodischen Orbiten (außer fixierte Punkte); (2) in einer Region, wo sich in endlicher Zeit eine Singularität bildet, wird der Injektivitätsradius durch die Krümmung kontrolliert; (3) der Ricci-Fluss kann eine fast euklidische Region nicht schnell in eine sehr gekrümmte verwandeln, unabhängig davon, was weit weg geschieht. Wir bestätigen auch mehrere

Behauptungen, die sich auf Richard Hamiltons Programm für den Beweis der Geometrisierungsvermutung für geschlossene 3-Mannigfaltigkeiten von Thurston beziehen, und stellen eine Skizze für einen eklektischen Beweis dieser Vermutung vor, indem wir frühere Ergebnisse bezüglich Kollabierung mit lokaler unterer Krümmungsschranke benutzen.
Mit freundlichen Grüßen
Grischa

Ungefähr ein Dutzend amerikanische Mathematiker erhielten diese Nachricht. Sie besagte, dass Perelman am Tag zuvor einen Artikel in arXiv.org gestellt hatte, eine Website der Bibliothek der Cornell University, die ausdrücklich dazu eingerichtet wurde, die elektronische Kommunikation unter Mathematikern und Naturwissenschaftlern zu verbessern. Der Artikel war der erste von dreien, die die Ergebnisse von Perelmans siebenjähriger Auseinandersetzung mit der Poincaré- und der Geometrisierungsvermutung enthielten.

»Ich schaute mir also den Artikel an«, erzählte mir Michael Anderson. »Ich bin kein Experte in Sachen Ricci-Fluss – trotzdem, als ich den Artikel durchging, wurde mir klar, dass er große Fortschritte gemacht hatte und dass die Lösung der Geometrisierungsvermutung und deshalb auch der Poincaré-Vermutung in Sicht war.« Alle Empfänger der E-Mail führten seit vielen Jahren ihren eigenen Kreuzzug gegen diese beiden Probleme. Alle reagierten gespalten, als sie die Nachricht erhielten: Wenn Perelman die Vermutungen tatsächlich bewiesen hatte, dann war dies eine mathematische Leistung von monumentalen Ausmaßen und musste ein Gefühl des Triumphes wecken – aber es war der Triumph eines anderen, machte also die Hoffnungen mancher Mathematiker, selbst den Durchbruch zu schaffen, zunichte. Anderson hatte fast zehn Jahre lang über Geometrisierung gearbeitet und war, wie er mir gestand, »im Sumpf technischer Probleme versunken. Trotzdem hatte ich die Hoffnung auf einen zündenden Einfall oder einen Durchbruch nicht aufgegeben, mit der Zeit wurde mir jedoch klar, dass ich es nicht schaffen würde. Aber wenn schon ein anderer, dann hoffentlich Grischa. Ich mochte ihn. Am nächsten Tag lud ich ihn ein, hierherzukommen, und ich war ehrlich überrascht, dass er einen Tag später zusagte.«

Währenddessen ging zwischen Topologen aus Amerika und Europa eine Flut von E-Mails hin und her. Mike Anderson sandte eine Mail an verschiedene Freunde und Kollegen. Er schrieb:

> Lieber [Name],
> ich hoffe, es geht Dir gut. Ich weiß nicht, ob Du es schon gehört hast, aber Grischa Perelman hat unter math.DG/0211159 einen Artikel über den Ricci-Fluss veröffentlicht, der Dich und Deine Freunde, die auf diesem Gebiet arbeiten, interessieren wird. Grischa ist ein sehr ungewöhnlicher und kluger Kerl – ich habe ihn vor neun Jahren kennengelernt, und Anfang der 90er Jahre haben wir viel über den Ricci-Fluss und die Geometrisierung von 3-Mannigfaltigkeiten diskutiert. Gestern schickte er mir aus heiterem Himmel eine E-Mail, in der er mich über seinen Artikel informierte.

Ich weiß zwar nicht viel über den Ricci-Fluss, aber mir scheint, dass er in diesem Artikel Antworten auf grundsätzliche Probleme, die viele zu lösen versucht haben, gefunden hat. Es kann sogar sein, dass er Hamiltons Ziel, die Vermutung von Thurston zu beweisen, nahe gekommen ist. Die Ideen in dem Papier scheinen mir völlig neu und originell zu sein – typisch Grischa. (Er hat in den frühen 90er Jahren eine Reihe wichtiger Probleme auf anderen Gebieten gelöst und ist dann »abgetaucht«. Anscheinend ist er jetzt wieder da.)

Ich wollte Dir das jedenfalls mitteilen und Dich bitten, mich über Diskussionen/Gerüchte, die diese Arbeit betreffen, auf dem Laufenden zu halten … Was mich natürlich brennend interessiert, ist, wie nahe wir jetzt an der Lösung der Thurston-Vermutung sind – weil das auch meine Arbeit unmittelbar betrifft. Ich nehme an, dass sein Artikel richtig ist, eine Annahme, die mir vernünftig erscheint, weil ich Grischa kenne.

Ich werde auch andere Freunde benachrichtigen, die über den Ricci-Fluss arbeiten.

Viele Grüße Mike

Wer noch nie von Perelman gehört hatte, dem war nicht zu verübeln, wenn er den Artikel nicht ernst nahm: Es erschienen immer wieder Arbeiten, die behaupteten, die Poincaré-Vermutung bewiesen zu haben, aber in fast hundert Jahren hatte dennoch niemand das Problem gelöst. Alle, auch hochberühmte Mathematiker – sogar Poincaré selbst –, hatten Fehler gemacht. Angebliche Beweise erschienen alle paar Jahre, und alle wurden sie entzaubert – manche früher, manche später. Man musste Perelman kennen – wissen, dass er nie »Zitronen« produzierte, wie seine Freunde aus dem Matheclub sagten, und dass er eine Vorliebe für genau kalkulierte Gesten hegte –, um einschätzen zu können, wie ernst gerade dieser Vorstoß zu nehmen war.

Wie aber sollte man nun entscheiden, ob dieser Beweis tatsächlich richtig war? In dem Artikel waren Techniken und auch Probleme aus mehreren mathematischen Spezialgebieten, nicht nur aus der Topologie, versammelt. Außerdem war Perelmans Darstellung so dicht, dass man, um seinen Beweis beurteilen zu können, das Ganze im Grunde zunächst einmal entschlüsseln musste. Er gab auch keine Hilfestellung, indem er etwa von Anfang an klar sagte, was er tun und wie er vorgehen wollte. Er behauptete noch nicht einmal, die Poincaré- und die Geometrisierungsvermutung bewiesen zu haben – es sei denn, man fragte ihn direkt danach. Andersons E-Mails waren erste Schritte, um diesen Verifikationsprozess einzuleiten. Sie besagten in etwa Folgendes: *Dieser Kerl ist ernst zu nehmen*, und *bitte lasst mich wissen, ob er tatsächlich das getan hat, was ich glaube, dass er getan hat.* Anderson schrieb diese E-Mail, am Tag nachdem er Perelmans E-Mail mit dem Hinweis auf seinen Artikel erhalten hatte, und zwar um 5:38 Uhr morgens.

Innerhalb weniger Stunden gingen bei Anderson Antworten von Geometern ein; auch sie hatten offenbar die ganze Nacht damit zugebracht, den Artikel zu lesen. Ihre Reaktionen zeigten, dass die »Ricci-Fluss-Gemeinde«, wie sie unter Mathematikern hieß, völlig aus dem Häuschen war – und dass keiner von ihnen jemals von Perelman gehört hatte.

Zur »Ricci-Fluss-Gemeinde« gehörte keiner der Topologen, die Perelman in den Vereinigten Staaten kennengelernt hatte. Ihr Mittelpunkt war Richard Hamilton – der wichtigste Adressat von Perelmans Ankündigung und in gewissem Sinne des ganzen Artikels. Während die E-Mails zwischen den Geometern hin- und hergingen, hüllte sich Hamilton in Schweigen. »Habt Ihr schon einen Eindruck von Perelmans Arbeit gewonnen?«, schrieb Anderson ein paar Tage später an einen Kollegen aus der »Ricci-Fluss-Gemeinde«. »Schaut sich irgendwer von Euch aus der Hamilton-Gruppe den Artikel an? Weiß Hamilton davon? Irgendeine Ahnung, wie nahe [Perelman] dran ist, das Programm zum Abschluss zu bringen?«

Hamilton wusste von dem Artikel, berichteten die Korrespondenten. Der Artikel musste also wirklich bedeutsam sein.

Tatsächlich war Perelman nach noch nicht einmal der Hälfte seines ersten Artikels über den Punkt hinausgelangt, an dem Hamilton seit zwei Jahrzehnten festsaß. Kein Wunder, dass dieser sich nicht rührte. Wie muss es sich anfühlen, wenn ein Emporkömmling mit struppigen Haaren und langen Fingernägeln daherkommt, einem den Lebenstraum erst entreißt und dann erfüllt? Um sich das vorstellen zu können, muss man verstehen, wie sehr das menschliche Verhalten von ehrgeizigen Träumen, Konkurrenz und aus beruflichem Erfolg sich speisendem Selbstwertgefühl motiviert wird – und nicht etwa von dem, was für die Mathematik das Beste ist. Grischa Perelman verstand das nicht.

In der Tat ist es einer der bemerkenswerten Aspekte in der Geschichte von Perelmans Beweis, wie viele Mathematiker ihre eigenen beruflichen Ambitionen eine Zeit lang hintanstellten, um sich der Entschlüsselung und Interpretation seiner Artikel zu widmen. Im November 2002 hielt sich Bruce Kleiner in Europa auf. Kurz bevor er mit dem Vortrag, zu dem ihn die Universität Bonn eingeladen hatte, beginnen wollte, wurde er von Ursula Hamenstädt, einer Professorin dieser Universität, die im Publikum saß, gefragt: »Ach übrigens, haben Sie den Beweis der Geometrisierung der Poincaré-Vermutung gesehen, den Perelman vor Kurzem ins Netz gestellt hat?« So jedenfalls erinnerte er ihre Worte. Sie hätte in ihrer Bewertung vielleicht etwas vorsichtiger sein sollen – aber Kleiner wusste natürlich, wie ernst Perelman zu nehmen war.

»Keiner, der seine Artikel kannte oder Vorträge von ihm gehört hatte, hat je behauptet, er erhebe Ansprüche, die er nicht einlösen kann, oder sage Dinge, die er nicht sorgfältig durchdacht hätte«, so Kleiner. »Und jetzt hatte er etwas in arXiv gestellt, in ein sehr öffentliches Forum. Wenn er seit den frühen neunziger Jahren keine Persönlichkeitsveränderung durchgemacht hat, dann, so dachte ich, ist es gut möglich, dass da etwas dran ist oder dass er das Problem vielleicht sogar vollständig gelöst hat.« Und das hatte Folgen, denn Kleiners berufliches Leben nahm damit eine plötzliche Wendung. Wie Anderson hatte auch er jahrelang über einen Aspekt der Geometrisierungsvermutung gearbeitet, allerdings mit einem ganz anderen Ansatz. Im Unterschied zu Anderson ging er noch nicht davon aus, dass sich seine Arbeit als fruchtlos erweisen würde. Ihm war klar, dass es »ein hochriskantes Projekt«

war, an dem er arbeitete, es ging um eine berühmte Vermutung und jederzeit konnte ein anderer vor ihm Erfolg haben. Aber sich unmittelbar vor seinem eigenen Vortrag anhören zu müssen, dass es mit seinem Projekt praktisch vorbei war, traf ihn völlig unvorbereitet. Von da an wird Kleiner die nächsten anderthalb Jahre am Projekt Perelman arbeiten.

Perelman selbst bereitete sich inzwischen auf seine Reise in die Vereinigten Staaten vor. Er hatte Einladungen von Anderson nach Stony Brook und von Tian bekommen, der mittlerweise am MIT war. Er entschied, an beiden Orten jeweils zwei Wochen zu bleiben. Er werde sich, so schrieb er Anderson gleich, nicht länger als einen Monat in den USA aufhalten, weil er seine Mutter nicht länger allein lassen könne.[1] Später entschloss er sich, sie mitzunehmen, hielt aber an seinem ursprünglichen Zeitplan fest.

Wie es aussah, hatte sich Perelman mit der Welt nun wieder völlig arrangiert. Er erledigte die Visaformalitäten für die Einreise in die USA – eine ziemliche Last selbst für Leute, die den Umgang mit Bürokratien gewohnt sind – ganz allein und besorgte Visa für sich und seine Mutter.[2] Er kaufte die Tickets selbst und bezahlte sie anscheinend von seinem amerikanischen Bankkonto. Er hatte in den vergangenen sieben Jahren bescheiden gelebt, und zwar von den Ersparnissen aus seinen Forschungsstipendien – was er sogar in einer Fußnote seines ersten Artikels erwähnt,[3] getreu seinem Ideal, Anerkennung zum Ausdruck zu bringen, wenn sie fällig ist, gleichgültig, ob sie unmittelbar etwas zur Sache tut oder nicht. Er korrespondierte mit Anderson und Tian über Zeitplan und Logistik seiner Reisen, auch wegen einer Krankenversicherung, die ihm wohl besonders am Herzen lag.

Perelman tauchte also aus seinem Einsiedlerdasein wieder auf, war aber augenscheinlich dennoch dazu in der Lage, weiter an seinem Beweis zu schreiben. Am 10. März 2003, um die Zeit, in der er sich um die Einreisevisa kümmerte, lud er den zweiten Teil seiner Abhandlung auf arXiv hoch.[4] Mit zweiundzwanzig Seiten war der Text acht Seiten kürzer als der erste Teil. Offenbar hatte er den Beweis in seinem Kopf so klar formuliert, dass er sich diesen konzentrierten Textfassungen trotz zwischenzeitlicher kleinerer oder größerer Ablenkungen immer mal wieder für ein paar Wochen widmen konnte. (In diesem Frühjahr erzählte er Jeff Cheeger, er habe drei Wochen gebraucht, um den ersten Teil des Artikels zu schreiben – Cheeger brauchte mehr Zeit, um ihn zu lesen und zu verstehen.)

Anfang April 2003 traf Perelman am MIT ein. Für Gang Tian sah er mehr oder weniger so aus, wie er ihn in Erinnerung hatte: schlank, langhaarig und mit langen Fingernägeln, allerdings ohne das braune Kordsakko. Menschen, die ihn zum ersten Mal zu Gesicht bekamen, fanden ihn zwar auffällig, aber vollkommen im Rahmen dessen, was unter Mathematikern an Seltsamkeiten toleriert wird. Der Saal war brechend voll, als er seinen Vortrag hielt. Einige Zuhörer hatten den ersten Artikel gelesen und sich Notizen dazu gemacht, andere hatten sich in einem Seminar Tians damit beschäftigt. Die Mehrzahl aber waren neugierige Mathematiker, die gekommen waren, um den Mann zu sehen, dem möglicherweise der größte mathematische Durchbruch der letzten hundert Jahre gelungen war. Sie waren kompetent genug, um seinem Vortrag in seinen Grundzügen zu folgen, aber sie waren sicher nicht in der Lage, nach dem Vortrag qualifizierte Fragen zu stellen – weshalb sie für Perelman bestenfalls uninteressant, schlimmstenfalls lästig waren. Er hatte sich Videoaufnahmen während des Vortrags verbeten und klar gesagt, er wolle keine Medienöffentlichkeit, aber ein paar Journalisten schafften es an diesem Tag dennoch unter die Zuhörer.

Es ist kaum zu glauben, aber alle, die gekommen waren, um ein mathematisches Spektakel zu erleben, bekamen es. Im Gegensatz zu seiner Rede auf dem Internationalen Mathematikerkongress 1994 in Zürich legte Perelman einen gut organisierten, luziden und manchmal sogar unterhaltsamen Vortrag hin. Er war auf dem Höhepunkt seiner Beziehung zur Poincaré-Vermutung. Wäre diese ein menschliches Wesen, es wäre vielleicht der Moment gewesen, in dem sich Perelman entschieden hätte, sie zu heiraten: Es war die Zeit, in der er ihre ganze gemeinsame Geschichte klar überblickte, in der er in höchstem Maße frei von Zweifeln und seiner Zukunft sicher war.

Nach seiner ersten Präsentation hielt Perelman zwei Wochen lang fast jeden Tag Vorträge vor kleineren Gruppen. Stundenlang beantwortete er Fragen, die hauptsächlich die Geometrisierungsvermutung betrafen. Morgens vor seiner Vorlesung ging er meist bei Tian im Büro vorbei, um sich zu unterhalten, natürlich fast ausschließlich über Mathematik. Möglicherweise hielt er Ausschau nach neuen Problemen, die er bearbeiten könnte. Er fragte ihn über dessen Forschungsarbeit aus, entwickelte sogar Gedanken zu Tians damaligem Spezialgebiet. Im Unterschied zu Anderson und Morgan – die immer wieder versuchten, Perelman aus der Reserve zu locken – wagte sich Tian nur selten aus dem begrenzten Gebiet mathematischer Fachdiskussionen heraus. »Er war sehr konzentriert und zielstrebig«, sagte mir Tian. »Ich respektiere, dass er viele Dinge einfach ignoriert, die andere Leute für wichtig halten, und sich ganz auf die Mathematik konzentriert.«

Perelman wirkte so entspannt und freundlich während dieses Aufenthalts, dass sich Tian bei einer ihrer morgendlichen Unterhaltungen traute, die Frage anzuschneiden, ob er nicht am MIT bleiben wolle. Die Universität wollte ihm ein Angebot machen, und einige Kollegen Tians waren am Vorabend auf Perelman zugegangen, um ihn davon zu überzeugen, dass er mit den Mitteln des MIT produktiver arbeiten könne. Nun wollte Tian natürlich wissen, was dieser davon hielt. Perelmans Antwort darauf wollte mir der höfliche, extrem leise sprechende Tian allerdings nicht verraten: »Er hat ein paar Bemerkungen gemacht. Aber ich möchte sie nicht wiederholen.« Das Problem bestand nicht nur darin, dass Perelman zu dieser Zeit kein Interesse hatte, in den Vereinigten Staaten zu bleiben. Vor allem den Gedanken, man wolle ihn jetzt mit einer komfortablen Stellung an der Universität belohnen, empfand er als Beleidigung. Vor acht Jahren hatte er eine ordentliche Professur erwartet. Sein Gehirn war damals dasselbe gewesen wie jetzt, und er hatte die Stelle damals ebenso verdient wie jetzt; und doch musste er ihnen beweisen, dass er gut genug war, um Mathematik zu unterrichten. Nun verhielten sie sich, als hätte er diesen Beweis endlich erbracht, wo er doch in Wahrheit die Poincaré-Vermutung bewiesen hatte, was genug Belohnung an sich ist.

Und so, erzählte Tian, hätten sie sich wieder ihren zivilisierten Diskussionen über Mannigfaltigkeiten, Metrik und Schätzungen zugewandt. Es war nicht das einzige Mal, dass sich Perelman verärgert zeigte. Der erste »Zwischenfall«, wie Tian es nannte, muss sich am 15. April zugetragen haben, gegen Ende von Perelmans Aufenthalt am MIT, als in der *New York Times* ein Artikel erschien mit der Überschrift »Russe gibt Lösung eines berühmten mathematischen Problems bekannt«.[5] Jedes Wort in der Überschrift empfand Perelman als Beleidigung. Er hatte nichts »bekanntgegeben«, vielmehr sorgfältig darauf geachtet, sich über seine Arbeit nur zu äußern, wenn er direkt gefragt wurde. Die Poincaré-Vermutung »berühmt« zu nennen, und das in einem Massenblatt, war aus Perelmans Sicht dummdreist und vulgär. Und auch im Artikel selbst stapelten sich die Beleidigungen. Im vierten Absatz hieß es: »Wenn sein Beweis zur Veröffentlichung in einer angesehenen Fachzeitschrift angenommen wird und eine zweijährige Prüfungszeit übersteht, könnte Dr. Perelman ein Preis von einer Million Dollar zugesprochen werden.« Das konnte doch nur so verstanden werden, als habe sich Perelman des Problems angenommen, um die Million zu gewinnen – als sei er überhaupt an Geld interessiert –, und dass er seine Arbeit tatsächlich in einer angesehenen Fachzeitschrift veröffentlichen werde. Kein Wort davon wahr! Schon Jahre bevor der Clay-Preis gestiftet wurde, hatte er begonnen, über die Vermutung zu arbeiten. Natürlich gab er Geld aus und hatte auch nichts dagegen, welches zu haben, aber sein Bedarf hielt sich doch sehr in Grenzen und gewiss spürte er keinerlei gesteigertes Verlangen danach. Schließlich wollte er sich mit seiner Entscheidung, seinen Beweis in arXiv zu stellen, explizit dagegen auflehnen, dass wissenschaftliche Fachzeitschriften nicht frei zugänglich sind, sondern über kostenpflichtige Abonnements verbreitet werden.[6] Und nun, nachdem er eines der schwierigsten Probleme der Mathematik gelöst hatte, würde er erst recht niemanden bitten, seinen Beweis für eine Veröffentlichung zu prüfen.

Bevor er in die USA reiste, hatte Perelman allen, die es wissen wollten – Mike Anderson beispielsweise hatte vorsichtig angefragt –, klar zu verstehen gegeben, er wünsche zu diesem Zeitpunkt keine Öffentlichkeit außerhalb seines wissenschaftlichen Umfelds. Er hatte nicht gesagt, dass er niemals eine größere Öffentlichkeit haben wollte, sondern nur, dass gegenwärtig nicht der richtige Zeitpunkt dafür sei. Und so konsequent er Anfragen von Journalisten abwehrte, so entspannt war seine Haltung, wenn es darum ging, im Kollegenkreis die Werbetrommel für seine Vorträge und seine Arbeit zu rühren: Er ließ den Organisatoren seiner Vorträge die Freiheit, für Einladungen Adressen von Kollegen zu benutzen, wie es ihnen beliebte.[7] Mathematikern fast jeder Couleur vertraute er eigentlich bedingungslos, aber ebenso instinktiv war sein Misstrauen gegenüber Journalisten. Der Artikel in der *New York Times* nährte aber nicht nur dieses Misstrauen – die Autorin hatte Ereignisse und Motive in allen von Perelman möglicherweise befürchteten Hinsichten fehlinterpretiert –, er untergrub auch sein Vertrauen in seine Kollegen. Denn eine der beiden Quellen, die die Journalistin anführte, war ein Mathematiker, der Tians Seminar und Perelmans Vorträge besucht hatte. Thomas Mrowka war kein unbeteiligter Beobachter, und dennoch hatte er sich zu einer Einschätzung hinreißen lassen, die das perfekte Resümee für diesen Artikel abgab, Perelman aber gewiss hat erschauern lassen: »Entweder hat er es geschafft oder zumindest einen wirklich gewaltigen Fortschritt gemacht, in jedem Fall werden wir davon lernen.«

An dem Tag, an dem Perelman vom MIT abreisen wollte, ging er mit Tian zum Mittagessen über den Fluss in Bostons historischen Stadtteil Back Bay. Er war gut gelaunt und sprach sogar über die Möglichkeit einer Rückkehr in die Vereinigten Staaten, er habe Angebote aus Stanford, Berkeley, vom MIT – zu diesem Zeitpunkt hätte er an jedem mathematischen Fachbereich der Vereinigten Staaten eine Stelle bekommen, und zwar zu Bedingungen, die seinen Wünschen entsprachen. Nach dem Mittagessen machten die beiden Mathematiker, wie es sich in Boston gehört, einen Spaziergang am Charles River entlang. Perelmans gute Laune war inzwischen verflogen und eine gewisse Sorge muss ihn ergriffen haben, denn er vertraute Tian schließlich an, dass es Probleme zwischen ihm und Burago gebe – mit den russischen Mathematikern überhaupt. Tian schwieg sich erneut über die Einzelheiten aus und äußerte lediglich Zweifel daran, ob sein Freund dieses Mal im Recht sei. Aber der Bruch wurde in St. Petersburg derart heftig diskutiert, dass es nicht schwer war, die Einzelheiten in Erfahrung zu bringen. Auslöser des Konfliktes war ein Mitarbeiter in Buragos Labor, dessen Umgang mit Quellen Perelman plagiatsverdächtig fand. Der Mann folgte einer allgemein akzeptierten Fußnotenpraxis, indem er nur auf die letzte Veröffentlichung zu einem Thema verwies und nicht alle überhaupt verfügbaren Informationen darüber lieferte. Perelman hatte vom notorisch toleranten Burago verlangt, dass dieser seinen Mitarbeiter deswegen öffentlich maßregelte. Burago weigerte sich und habe sich damit, so Perelmans Standpunkt, zum Komplizen von etwas gemacht, das fast einem Verbrechen gleichkam. Im ganzen Steklow-Institut konnte man hören, wie er seinen Mentor anschrie.[8] Er verließ dessen Labor und fand in dem von Olga Ladyschenskaja Zuflucht, bei einer bemerkenswerten Mathematikerin, die alt genug, klug genug und Frau genug war, um Perelman so zu nehmen, wie er eben war.[9] Alle anderen – auch Burago und Gromow, die Perelman im Allgemeinen für nahezu fehlerlos hielten – schienen bereit, ihm zu vergeben, sahen sich aber außerstande, seine Fußnotenpolitik zu akzeptieren. Bestenfalls fanden sie sie kapriziös, schlimmstenfalls lächerlich.[10]

Nach seinen Vorlesungen am MIT reiste Perelman nach New York City, wo seine Mutter auch diesmal bei Verwandten wohnte. Er blieb übers Wochenende und fuhr am Sonntagabend mit dem Zug nach Stony Brook. Mike Anderson holte ihn am Bahnhof ab und führte ihn zu dem Wohnheim, in dem ein Zimmer für ihn reserviert war. Seine Unterkunft solle »so bescheiden wie möglich« sein, das hatte Perelman ausdrücklich verlangt.[11] Am nächsten Tag hielt er seine erste Vorlesung und stellte einen Zeitplan für die kommenden zwei Wochen auf: morgens Vorlesungen und nachmittags Diskussionsrunden. Den Teilnehmern kamen diese Sitzungen vor wie ein Wunder. Vor ihnen stand jemand, von dem einige noch nie gehört hatten, während andere dachten, er sei verschollen, jemand, der die Poincaré geknackt hatte und nun fantastisch klare Vorlesungen hielt und ausnehmend geduldig mit ihnen diskutierte.[12]

Perelman spulte sein Programm genauso ab, wie er es gelernt hatte. Jeden Tag ging er zum Hörsaal, um zu erfüllen, was von ihm erwartet wurde, daher seine Klarheit und Geduld. In der Welt außerhalb des Hörsaals von Stony Brook entwickelten sich die Dinge jedoch zunehmend nicht nach seinen Erwartungen. Am Tag nach seiner Ankunft brachte die *New York Times* einen weiteren Artikel.[13] Wieder hieß es gleich zu Anfang, Perelman habe von sich behauptet, die Poincaré-Vermutung bewiesen zu haben, was so nicht stimmte, und erneut wurde die Lösung mit dem Preisgeld in Verbindung gebracht. Dann wird eine einzige Quelle zitiert: Michael Freedman, der die Fields-Medaille für die Lösung der Poincaré-Vermutung für Dimension vier bekommen hatte und nun bei Microsoft arbeitete. Kaum zu glauben, aber Freedman bezeichnete Perelmans Leistung als »einen kleinen Kummer« für die Topologie: Perelman habe die größten Probleme auf diesem Gebiet gelöst, weshalb es nun an Attraktivität verlieren werde, und »die brillanten jungen Leute, die wir jetzt haben«, werde es »nicht mehr geben«.

Das muss Perelman heftig getroffen haben. Nachdem er sich mit Burago zerstritten hatte, war seine ohnehin kleine Bezugsgruppe auf ein paar Leute geschrumpft, die in der Lage waren, seinen Beweis zu verstehen. Am MIT hatte er Tian gesagt, er glaube, es werde anderthalb oder zwei Jahre dauern, bis sein Beweis vollständig verstanden sei. Aber von jemandem wie Freedman konnte man wohl erwarten, dass er die Eleganz – und die Korrektheit – von Perelmans Lösung sofort erkennt. Dass Freedman Perelmans Beweis als Rückschlag für ihr ehemals gemeinsames Gebiet darstellte, noch dazu in einem Interview mit einer

Zeitung, deren Leserschaft weder das Problem noch die Lösung jemals begreifen würde, musste ihn verletzen – und dies umso mehr, weil Freedmans Reaktion ziemlich unlogisch war.

Wenn jemand wirklich etwas zu Perelmans Leistung zu sagen hatte – insbesondere zu den Argumenten in seinem ersten Artikel –, dann Richard Hamilton. Immerhin war Perelman nach dessen Programm vorgegangen. Es gehört zu den merkwürdigsten und tragischsten Aspekten dieser Geschichte, dass sich Perelmans und Hamiltons Welten tatsächlich nie wirklich berührt haben. Perelman gehörte nicht zu der – wie Anderson und andere sie nannten – »Ricci-Fluss-Gemeinde«, die sich in jenen zwei Jahrzehnten um Hamilton gebildet hatte, in denen dieser versucht hatte, die Matrix so hinzubiegen, dass sie der Vermutung entsprach. Perelman hat offenbar zweimal versucht, mit Hamilton ins Gespräch zu kommen – einmal nach einem seiner Vorträge, das andere Mal schriftlich, nach seiner Rückkehr nach St. Petersburg. Beide Male bat Perelman um Aufklärung über etwas, das Hamilton gesagt oder geschrieben hatte. Bei der zweiten Gelegenheit antwortete Hamilton nicht – was Perelman vielleicht verstanden hätte, hätte er das Verhalten anderer nach den Maßstäben beurteilt, die er für sich selbst in Anspruch nahm. Tatsächlich neigte auch der ansonsten für einen Mathematiker ungewöhnlich umgängliche Hamilton dazu, sich ausweichend, gelegentlich sogar einsiedlerisch zu verhalten, wenn auch vermutlich aus ganz anderen Gründen als Perelman. In der Regel reagierte er sehr verzögert auf Briefe und Anrufe. Anstatt in Hamiltons Verhalten ein vertrautes Muster wiederzuerkennen, war Perelman vermutlich einfach frustriert, als dieser sich nicht rührte. Wenn er schon mal etwas brauchte, was tatsächlich nicht oft vorkam, erwartete er, dass andere darauf eingingen.

Auch jetzt ließ Hamilton nichts von sich hören. Dass er nicht zu Perelmans Vorlesungen am MIT kam, mag enttäuschend gewesen sein, war aber nachvollziehbar. Doch als Perelman in Stony Brook war, nur anderthalb Stunden von New York City entfernt, wo Hamilton an der Columbia University lehrte, wurde doch registriert, dass er nicht da war, zumal andere New Yorker Mathematiker gekommen waren. Einer von ihnen, John Morgan, lud Perelman für das Wochenende zu einem Vortrag an die Columbia ein. Perelman sagte zu, und außerdem erklärte er sich bereit, am gleichen Wochenende einen weiteren Vortrag zu halten, und zwar in Princeton.

Dies tat er am Freitag, dem 25. April. Wieder machte ihm die Universität ein Angebot, wieder lehnte Perelman ab. Am Samstag sprach er in der Columbia University. Hamilton kam und blieb auch zur Diskussion nach der Mittagspause – und zwar so lange, bis nur noch er, Perelman, Morgan und Gromow, der zu dieser Zeit am Courant arbeitete, im Raum waren. »Alle warteten darauf, dass Richard sagt, ob es funktioniert oder nicht«, erzählte Morgan. »Es ist seine Theorie, seine Idee. So muss man es machen. Ganz klar, er ist derjenige, der das Urteil zu fällen hat.«

Und, hat er sich diesbezüglich geäußert? Hier wird es kompliziert. »Richard war von Anfang an bereit, anzuerkennen – und tat es auch –, dass das, was im ersten Artikel stand, richtig ist und einen großen Fortschritt darstellt«, sagte Morgan, der nun seine Worte sehr vorsichtig wählte, um keinen Kollegen in Misskredit zu bringen. Der erste

Artikel handelte ausschließlich vom Ricci-Fluss, also von Hamiltons Erfindung und damit dem Gebiet, das ihm durch und durch vertraut war. Im zweiten Artikel ging es um den Ricci-Fluss mit Chirurgie, ebenfalls Hamiltons Erfindung, aber von Perelman kombiniert mit Alexandrow-Räumen und Ergebnissen aus seiner Arbeit mit Gromow und Burago. Auf diesem Gebiet war Hamilton nicht so sattelfest, was der Grund dafür gewesen sein mag, dass er sich nicht ganz so überzeugt zeigte und vielleicht sogar im Stillen ein wenig hoffte, Perelman sei doch gescheitert. »Ich glaube, er dachte vielleicht, ›das ist falsch‹«, so Morgan, »›und wenn es falsch ist, dann habe ich eine Chance nachzulegen‹. Er hielt sich meines Erachtens mit seinem Urteil zurück und wartete ab.« Wenn Perelman in seinem zweiten Artikel die Sache möglicherweise in eine falsche Richtung gelenkt hatte, dann konnte jemand anderer – vor allem Hamilton selbst – auf dem bahnbrechenden Ergebnis von Perelmans erstem Papier aufbauen. Das alles ist jedoch bloße Spekulation: Jedes Mal, wenn Hamilton zu Perelmans Arbeit öffentlich Stellung genommen hat, tat er dies auf eine sehr liebenswürdige Art; er tat es einfach nur weitaus weniger häufig, als viele – auch Perelman selbst – vielleicht erwartet hatten.

An diesem Tag »ging es höflich zu« an der Columbia, »aber distanziert«, wie sich Morgan erinnert. »Es gab keine offenen Spannungen, und Grischa verhielt sich nicht aggressiv. Von außen sah es aus wie jede andere Diskussion über Mathematik: Ideen gingen hin und her. Anders gesagt, was immer hinter Richards Distanziertheit gestanden haben mag, in diesem Gespräch jedenfalls machte er einen ganz normalen Eindruck.«

Morgan lud Perelman für den nächsten Vormittag zum Brunch zu sich nach Hause ein. »Und er fragte: ›Wer wird dabei sein?‹ Ich sagte: ›Nun, meine Frau, meine Tochter, vielleicht lade ich noch ein paar andere Leute ein.‹ Darauf erwiderte er: ›Ach nein, besser nicht.‹ Ich deute das so, dass er vielleicht gekommen wäre, wenn es ein Treffen unter Mathematikern gewesen wäre. Aber ein soziales Ereignis, daran war er überhaupt nicht interessiert.« An diesem Tag ging Perelman mit Gromow in New York spazieren und sprach mit ihm über die Poincaré-Vermutung sowie über seinen Konflikt mit Burago. Dann fuhr er nach Brighton Beach, wo seine Mutter wohnte. Am nächsten Abend wollte er wieder in Stony Brook sein, um dort noch eine Woche lang zu lehren und zu diskutieren.

Perelman kam entmutigt nach Stony Brook zurück. Zu Anderson sagte er, er sei enttäuscht über das Niveau der Fragen, die Hamilton ihm gestellt habe: Der Erfinder des Ricci-Flusses hatte sich offensichtlich nicht die Zeit genommen, um sich intensiv mit Perelmans Beweis zu beschäftigen. Die Motivlage hierfür wird aller Wahrscheinlichkeit nach komplex gewesen sein: Hamilton war hin und her gerissen, ob er sich auf Perelmans Arbeit einlassen sollte. Darüber hinaus könnte es sowohl in psychologischer als auch in mathematischer Hinsicht schwierig für ihn gewesen sein, die Tatsache zu verarbeiten, dass jemand urplötzlich eine Mauer durchbrochen hatte, gegen die er zwanzig Jahre lang vergeblich angerannt war. Aber wie schon vor zwanzig Jahren konnte Perelman zwar eine schier endlose Geduld aufbringen und interessierten Zuhörern wieder und wieder erklären, was er meinte. Aber er konnte sich einfach nicht vorstellen, dass jemand Schwierigkeiten mit etwas hatte, das für ihn glasklar und nahezu selbstevident zu sein schien.

Auch Princetons beharrliches Werben hatte Perelman verstimmt. Nach seinem Vortrag rief jemand von der Universität bei Anderson an und bat ihn um Unterstützung bei Perelmans Rekrutierung. Auf Perelmans Wunsch lehnte Anderson dies ab. Trotzdem richtete die Universität ein förmliches, schriftliches Angebot an Perelman – was dieser empörend fand. »Sie werden aufdringlich«, sagte er zu Anderson. Zu Perelmans vielen Verhaltensmaßregeln, die er einige Jahre nach dem Angebot von Princeton zum Ausdruck gebracht und vielleicht sogar formuliert hatte, zählte auch die Regel, dass »man sich niemals jemandem aufdrängen soll«.[14] Zunächst hatten sie ihn damals beleidigt, weil sie ihn baten, sich auf eine Stelle zu bewerben; nun beleidigten sie ihn, weil sie ihm ihre Gunst zu beharrlich erwiesen.

Abgesehen von seiner aufrichtigen Bewunderung für Perelman hatte Anderson offenbar auch einen ausgeprägten Sinn für dessen Grenzen. Er bekam es augenscheinlich hin, ihn nicht vor den Kopf zu stoßen und dennoch den gleichen Plan zu verfolgen wie die anderen amerikanischen Gastgeber: Perelman dazu zu bewegen, an seiner Universität zu bleiben und ihn aus seiner Isolation herauszuholen. Er unternahm mehrere Versuche, ihn abends zum Essen auszuführen, und manchmal gelang ihm das auch. Einmal gab er zu Ehren Perelmans eine Party bei sich zu Hause, dieser Abend allerdings scheint ziemlich schiefgegangen zu sein: Anderson und sein Freund Cheeger gerieten in einen lautstarken Streit über die amerikanische Invasion im Irak, die Cheeger verteidigte. Anderson hingegen hielt sie für falsch und ist wohl recht heftig geworden. »Grischa hörte nur zu«, erinnerte er sich. »Er schien überhaupt keine Meinung zu der Frage zu haben.« Außer der unumstößlichen Meinung natürlich, dass über Politik zu reden eines Mathematikers nicht würdig sei.

Anderson stellte Perelman auch Jim Simons vor, der den mathematischen Fachbereich von Stony Brook zu einem der besten im ganzen Land gemacht hatte, dann als Hedgefonds-Manager sagenhaft reich geworden war und viel Geld für wohltätige Zwecke stiftete, auch für die Universität Stony Brook. »Simons sagte, er hätte gern, dass Grischa dorthin käme – gleichgültig zu welchen Bedingungen, mit welchen Gehaltsforderungen und Anwesenheitsverpflichtungen, auch wenn er nur einen Monat im Jahr da wäre«, erzählte Anderson, »und Simons hatte den Einfluss und das Geld, so etwas möglich zu machen. Grischa sagte: ›Ich danke Ihnen, das ist sehr nett, aber ich möchte darüber jetzt nicht reden. Ich muss nach St. Petersburg zurück, um Oberschüler zu unterrichten.‹ Er hatte eine Verpflichtung für den Herbst 2003.«

Nur Perelman selbst konnte wohl völlig verstehen, was Perelman da sagte. In einem beliebten russischen Witz wird einem Schauspieler von einem der großen Filmstudios in Hollywood eine bedeutende Rolle angeboten. Er entscheidet sich, die Rolle zu übernehmen, und ist in Hochstimmung, bis er erfährt, dass die Dreharbeiten im Dezember stattfinden sollen. »Ich kann es nicht machen«, sagt er. »Ich habe Einladungen zu Neujahrspartys«; das heißt, er hat zugesagt, für Kinder Väterchen Frost (die russische Version des Weihnachtsmanns) zu spielen – und diese

Auftritte bedeuten ihm so viel, dass er die Chance seines Lebens ausschlägt. Perelmans Ausrede klang so absurd wie rührend – aber es war offenbar nur eine Ausrede. Soviel ich in Erfahrung bringen konnte, gab es im Herbst 2003 nur eine Verpflichtung. Er sollte an einem eintägigen Mathewettbewerb an einer Fachschule für Physik und Mathematik in St. Petersburg teilnehmen, was er auch tat,[15] was aber keineswegs ausgeschlossen hätte, eines der vielen Angebote amerikanischer Einrichtungen anzunehmen. Der eigentliche Grund, aus dem er alle Angebote ausschlug, war einfach: Ihn schreckte die Vorstellung, zum hochdekorierten Besitz irgendeines Fachbereichs zu werden.

Ende April 2003 flog Perelman nach Russland zurück. Am 17. Juli stellte er den dritten und letzten Teil seiner Artikelserie über die Poincaré-Vermutung ins Netz, der gerade einmal sieben Seiten lang war.[16] Die Debatten gingen weiter, ohne ihn. Schon im Juni hatte Kleiner zusammen mit John Lott, seinem Kollegen an der University of Michigan, eine Website eingerichtet, auf der sie ihre Anmerkungen zu Perelmans erstem Papier veröffentlichten.[17] Gegen Ende des Jahres war der erste der drei Artikel Gegenstand eines Workshops, zu dem das American Institute of Mathematics in Palo Alto und das Mathematical Sciences Research Institute in Berkeley gemeinsam einluden und dessen aktivste Teilnehmer Kleiner, Lott, Tian und Morgan waren.[18] Alle vier nahmen im Sommer 2004 auch an einem Workshop in Princeton teil, organisiert vom Clay Mathematics Institute, das den Millionen-Preis zu vergeben hatte und darum an einer Begutachtung des Perelman'schen Beweises interessiert war. Zur Zeit des Clay-Workshops hatten die vier Mathematiker, die sich am intensivsten in Perelmans Abhandlung eingearbeitet hatten, offenbar keinerlei Zweifel mehr daran, dass der Beweis korrekt ist. Zwar fanden sie einige Fehler sowie viele Lücken in der Darstellung, aber diese Mängel waren nicht dazu angetan, das Urteil insgesamt zu erschüttern, dass Perelman tatsächlich die Poincaré-Vermutung bewiesen hatte und wahrscheinlich auch die Geometrisierungsvermutung (ein Konsens darüber kam erst später zustande). Wie Perelman vorausgesagt hatte, brauchte die mathematische Fachwelt anderthalb Jahre, um seinen Beweis auf Herz und Nieren zu prüfen und für richtig zu befinden.

Nach dem Workshop vom Sommer 2004 entschlossen sich Tian und Morgan, gemeinsam ein Buch über Perelmans Beweis zu schreiben. Es wurde vom Clay Mathematics Institute veröffentlicht, das auch die Arbeit von Kleiner und Lott finanziell unterstützte. Im Sommer 2005 finanzierte das Institut einen einmonatigen Workshop zu Perelmans Beweis. Das Studium seiner Artikel wurde zu einer Art mathematischer Heimindustrie, und das war auch durchaus angemessen. Immerhin hatten manche der beteiligten Mathematiker einen beträchtlichen Teil ihres Berufslebens damit zugebracht, mit diesen Vermutungen zu ringen. Nun opferten sie ihre Hoffnung auf eine Hauptrolle für die Chance, wenigstens eine Nebenrolle in der größten mathematischen Produktion ihrer Zeit zu spielen.

Hätte Perelman den traditionellen Weg eingeschlagen – hätte er einen konventionellen Artikel geschrieben und ihn bei einer mathematischen Fachzeitschrift eingereicht –, seine Arbeit wäre wohl kaum genauer überprüft worden. Die Zeitschrift hätte seinen Artikel zur Begutachtung an

Kollegen geschickt, und das wären – so überschaubar ist die Welt der Topologie – mehr oder weniger dieselben Leute gewesen, die jetzt über dem Beweis brüteten. Als Gutachter hätten sie allerdings die Artikel jeder für sich gelesen und nicht in einem Seminar, einem Workshop oder einer Sommerschule diskutiert; sie hätten das Ergebnis ihrer Prüfung der Zeitschrift in einem Schreiben mitgeteilt und nicht in Form von Anmerkungen im Netz, die allen Interessierten zugänglich waren. Indem er seinen Beweis in hochkonzentrierter Form ins Internet stellte, hat Perelman einen Prozess in Gang gesetzt, in den wahrscheinlich ebenso viele Leute einbezogen waren wie bei einer Veröffentlichung in einer Fachzeitschrift, der sich jedoch als deutlich kollaborativer und öffentlicher erwies als das traditionelle Verfahren. Außerdem ging es schneller. Perelman nahm sich nicht die üblichen Monate oder Jahre Zeit, um die Darstellung seines Beweises den traditionellen wissenschaftlichen Publikationen anzupassen. Dahinter steckte keine besondere Ideologie; Perelman konnte mit diesen Standards einfach nichts anfangen und schenkte ihnen deshalb keine Beachtung.

Aber welche Rolle sollten Männer wie Kleiner, Lott, Tian und Morgan, die Perelmans Beweis nicht nur verstehen, sondern auch erklären wollten, einnehmen, wenn sich alles außerhalb des traditionellen Rahmens wissenschaftlicher Veröffentlichungspraxis abspielte? Nun, in gewissem Sinn wurden sie zu Perelmans Mitautoren. Auch dieser selbst war einmal in ähnlicher Weise Mitautor gewesen, und zwar eines seiner wichtigsten frühen Artikel. Als ich Gromow fragte, wie es gewesen sei, zusammen mit Perelman einen Artikel zu schreiben, antwortete er: »Das ist mit nichts zu vergleichen. Ich hatte gar nicht wirklich etwas mit ihm zu tun. Burago kam, und wir redeten, und dann ging Burago wieder und redete mit ihm, und ich glaube, es war Perelman, der die Sachen dann niederschrieb.«

Ich konnte es kaum glauben. »Das heißt, Sie haben sich das Manuskript gar nicht angesehen?«

»Nein.«

»Aber bestand da nicht die Gefahr, dass jemandem unterwegs ein Irrtum unterlaufen sein konnte?«

»Ja, natürlich, die Gefahr besteht immer. Es kommt oft vor, dass jemand einen Teil schreibt und jemand anderer einen anderen Teil, und dann passen beide nicht zusammen. Einige berühmte Mathematiker haben auf diese Weise schlechte Artikel fabriziert.«

»Und das ist kein Grund, das Manuskript zu lesen?«

»Das Manuskript? Nein, natürlich nicht. Es ist uninteressant, zu lesen, was man schon getan hat. Man erledigt die Arbeit – und dann denkt man nicht mehr daran.«

Das war Perelmans Schule. Als er in Stony Brook Vorlesungen hielt, fanden Kleiner und Lott ihn mit Blick auf seinen Beweis so zugänglich und gesprächsbereit, wie ein Mathematiker nur sein kann. Als sie ihn jedoch gegen Ende seines Aufenthalts fragten, ob er, wenn sie fertig seien, einen Blick auf ihre Kommentare werfen würde, lehnte er ab. »Er hätte sich eine halbe Stunde hinsetzen, es durchsehen und ein paar Worte dazu sagen können«, meinte Kleiner, dem sein Erstaunen über Perelmans Reaktion noch fünf Jahre später anzumerken war. »Eigentlich ist das das Mindeste, was man erwarten kann. Aber er ist nun mal nicht mit normalen Maßstäben zu messen.« Kleiner fiel noch ein, dass Perelman zur Erklärung gesagt habe, er sei, wenn er sich ihre Kommentare anschaue, in gewisser Weise verantwortlich für ihre Arbeit. Zwei von Perelmans typischen Charakterzügen verbanden sich hier auf nahezu perfekte Weise: sein hypertrophierter Sinn für persönliche Verantwortung und seine ebenso solipsistische Auffassung von der Wichtigkeit eines mathematischen Problems. Aus dem Mittelpunkt des Universums, in dem Perelman stand, begann die Poincaré-Vermutung in die Vergangenheit zu entschwinden. Wie Gromow sagt: »Man erledigt die Arbeit – und dann denkt man nicht mehr daran.« Perelman wusste, dass er Monate später, wenn Kleiner und Lott ihre Kommentierung zum Abschluss gebracht hätten, an Diskussionen über die Poincaré-Vermutung kein Interesse mehr haben würde.

So setzten Kleiner und Lott ihre Arbeit an Perelmans Artikeln ohne ihn fort. Hier und da stießen sie auf einige Probleme – tatsächlich glaubte Kleiner einmal, einen gravierenden, möglicherweise fatalen Fehler entdeckt zu haben, aber Lott belehrte ihn eines Besseren –, und sie stellten fest, dass Perelman selbst in diesen äußerst konzentrierten Abhandlungen seiner Gewohnheit treu geblieben war, nicht einfach die Lösung des Problems, sondern vor allem die Geschichte seiner Beziehung zu dem Problem darzustellen. Gegen Ende ihrer Arbeit am ersten Artikel wurde ihnen klar, dass einige seiner frühen Abschnitte tatsächlich in sich abgeschlossen waren und keinen Einfluss auf den späteren Gang der eigentlichen Beweisführung hatten.

Im September 2004, nach dem Workshop am Clay Mathematics Institute, teilte Tian Perelman via E-Mail mit, dass

»wir den Beweis jetzt verstanden haben«. Seit ihrem Spaziergang am Charles River seien nun anderthalb Jahre vergangen, und Tian fragte, ob er seine Preprints nicht veröffentlichen wolle, da er und Morgan sich überlegten, ein Buch daraus zu machen. Perelman ließ Tians Mail unbeantwortet. »Vielleicht dachte er, dass er genug für eine Veröffentlichung getan habe, als er seine Artikel in arXiv stellte«, sagte Tian in unserem Gespräch. »Oder er war zu dieser Zeit schon nicht mehr gut auf mich zu sprechen. Ich bin Journalisten aus dem Weg gegangen, weil ich erstens nicht gern mit Journalisten rede und weil es zweitens Zeit kostet.« Im Frühjahr 2004 allerdings hatte Tian auf Anfrage eines Freundes sein Schweigen gebrochen und doch einem Journalisten Auskunft gegeben, der für die Zeitschrift *Science* arbeitete. Nun vermutete er, dass Perelman von diesem Vertrauensbruch erfahren und ihm deshalb nicht geantwortet hatte. Sehr viel wahrscheinlicher ist jedoch, dass Perelman einfach nichts zu sagen hatte. Alles war so gekommen, wie er es vorausgesagt hatte, und er hatte nie vor, seine Preprints auf klassischem Wege zu publizieren – warum also sollte er noch etwas dazu sagen?

Morgan hatte mehr Glück bei Perelman. Im Tandem mit Tian fiel ihm die Aufgabe zu, Perelman wegen mathematischer Fragen anzuschreiben. Immer wieder, so erzählte er mir, sei er erstaunt gewesen, mit welcher Präzision Perelman geantwortet habe: »Ich stellte ihm eine Frage und bekam postwendend exakt die Antwort, die ich brauchte. Normalerweise läuft das anders: Man fragt einen Kollegen etwas und dieser versteht entweder die Frage nicht oder er beantwortet sie unter einem anderen Gesichtspunkt, so dass man in der ersten Runde nicht ganz genau das bekommt, wonach man sucht. Also stellt man die Frage noch einmal. Man reformuliert und differenziert sie. Und dann bekommt man vielleicht eine Antwort, mit der man etwas anfangen kann. Bei Perelman passierte das nie; ich stellte ihm eine Frage, und er wusste offenbar genau, was genau ich nicht richtig verstanden hatte und was genau ich brauchte, um die Sache klarzukriegen.«

Also versuchte Morgan sein Glück auch mit anderen Fragen, und er hatte einige, die dringend waren. Zunächst wollte er, dass Perelmans Preprints offiziell veröffentlicht würden – und sei es nur, um sie für die Historiografie der Mathematik zu bewahren. Er schlug ihm vor, sie selbst herauszugeben, und zwar in einer Zeitschrift, deren Mitherausgeber er sei. Außerdem lud er Perelman ein, an die Columbia University zu kommen: »Möchten Sie eine Woche, einen Monat, ein Semester, ein Jahr, für den Rest Ihres Lebens kommen?« Fragen dieser Art schleuste Morgan ganz behutsam zwischen den mathematischen Fragen ein. »Seine Antworten lauteten dann etwa so: ›Die Antwort auf Frage eins lautet so und so, und das ist die Antwort auf Frage zwei. Ich habe keine Antworten auf Ihre anderen Fragen.‹ – Immerhin, er hat sie zur Kenntnis genommen, das machte er sonst bei kaum jemandem.« Aber er beantwortete sie nicht. Nach einer Weile gingen Morgan die mathematischen Fragen aus.

2006 schlossen Morgan und Tian ihr Manuskript ab und schickten es an Perelman. Das Päckchen kam gestempelt zurück: ANNAHME VERWEIGERT.

10.
Der Wahnsinn

Im Mai 2004 ist Perelman also nach St. Petersburg zurückgekehrt. Das späte Frühjahr ist die einzige Jahreszeit, in der die Stadt nicht nur lebenswert wird, sondern sogar einen gewissen Charme entwickelt. Das sonst alles bestimmende Grau weicht einem sanften kühlen Licht, das bis in die späten Abendstunden anhält. Die Petersburger bevölkern die Straßen und Uferanlagen, holen die Spaziergänge nach, auf die sie in den feuchtkalten Wintermonaten verzichten mussten. Perelman, der passionierte Spaziergänger, und Rukschin, der stets bestrebt war, Petersburgs Schönheiten in vollen Zügen zu genießen, liefen gemeinsam durch die Stadt. Das Wetter muss ganz ähnlich gewesen sein wie einige Wochen zuvor in Boston, als Perelman mit Tian am Charles River spazieren ging. Er sprach mit Rukschin über dieselben Dinge wie mit Tian, nur dieses Mal mit einer gewissen Emphase – oder Rukschin nahm Grischas Worte anders wahr als Tian: dezidierter und lauter. Die Welt der Mathematiker, sagte Perelman, hätte ihn enttäuscht.

»Er hat acht oder neun Jahre gebraucht, um die Poincaré zu knacken«, sagte Rukschin, als er sich an dieses Gespräch erinnerte. »Stellen Sie sich vor, Sie wissen acht Jahre lang nicht, ob Ihr krank geborenes Kind überlebt. Acht Jahre lang haben Sie es Tag und Nacht umsorgt. Und es hat überlebt und ist groß und stark geworden. Aus einem hässlichen Entlein ist ein prächtiger Schwan geworden. Und dann kommt einer und sagt: ›Verkaufen Sie mir Ihr Kind! Sie kriegen ein Stipendium, Geld für ein halbes Jahr oder ein Jahr. Wir könnten die Arbeit zusammen veröffentlichen.‹«

Normalerweise bereichert es die Unterhaltung mit einem Mathematiker, wenn man ihn auf logische Fehler aufmerksam macht. In diesem Fall war das eindeutig anders. Erstens schickt niemand ein Kind im zarten Alter von acht Jahren hinaus in die Welt, und zweitens würde es niemand für ein Verbrechen halten, wenn dem eigenen, sagen wir, achtzehnjährigen Sohn eine Stelle an einer Universität angeboten wird. So viel zur Logik, aber dennoch hatte Rukschin Perelmans Gefühlslage richtig wiedergegeben. Der Vergleich war zwar schlecht – Perelmans Beweis der Poincaré-Vermutung war weder so verletzlich noch so unersetzlich wie ein Kind –, aber Perelman nahm das Missverhältnis zwischen seiner Leistung und den Belohnungen, die ihm dafür angeboten wurden, tatsächlich nicht anders wahr als eine in ihr Kind vernarrte Mutter, die aufgefordert wird, es für Geld wegzugeben. Und da Rukschin, ohnehin grundsätzlich misstrauisch gegen alle Welt und rasch beleidigt, Perelmans emotionale Verfassung gewiss nicht neutral wiedergegeben, sondern seine eigenen Deutungen hinzugefügt hat, wurden in seiner Nacherzählung aus Angeboten für Professorenstellen kaum verhüllte Versuche, sich das Recht der Mitautorschaft des Beweises zu erkaufen. In Rukschins Fantasie, vielleicht auch in Perelmans, wurden Kleiners und Lotts, später auch Tians und Morgans Arbeiten an der Interpretation des Beweises zu Manövern, um den Ruhm widerrechtlicherweise selbst einzuheimsen.

Rukschins Fazit: »Die Welt der Wissenschaft – jener Wissenschaft, die Perelman als die ehrlichste und anständigste von allen betrachtet – hatte ihm ihre andere Seite gezeigt. Sie war beschmutzt und zur Ware geworden.«

Ähnlich hatte Perelman auch mit anderen Petersburger Kollegen über seine Vortragsreise in Amerika gesprochen. Auch sie schmückten seinen Bericht mit Einzelheiten aus, die dazu dienten, seinen Ärger und seine Pein zu rechtfertigen. Einer erzählte mir beispielsweise, Perelman sei sehr verletzt gewesen, als Hamilton »seinen Vortrag verließ und dabei vernehmlich mit den Füßen aufstampfte«. Als ich genauer nachfragte, räumte er ein: »Das mit dem Fußaufstampfen ist von mir. Aber nach allem, was er mir berichtet hat, ging Hamilton demonstrativ hinaus.«

In einem Gespräch mit zwei Autoren des *New Yorker* im Sommer 2006 sagte Perelman[1], Hamilton sei zu spät zu seinem Vortrag gekommen und hätte weder in der anschließenden Diskussion noch beim Mittagessen Fragen gestellt – was Morgan wiederum ganz anders erinnerte. Wahrscheinlich hat Hamilton tatsächlich keine Frage gestellt, die für Perelman ein Zeichen gewesen wäre, dass der Kollege sich ernsthaft bemühte, seine Arbeit zu verstehen. »Ich bin ein Hamiltonschüler, auch wenn ich nicht seinen Segen habe«, erklärte Perelman den Leuten vom *New Yorker*, und: »Ich hatte den Eindruck, dass er nur den ersten Teil meines Artikels gelesen hatte.«

Je mehr Perelman über seine Enttäuschungen mit der mathematischen Fachwelt sprach, je mehr seine Bekannten die Geschichten, die er ihnen erzählte, mit dramatisierenden Einzelheiten ausschmückten, desto mehr verfestigte sich sein Eindruck, man habe ihn verraten. Seine

Welt, die kleiner zu werden begann, als er sein Universitätsstudium aufnahm, sich dann aber die beiden Male, als er in die Vereinigten Staaten reiste, etwas erweiterte, stand nun kurz davor, sich endgültig und auf verhängnisvolle Weise zu verengen. Wie ein Gummiband, das unerbittlich von einer Kugel abrutscht, zog sie sich auf einen Punkt zusammen.

Seit der damals zehnjährige Perelman in Rukschins Matheclub eintrat – vielleicht auch schon viel früher, als nämlich seine Mutter ihrem Professor sagte, sie höre mit der Mathematik auf, um ein Kind zu bekommen –, war Perelman ein menschliches Matheprojekt. Er wurde von seiner Mutter großgezogen, von Rukschin aufgebaut, von Ryschik verhätschelt, von Abramow trainiert, von Salgaller geführt, von Alexandrow protegiert, von Burago gehütet und von Gromow gefördert, um in einer Welt der reinen Mathematik reine Mathematik treiben zu können. Perelman revanchierte sich bei seinen Lehrern und Wohltätern, indem er genau das tat: Er löste das schwierigste Problem, das er finden konnte – und er widmete sich diesem Projekt mit jeder Faser seiner Existenz. Und als er sich dann durchgekämpft hatte, hegte er bestimmte Erwartungen. Sein Glaube an die Meritokratie war trotz aller gegenteiligen Evidenzen ebenso unerschütterlich wie früher seine kindliche Überzeugung, dass man seine Mütze nicht aufbindet. Auch jetzt hatte er ein ganz genaues Bild davon im Kopf, wie die Dinge laufen sollten. Im Grunde genommen folgte er einem Skript. Und das sah offenbar vor, dass Hamilton zu allen seinen Vorlesungen in Stony Brook kommen werde, möglicherweise auch zu seinem ersten Vortrag am

MIT, und dass sich Hamilton und die ganze »Ricci-Fluss-Gemeinde« tief in seinen Beweis einarbeiten und keine Mühen scheuen würde, ihn zu verstehen. Andere Mathematiker würden das tun. Es wäre der natürliche Weg, auf seine Leistung zu reagieren und ihm die Anerkennung des Fachs zu erweisen.

Perelmans Enttäuschung über Hamilton schmerzte ihn vermutlich auch deshalb so sehr, weil er ihn als seinesgleichen sah: als Angehörigen der Kaste reiner Mathematiker. Dies geht aus dem Gespräch mit den Journalisten vom *New Yorker* hervor, denen er von seiner ersten Begegnung mit Hamilton, die in Princeton stattfand, berichtete: »Ich wollte ihn dringend etwas fragen, und er lächelte und war ganz geduldig. Er erzählte mir ohne Zögern von einigen Sachen, die er erst ein paar Jahre später veröffentlichte. Seine Offenheit und Großzügigkeit gefielen mir. Die meisten Mathematiker sind nicht so.« Dieses Bild von Hamilton hatte sich Perelman tief eingeprägt. Er hielt daran fest, ungeachtet der Tatsache, dass Hamilton weder auf seinen ersten Brief zu Problemen des Ricci-Flusses geantwortet noch auf den ersten Teil seines Beweises reagierte hatte. Er schien das einfach zu ignorieren und blieb bei seiner Erwartung, dass sich Hamilton während seiner Vortragsreise an das Skript halten würde.

Das Skript umfasste zudem Regeln, und zwar solche, die keiner Diskussion bedürfen. Über etwas, von dem man nichts versteht, soll man nicht reden; solange der Beweis nicht verstanden ist, soll nicht über ihn gesprochen werden, auch wenn das bedeutet, anderthalb Jahre zu schweigen. Große mathematische Leistungen sind durch die Anerkennung von Fachleuten zu belohnen, die nur eine Form haben kann: die Arbeit, die jemand vorgelegt hat, zu analysieren und zu verstehen. Geld ist kein Ersatz für Arbeit, ja, Geld ist beleidigend. Wer glaubt, es sei das Normalste von der Welt, wenn eine Universität jemandem Geld anbietet, der ein großes Problem gelöst hat, obwohl noch kein Mitglied dieser Universität die Lösung begriffen hat, stelle sich folgende Parallele vor: Ein Verlagsmensch sagt zu einem Schriftsteller: »Ich habe noch kein Buch von Ihnen gelesen, kenne auch niemanden, der ein Buch von Ihnen zu Ende gelesen hat, aber alle sagen, Sie seien ein Genie, deshalb möchten wir einen Vertrag mit Ihnen machen.« Das ist eine Karikatur. Und für Karikaturen war in Perelmans Skript kein Platz.

Damals im Sommer 1981, dem ersten Jahr, in dem Sergei Rukschin ein Sommertrainingslager für Mathematik organisierte, lebte Grischa Perelman zum ersten Mal für längere Zeit getrennt von zu Hause. Mit etwa zwanzig Clubmitgliedern im Alter zwischen dreizehn und sechzehn Jahren war Rukschin in die Umgebung Leningrads gefahren, in ein Pionierlager, das aus einigen in einem Mischwald gelegenen niedrigen Steinhäusern bestand, mit einem kühlen Badesee in unmittelbarer Nähe. Rukschins Plan sah vor: täglich insgesamt rund vier Stunden harte Mathematik, dazwischen zur Auflockerung Schwimmen, Wandern, Waldspaziergänge, auf denen Rukschin Gedichte vortrug, sowie Ruhephasen mit klassischer Musik. Mit der Lagerverwaltung war verabredet, dass die Mathematiker unter sich sein konnten; sie hatten eigene Schlafsäle und Zeitpläne, mussten allerdings die Uniform der Jungen Pioniere – weiße oder blaue Hemden mit roten Halstüchern – tragen und an einigen für alle im Lager verbindlichen Aktivitäten teilnehmen, zum Beispiel am politischen Unterricht.[2]

Für Rukschins Gruppe begann dieser mit einem Vortrag über Außenpolitik. Der Redner, ein junger Komsomol-Aktivist, sprach über »die internationale Lage«, sie sei, sagte er, »heute besonders angespannt«. Die Mathematiker im Publikum brachen in schallendes Gelächter aus.[3] Sie ist »heute besonders angespannt«! Kapiert ihr? Gestern war also noch alles in Ordnung, keinerlei Anspannung, aber *heute* ist sie *besonders* angespannt.

Sie finden das nicht sonderlich witzig? Dann stehen Ihre Chancen gut, nicht unter dem Asperger-Syndrom zu leiden. Das ist eine Entwicklungsstörung, die nach dem österreichischen Kinderarzt Hans Asperger benannt ist, der lange als der Erste galt, der sie beschrieben hat – in den 1940er Jahren. Es sieht aber so aus, als habe die sowjetische Kinderpsychiaterin Grunja Sucharewa die Symptome schon in den 1920er Jahren zu einer Gruppe zusammengefasst; allerdings bezeichnete sie das Syndrom als »schizoide Psychopathie«, was vermutlich ein Grund war, weshalb diese Störung in Russland nicht gern und daher selten diagnostiziert wurde.[4] Das Asperger-Syndrom gehört zum Spektrum autistischer Störungen. Im Unterschied zu den meisten Autisten haben Menschen mit Asperger-Syndrom durchschnittliche oder hohe Intelligenzquotienten, gleichwohl weist ihre geistige Entwicklung erhebliche Unterschiede zu der von »Neuronormalen« auf, wie sie in Asperger-Kreisen genannt werden. Hans Asperger hat beobachtet, dass der soziale Reifeprozess dieser Kinder verzögert ist und dass einige ihrer sozialen Fähigkeiten »ziemlich ungewöhnlich« sind und bleiben, und zwar ihr Leben lang.[5] Sie taten sich schwer, Freundschaften zu schließen, hatten Kommunikationsprobleme – Ton, Rhythmus und Stimmlage ihres Sprechens waren oft merkwürdig und wirkten auf andere befremdlich; sie hatten Schwierigkeiten, ihre Gefühle zu verstehen und zu kontrollieren, und viele benötigten umfassende Hilfe, um ihr Leben zu organisieren; damit ihr Alltag funktionierte, waren sie nicht selten auf ihre Mütter angewiesen.

Über vierzig Jahre nach Hans Asperger stieß der britische Psychologe Simon Baron-Cohen, der sich speziell mit Autismus und dem Asperger-Syndrom beschäftigt, auf einige Dinge, die mir sehr nützlich erscheinen, um Grigori Perelman zu verstehen.[6] Er vermutete, dass das autistische Gehirn eine bestimmte Einseitigkeit aufweist. Während ein »neuronormales« Gehirn sowohl die Fähigkeit zu systematisieren als auch die zur Empathie besitzt, vermag das autistische Gehirn auf ersterem Gebiet Hervorragendes zu leisten, versagt aber kläglich auf letzterem. Dies veranlasste Baron-Cohen dazu, das autistische Gehirn als das »extreme männliche Gehirn« zu bezeichnen.[7] »Systematisieren« definierte er als den Drang, auf der Grundlage der Identifikation von bestimmten operativen Input-Output-Regeln Systeme (jeder Art) zu analysieren und/oder zu konstruieren, und er stellte die These auf, dass große Systematisierer besonders häufig autistische Symptome zeigen. Baron-Cohen überprüfte seine Hypothese an einer Gruppe von Studenten in Cambridge, und es stellte sich heraus, dass die Mathematiker unter ihnen mit drei- bis siebenmal höherer Wahrscheinlichkeit autistische Züge aufwiesen als ihre Kommilitonen aus anderen Fächern.[8] Baron-Cohen hat außerdem den Autismus-Spektrum-Quotienten (oder AQ-Test) entwickelt, einen Fragebogen, den er Erwachsenen mit Asperger oder High-functioning-Autismus vorlegte sowie zufällig ausgewählten Kontrollpersonen, Cambridge-Studenten und Gewinnern der britischen Mathematik-Olympiade. Auch hier bestätigte sich der Zusammenhang zwischen mathematischer Begabung und Autismus beziehungsweise Asperger: Mathematiker hatten höhere Werte als andere Naturwissenschaftler, diese wiederum höhere Werte als Geisteswissenschaftler, die mit den zufällig ausgewählten Kontrollpersonen ungefähr gleichauf lagen.[9] Baron-Cohen hat mir den Test per Mail zugeschickt und ich habe einen Selbstversuch durchgeführt. Dabei kam ich auf eine sehr hohe Punktzahl, wie der Forscher sie von einer ehemaligen Schülerin einer Mathematikschule wohl erwartet hätte. Grigori Perelman hat sich meines Wissens niemals einem AQ-Test unterzogen; und es steht mir, die ich noch nicht einmal mit ihm gesprochen habe, natürlich nicht zu, hier irgendwelche Diagnosen in den Raum zu stellen. Aber nachdem ich mit Baron-Cohen am Telefon eine Stunde lang über Perelman gesprochen und ihm, so gut ich konnte, beschrieben hatte, was ich von ihm weiß, bot der renommierte Psychologe von sich aus an, nach St. Petersburg zu fliegen, um den berühmten Mathematiker, der vielen seiner Patienten recht ähnlich zu sein schien, zu testen. Damit landete auch er auf der langen Liste von Menschen, die ihre Hilfe angeboten hatten, von Perelman jedoch abgewiesen wurden.

Hätte Baron-Cohen russische anstatt britische Mathematiker für seine Untersuchungen ausgewählt, wären die Ergebnisse auf jeden Fall ähnlich gewesen, vielleicht sogar noch signifikanter ausgefallen. Denn in Russland finden sich mathematische und andere Wunderkinder häufig in einer Umgebung zusammen, die sich durch ein hohes Maß an Toleranz für ihre spezielle Art von Sonderbarkeit auszeichnet. Die Gewohnheit, Mathematikern ihre autistischen Grobheiten nachzusehen, hat in Russland lange Tradition. In vielen Erinnerungen an Kolmogorow ist davon die Rede, wie er mitten in einem Gespräch einfach wegging und damit zweierlei demonstrierte: dass ihm soziale Konventionen völlig gleichgültig waren und dass sein Umgang mit anderen durch und durch pragmatisch war. Beides ist typisch für Menschen mit Asperger-Syndrom: Sobald man die gesuchte Information bekommen hat, erübrigt sich jede weitere Kommunikation.[10] Einmal wurde Kolmogorow, zu diesem Zeitpunkt ein Dekan an der Universität Moskau, auf einem Flur von einem Mann angesprochen, der mehrfach sagte: »Guten Tag, ich bin Professor Soundso.« Kolmogorow reagierte nicht. Schließlich sagte der Professor: »Sie erkennen mich nicht, stimmt's?« »Doch«, antwortete dieser, »und ich weiß, dass Sie Professor Soundso sind.«[11] Menschen mit Asperger-Syndrom verstehen Gespräche als Austausch von Informationen, nicht von Nettigkeiten. Die meisten Schüler Kolmogorows berichteten von einem anderen typischen Aspergermerkmal ihres Lehrers: von seinem »Temperament«,[12] wobei es sich in Wirklichkeit um angsteinflößende Episoden wohl unkontrollierbarer Raserei handelte. Seine ausgeprägten sozialen Schwierigkeiten haben Kolmogorows Karriere nicht behindert, und das zeigt, dass eine Art von Aspergerkultur ein akzeptierter Bestandteil der russischen Mathematikkultur im Ganzen war.

Eine weitere zentrale Einsicht Baron-Cohens lautet, dass Autisten keine »Theory of Mind« haben[13]. Das heißt, sie können sich einfach nicht vorstellen, dass andere Menschen Ideen, Gefühle, Wahrnehmungen oder Erfahrungen haben, die sich von ihren eigenen unterscheiden.[14] In einem verblüffenden Experiment unternahm Baron-Cohen Versuche mit normal entwickelten Kindern, autistischen Kindern und solchen mit Down-Syndrom. Alle Kinder schauten sich ein kurzes Theaterstück an, in dem zwei Puppen und eine Murmel vorkamen. Eine der Puppen legt die Murmel in einen Korb und geht aus dem Zimmer. Während sie draußen ist, holt die andere Puppe die Murmel aus dem Korb und versteckt sie in ihrem eigenen. Nun kommt die erste Puppe zurück, und der Versuchsleiter fragt die Kinder, wo sie wohl nach der Murmel suchen werde. Die Kinder mit Down-Syndrom und die normal entwickelten Kinder gaben dieselbe Antwort: Natürlich werde die Puppe die Murmel in dem Korb suchen, in dem sie sie zurückgelassen hatte. Sechzehn von zwanzig autistischen Kindern waren jedoch sicher, dass sie die Murmel dort suchen würde, wo sie inzwischen tatsächlich war, und nicht dort, wo die Puppe glauben würde, dass sie sich befindet. Diese Kinder glaubten an eine einzige Wahrheit und sind völlig außerstande, die Begrenztheit, der menschliches Denken, Wahrnehmen und Verhalten nun einmal unterliegen, in Betracht zu ziehen.

Der in Australien lebende britische Psychologe Tony Attwood, auch er ein weltweit anerkannter Spezialist für das Asperger-Syndrom, glaubt, dass diese Theory-of-Mind-Störung die Ursache dafür ist, dass Menschen mit Asperger alles, was sie hören, wörtlich nehmen. In einem seiner Bücher beschreibt Attwood ein Kind, das am Ende eines Aufsatzes ein Bild zeichnet, weil der Lehrer den Schülern gesagt hat, sie sollten »ihre eigenen Schlüsse ziehen« [»draw their own conclusions« – engl.: *to draw*: ziehen und zeichnen; Anm. d. Übers.].[15] Wenn Menschen mit Asperger-Syndrom glauben, dass andere genau das meinen, was sie sagen, dann ist es kein Wunder, dass sie über einen politischen Vortrag lachen, der in ihren Ohren wie eine Wettervorhersage klingt (»die politische Lage ist *heute* angespannt«). Auch gehen sie deshalb in der Regel davon aus, dass die Dinge genau so funktionieren, wie sie funktionieren sollen. »Unter den Personen, die Missstände aufdecken, sind sicherlich auch zahlreiche Menschen mit Asperger-Syndrom«, schreibt Attwood. »So habe ich auch selbst schon mehrere von ihnen kennengelernt, die Diskrepanzen zwischen gesetzlichen Vorgaben und unternehmensinternen Richtlinien auf der einen und der Arbeitspraxis auf der anderen Seite wahrgenommen haben und dann über Fehlverhalten und Korruption berichtet haben. Sie sind dann überrascht, dass sie kaum Unterstützung durch Vorgesetzte oder Kollegen finden.«[16]

Vielleicht ist es also kein Zufall, dass die Gründer der Dissidentenbewegung in der Sowjetunion Mathematiker und Physiker waren.[17] Dieses Land war kein guter Ort für Leute, die Dinge wörtlich nahmen und davon ausgingen, dass die Welt auf vorhersagbare, logische und gerechte Weise funktioniert. Unter solchen Umständen boten Matheclubs wie der von Rukschin eine Zuflucht. Rukschin betrachtete es als seine Mission, die schwarzen Schafe unter den sowjetischen Schulkindern zu beschützen, und meinte, einen begabten Mathematiker auch daran zu erkennen, dass er sich sichtbar aus der Gesellschaft zurückzog. Als ich zum ersten Mal mit ihm sprach, war er anschließend mit einem elfjährigen Jungen verabredet, dessen Mutter wollte, dass Rukschin ihn sich »ansah«, womit sie sagen wollte, er möge ihn doch zwei oder drei Stunden lang Mathematikaufgaben lösen lassen, um zu entscheiden, ob er ihn nicht in seinen Club aufnehmen könne. Zur verabredeten Zeit öffnete er seine Bürotür und schaute nach, ob der Junge schon da war. Er war da und saß still auf einem einsamen Stuhl im Flur. »Ich glaube, er ist begabt«, sagte Rukschin und schloss die Tür. »Ich sehe das.« Ich ahnte, was er meinte: Der Junge war blass und ein wenig plump; und er wirkte abwesend. Hätten Attwood oder Baron-Cohen den Jungen gesehen, wären wohl auch ihnen vertraute Zeichen aufgefallen: Körperliche Ungelenkheit und ein unangemessener Gesichtsausdruck zählen zu den äußeren Anzeichen des Asperger-Syndroms.

So gut wie alles, was ich in meinen Gesprächen über Perelmans Verhalten, das er seit seinem Eintritt in den Matheclub an den Tag legte, gehört habe, passt in das typische Bild eines Menschen mit Asperger-Syndrom. Seine offensichtliche Gleichgültigkeit gegenüber den Gepflogenheiten der Körperpflege beispielsweise ist unter diesen, die solche Dinge einfach nur als Zumutungen einer ihnen unbegreiflichen Welt gesellschaftlicher Konventionen wahrnehmen, weit verbreitet.[18] Auch die Schwierigkeiten, die Grischa hatte, wenn er seine Lösungswege darlegen sollte, sind ein klassisches Merkmal. »Menschen mit Asperger verlieren sich häufig in Einzelheiten«, erklärte mir Baron-Cohen. »Sie wissen nicht, was sie weglassen sollen. Sie machen sich keine Gedanken darüber, was Zuhörer wissen müssen und was nicht.« Genau darin besteht das Theory-of-Mind-Problem dieser Menschen: Mit anderen zu reden, ihnen etwas zu sagen, heißt für sie nicht, den eigenen Standpunkt deutlich zu machen, sondern einfach: eine Sache zu nennen. Grischa war, wie mir ehemalige Klassenkameraden erzählten, stets bereit, Fragen zur Mathematik zu beantworten, allerdings sei es immer dann schwierig geworden, wenn sie seine Erläuterungen nicht verstanden. »Er war sehr geduldig«, so eine frühere Mitschülerin, »aber er gab immer wieder die gleiche Erklärung. Es war, als könne er sich gar nicht vorstellen, dass jemand sie nicht versteht.«[19] Damit hat sie vermutlich ins Schwarze getroffen: Er konnte sich das wirklich nicht vorstellen.

Auch seine Probleme, die Lösungen, die er gefunden hatte, miteinander in Beziehung zu setzen und zu kontextualisieren, lassen sich in diesem Licht verstehen. Sollte Perelman tatsächlich ein Mensch mit Asperger-Syndrom sein, ist seine mangelnde Fähigkeit, das große Bild zu sehen, vielleicht eines seiner merkwürdigen Defizite. Die in London lehrenden Psychologinnen Uta Frith und Francesca Happé nennen die »schwache Zentralkohärenz« als eines der charakteristischen Merkmale für die Art und Weise, wie Menschen mit Störungen denken, die dem Autismusspektrum zugerechnet werden.[20] Diese konzentrieren sich auf Einzelheiten auf Kosten des Gesamtzusammenhangs. Wenn es ihnen gelingt, das große Bild zu entwickeln, dann meistens deshalb, weil es möglich ist, die einzelnen Bestandteile – etwa die chemischen Elemente – zu einem Muster oder Schema – im Periodensystem – zusammenzustellen, und das ist etwas, was systematisch denkende Menschen sehr befriedigend finden. So schrieb

Henri Poincaré, einer der größten Systematisierer aller Zeiten, vor über hundert Jahren: »[D]ie wertvollsten Tatsachen sind diejenigen, die man mehrmals benutzen kann, welche sich wahrscheinlich öfters wiederholen. Glücklicherweise sind wir in einer Welt geboren, in der es solche Tatsachen gibt. Setzen wir einmal voraus, wir hätten statt unserer sechzig chemischen Elemente* deren achtzig Milliarden, ein Teil davon wäre allgemein verbreitet, die anderen aber alle gleichmäßig verteilt. Dann wäre jedes Mal, wenn wir einen neuen Stein aufheben würden, die Wahrscheinlichkeit groß, dass er aus irgendeiner unbekannten Masse bestände [...]. In einer solchen Welt gäbe es keine Wissenschaft. [...] Gott sei Dank steht es nicht so um uns.«[21]

Asperger erfahren die Welt Steinchen für Steinchen und sind unendlich dankbar für so etwas wie das Periodensystem. Attwood erläutert die Probleme, die Menschen mit Asperger-Syndrom in ihrem Sozialverhalten zeigen, anhand des Beispiels eines »Puzzles mit 5000 Teilen«. »Normale Menschen [verfügen] über das Bild auf der Puzzleverpackung, wie es sich beim vollendeten Puzzle bietet.«[22] Dass sie dieses Bild haben und es benutzen, um das Puzzle zusammenzusetzen, zeigt, dass sie ein Gespür für soziale Zusammenhänge haben. Für Menschen mit Asperger-Syndrom wird dieses Puzzle zur Qual, denn ihnen fehlt dieses Bild. Um es zu vollenden, müssen sie Stück um Stück probieren, welche Teile wie zusammenpassen. Vielleicht gehören Regeln wie »Du sollst deine Pelzmütze nicht aufbinden« oder »Lies die Bücher auf der Lektüre-

* Sic. Insgesamt kennt man heute 118 Elemente, 80 davon sind stabil; Anm. d. Übers.

liste« zu Grischas Versuchen, sich das fehlende Bild auf der Schachtel vorzustellen, vielleicht sind es die Elemente seines Periodensystems der Welt. Nur indem er an ihnen festhielt, konnte er sein Leben leben.

Die Zeit, die Perelman mit anderen Menschen verbrachte, war innerhalb von acht Jahren immer weniger geworden. Seine sozialen Fähigkeiten, die er einmal hatte – und von denen er jedenfalls in der Universität und als Forschungsstipendiat angemessen, wenn auch wenig nuanciert Gebrauch gemacht hatte –, ließ er nun brachliegen, und so rosteten sie zunehmend ein. Das galt auch für die Toleranz, mit der er dem Verhalten anderer Menschen begegnete. Menschen mit Asperger-Syndrom sind wohl im Großen und Ganzen in der Lage, sich auf soziale Beziehungen einzustellen, allerdings ist das für sie kein so selbstverständlicher Vorgang wie für »Neuronormale«. John Elder Robison, der über sein Leben mit Asperger ein Buch geschrieben hat, redet in diesem Zusammenhang von einem Tauschgeschäft: Die Sozialisierung beraube den Betreffenden ein Stück weit seiner außergewöhnlichen Systematisierungs- und Konzentrationsfähigkeiten.[23] Umgekehrt scheint es Perelman um seine sozialen Fähigkeiten gebracht zu haben, sich intensiv über mehrere Jahre auf eine Sache konzentriert zu haben. Man kann sich vorstellen, wie schrill ihm der hitzige politische Streit zwischen Cheeger und Anderson auf dessen Party in den Ohren geklungen haben muss, wie stark seine Abneigung war, sich an irgendetwas zu beteiligen, das er für überflüssig hielt, und warum er im Zusammenhang mit seiner Arbeit keinerlei Ironie, sei es echte oder das, was er dafür erachtete, zulassen konnte – etwa die Idee, sein Beweis könne Leute davon abbringen, sich mit Topologie zu beschäftigen. Seine Erwartungen waren hoch, sehr hoch gewesen. Er hatte der Mathematik etwas Großes gegeben, etwas wirklich Wertvolles. Und die Mathematik hatte schwach reagiert. Statt ihm wahre Anerkennung zu zollen, wollte sie ihn mit Ersatzleistungen abspeisen. Kein Wunder, dass er von der Mathematik enttäuscht war.

Zunächst beschränkte sich Perelmans Enttäuschung allerdings auf die internationale Mathematikergemeinde. Das Steklow-Institut oder vielmehr sein dortiges Labor, sein sicherer Hafen nach dem Zerwürfnis mit Burago, war davon ausgenommen. Perelman nahm seine Tätigkeit am Institut wieder auf, so wie er es gewohnt war: Er nahm an Seminaren teil, bisweilen mehrmals die Woche, und kam gelegentlich vorbei, um nach seinen E-Mails zu schauen. In den Monaten vor seiner Vortragsreise hatte er ein ausgeglichenes Verhältnis zu Olga Alexandrowna Ladyschenskaja, der Leiterin seines neuen Labors. Sie starb im Januar 2004, im Alter von zweiundachtzig Jahren, und danach sprach Perelman nur noch selten mit jemandem. Kurz nach seiner Rückkehr schrieb er den dritten und letzten Teil seines Beweises und stellte ihn im Juli 2003 in arXiv. Dann hat er sich offenbar anderen Problemen zugewendet. Wie gewöhnlich hielt er sich diesbezüglich ziemlich bedeckt, aber er war wohl näher an Ladyschenskajas Forschungsinteressen herangerückt.

Perelman kletterte in der Hierarchie des Steklow-Instituts nach oben: Man verlieh ihm den Titel eines Forschungsleiters. Forscher an Russlands akademischen Einrichtungen werden in vier Kategorien eingeteilt, wobei

Forschungsleiter die höchste ist. Wer lediglich promoviert ist, bekommt diesen Titel selten. Das russische Promotionssystem ist zweistufig: Mit der ersten Dissertation – die Perelman am Ende seines Studiums geschrieben hatte und die ihn in den Vereinigten Staaten zum Doktor der Philosophie qualifizierte – erlangt man einen Kandidatenstatus, mit der zweiten erwirbt man das Recht, sich Doktor zu nennen. Die Leute vom Steklow, die es gut mit ihm meinten, rieten Perelman, diese zweite Dissertation zu schreiben, die dann, um das Verfahren abzuschließen, veröffentlicht und in einer mündlichen Prüfung verteidigt werden müsste. Wie nicht anders zu erwarten, reagierte Perelman auf dieses Ansinnen mit Empörung. Er war, so der etwas ratlose Sergei Kisljakow, damals Institutsdirektor, der Meinung, »er brauche das nicht«.[24] Kisljakow war offenbar nachgerade die Personifizierung jener Haltung, die Perelman am unangenehmsten fand: Er mochte Perelman, wünschte ihm nur das Beste, aber er war auch davon überzeugt, dass Regeln eben Regeln seien und für alle gelten, so dass sich auch ein Forschungsleiter am Riemen reißen, eine zweite Dissertation schreiben und sie auch verteidigen müsse. Auch Perelman war, wie wir wissen, der Auffassung, dass Regeln Regeln sind – aber inzwischen galt das nur noch für Regeln seiner Wahl und zunehmend für solche, die er selbst erfunden hatte. Andere Regeln betrachtete er als eine Art Betrug und fand sie sogar noch anstößiger, wenn so getan wurde, als handele es sich um echte Regeln.

Mittlerweile brachte die Russische Akademie der Wissenschaften ihr Haus in Ordnung und versuchte, nach dem Chaos der 1990er Jahre, ihren früheren, wenn auch etwas biederen Glanz wieder aufzupolieren. Auf der einen Seite wurden die Gebäude der Akademie allmählich saniert – das Steklow-Institut wurde frisch gestrichen und mit neuen sanitären Anlagen ausgestattet –, und die Gehälter wurden erhöht. Die Bezahlung eines Forschungsleiters, die sich Anfang der 1990er Jahre buchstäblich auf Pfennigbeträge belief, wurde bis 2004 auf monatlich vierhundert Dollar erhöht (wobei Perelman sicher mehr bekommen hätte, hätte er seine Promotion zu Ende gebracht). Auf der anderen Seite verlangte die Akademie nun Forschungsberichte und Veröffentlichungen. Bei dem Gedanken, er müsse sein Dasein als Mathematiker von nun an mit Papierkram rechtfertigen, sträubten sich Perelman erwartungsgemäß die Haare. Ladyschenskajas Nachfolger Grigori Seregin schützte Perelman und sorgte dafür, dass er seine ungestörte Existenz am Steklow weiterführen konnte.

So wurde Perelman Ende 2004 sogar als Vertreter der St. Petersburger Abteilung des Steklow zu einer Jahresabschlusstagung der Akademie nach Moskau geschickt. Dort hielt er einen Vortrag über die Poincaré-Vermutung. Zurück in St. Petersburg, zeigte er sich außerstande, seine Spesenabrechnung einzureichen.[25] Gesetzlich vorgeschrieben war, dass jeder, der eine offizielle Dienstreise unternimmt und seine Auslagen erstattet haben möchte, seine Belege am Bestimmungsort der Reise abstempeln lassen muss. Für jemanden, der sich erst ein paar Monate zuvor erfolgreich durch das Dickicht der US-amerikanischen Einreisebestimmungen geschlagen hatte, sind die komplizierten russischen Dienstreisevorschriften eine vergleichsweise leichte Übung. Aber Perelman ließ seine Belege aus

Prinzip nicht abstempeln. »Ich kann doch nicht das Institut ausrauben«, sagte er zur zuständigen Buchhalterin in St. Petersburg. Also musste sie Perelmans Belege zur Akademie in Moskau schicken, die sie abstempeln und zurückschicken sollte. Doch Perelman nahm die Rückerstattung erst an, als ihm die Buchhalterin nachwies, dass Reisekosten aus einer besonderen Reisekasse erstattet wurden, die unabhängig vom Gehaltskonto des Steklow-Instituts geführt wurde. Perelmans Regeln für den Umgang mit Geld waren offenbar so peinlich genau und kompliziert geworden wie seine Regeln für Fußnoten. Und wie im Fall der Fußnoten sah er auch diese Standards, gleichwohl sie ja nur ihm bekannt waren, als allgemein verbindlich an – und kannte kein Erbarmen, wenn er jemanden erwischte, der sie verletzte.

Unerbittlich war er auch im Sommer 2005, als er im Büro des Steklow-Instituts auftauchte, um zu fragen, warum ihm mehr Geld ausgezahlt worden sei, als sein Monatsgehalt vorsah. Mittlerweile überwies das Steklow die Gehälter der Forscher direkt auf deren Konto, so dass Perelman seine Entdeckung an einem Bankautomaten gemacht hatte. Die Buchhalterin, eine kleine übergewichtige Frau über fünfzig, die in ihren fast dreißig Jahren am Steklow bei den Mathematikern dort jede Menge Verrücktheiten erlebt hatte, bestätigte, dass Perelman achttausend Rubel – das sind etwas weniger als dreihundert Dollar – mehr als sonst überwiesen worden waren, er also ungefähr das Doppelte seines Monatsgehalts erhalten hatte. Der Grund dafür war kein Geheimnis: Sein Labor hatte ein Projekt fertiggestellt und nicht das ganze dafür vorgesehene Geld ausgegeben. Wie immer in solchen Fällen hatte

Seregin, der Leiter des Labors, die Buchhaltung angewiesen, den Überschuss unter seinen Mitarbeitern zu verteilen. Und damit hatte er einen Fehler gemacht. Perelmans frühere Vorgesetzte wussten, dass er nichts von dieser Praxis hielt – so wenig wie seinerzeit von dem zwar allgemein akzeptierten, aber streng genommen regelwidrigen Verhalten an der Mathmech, sich bei Prüfungen gegenseitig Tipps zu geben. Also hatte man ihn bislang bei zusätzlichen Zuwendungen außen vor gelassen. Da Seregin aber keine Ahnung von Perelmans Sonderregeln hatte, hatte er ihn auf die Liste gesetzt.

Perelman erkundigte sich nach der genauen Summe, die er zu viel erhalten hatte, verließ das Institut und kam kurze Zeit später mit achttausend Rubel in bar zurück. Er wollte das Geld an Ort und Stelle zurückgeben. Die Buchhalterin schlug vor, es ins Labor zu tragen, dort könne Seregin entscheiden, was damit geschehen sollte. Doch Perelman bestand darauf, das Geld dem Institut direkt zurückzugeben. Wahrscheinlich an diesem Punkt der Unterredung war, wie Mitarbeiter des Steklow später berichteten, das Gezeter, das Perelman veranstaltete, im ganzen Haus zu hören. Die Buchhalterin bestreitet allerdings, dass geschrien worden sei – sie wird sich in der langen Zeit, die sie am Steklow arbeitete, wohl an extreme und unerwartete Gefühlsäußerungen gewöhnt haben. Schließlich setzte sich Perelman durch: Er brachte die Buchhalterin dazu, ihm eine Quittung auszustellen, aus der hervorging, dass sie das Geld erhalten hatte.

Diese so absurde wie bezeichnende Geschichte um die Sonderzuwendung ist berühmt, nicht nur unter Mathematikern in St. Petersburg, sondern auch anderswo. Ich habe sie zum ersten Mal in den Vereinigten Staaten gehört. Die ersten drei oder vier Male allerdings wurde sie mir als die Geschichte von Perelmans Abschied vom Steklow-Institut erzählt. Er habe sich geweigert, so wurde damals kolportiert, das Geld zu nehmen, sei gegangen und habe die Tür mit einem lautem Knall hinter sich zugeschlagen. Eine hübsche Geschichte, aber sie stimmt nicht. Perelman hat seine Stelle am Steklow erst ein halbes Jahr später aufgegeben, Anfang Dezember 2005, und aus unerfindlichen Gründen. Er kam ans Institut und übergab der Sekretärin sein Kündigungsschreiben. Sie rannte sofort zum Direktor, um ihn zu alarmieren. Kisljakow bat Perelman zu sich. Der trat in das große rechteckige Büro des Direktors mit seinem endlos langen Konferenztisch aus poliertem Holz und sagte ruhig: »Ich habe nichts gegen die Leute hier, aber ich habe keine Freunde, und überhaupt bin ich enttäuscht von der Mathematik und möchte etwas anderes machen. Ich gehe.«

Kisljakow antwortete, er möge sich doch überlegen, ob er nicht bis zum Monatsende bleiben und den üblichen Dezemberbonus von etwa vierhundert Dollar mitnehmen wolle, aber Perelman lehnte ab. Er meldete sein E-Mail-Konto am Steklow ab und verließ die Welt der Mathematik durch die schweren Flügeltüren aus Eiche, die ihn zum Fontanka-Ufer führten, hinaus in jenes bedrückende Grau, das sich im Petersburger Winter als Tageslicht ausgibt.

»Irgendetwas war kaputtgegangen«, erzählt Kisljakow achselzuckend. Aber er wusste nicht, was. Perelman könnte mit einem Problem, das er bearbeitete, in Schwierigkeiten geraten sein – aber das war ihm auch schon zuvor passiert, ohne dass er deshalb der Mathematik den Rücken zugekehrt hätte. Mangelndes Durchhaltevermögen war jedenfalls nie sein Problem gewesen. Vielleicht hatte seine endgültige Enttäuschung auch damit zu tun, dass es nun auf den Tag zwei Jahre her war, dass er seinen ersten Preprint zur Poincaré-Vermutung veröffentlicht hatte. Womöglich hatte er der Welt der Mathematik eine Gnadenfrist eingeräumt, die nun abgelaufen war. Immerhin, nach den Statuten des Clay Mathematics Institute hätte der Eine-Million-Dollar-Preis nun, zwei Jahre nach der Veröffentlichung, verliehen werden können. (Tatsächlich sahen diese Regeln vor, dass zwei Jahre nach Veröffentlichung in einer *anerkannten* Fachzeitschrift eine Kommission gebildet wird, die den Preis verleiht. Als er mit mir über den Clay-Preis sprach, ignorierte Rukschin zum Beispiel solche Feinheiten und behauptete, dies sei auch Perelmans Position.) Im November 2005 hätte die mathematische Fachwelt die vielleicht letzte Chance gehabt, sich in Perelmans Augen zu rehabilitieren. Hätte das Clay Mathematics Institute einfach die Regeln, die Perelman für sinnlos hielt, ignoriert und nur diejenigen beachtet, auf die es seiner Meinung nach ankam, hätte ihn das Institut zum Gewinner des Preises erklären können. Worum es ging, war nicht – war nie – das Geld; es ging um die Anerkennung – und die hätte so einzigartig ausfallen müssen wie seine Leistung. Er wäre der Erste gewesen, der den Clay-Preis bekam. Er hätte ihn allein bekommen. Und er hätte ihn zu seinen Bedingungen bekommen.

Das ist nicht geschehen.

Was als Nächstes geschah, ist sehr merkwürdig. Die Juni-Ausgabe 2006 des *Asian Journal of Mathematics* erschien. Sie enthielt auf ihren dreihundert Seiten nur einen Artikel, verfasst von Huai-Dong Cao und Xi-Ping Zhu, zwei chinesischen Mathematikern; sein Titel: »A Complete Proof of the Poincaré and Geometrization Conjectures – Application of the Hamilton-Perelman Theory of the Ricci Flow.«*[26] Auf den ersten Blick sah es so aus, als handele es sich um etwas von der Art, was auch Kleiner und Lott sowie Morgan und Tian vorgelegt hatten: einen Versuch, Perelmans Beweis zu erläutern. Es gab aber einen wichtigen Unterschied: Cao und Zhu hatten ihre Arbeit nicht öffentlich bekanntgemacht und an keinem jener Seminare oder Workshops des Clay Mathematics Institute teilgenommen. Vielmehr hatten sie zurückgezogen unter Anleitung von Shing-Tung Yau, Professor in Harvard, Träger der Fields-Medaille, enger Freund von Hamilton und einer der besten und einflussreichsten Mathematiker in den USA und China, gearbeitet. Außerdem war er Herausgeber des *Asian Journal of Mathematics.* Auch Yau war unter den Empfängern jener E-Mail gewesen, mit der Perelman auf seinen ersten Preprint hingewiesen hatte, hatte darauf aber in keiner Weise reagiert, außer dass er gegenüber der Zeitschrift *Science* die Vermutung äußerte, Perelman könnte in seinem Beweis einen schwerwiegenden Fehler gemacht haben, der mit der Anzahl der chirurgischen Eingriffe zusammenhänge, die notwendig seien, um den Fluss zu vervollständigen.[27]

Wahrscheinlich war niemals zuvor ein mathematischer

* Auf Deutsch in etwa: »Ein vollständiger Beweis der Poincaré- und der Geometrisierungsvermutung – eine Anwendung der Hamilton-Perelman-Theorie des Ricci-Flusses«; Anm. d. Übers.

Abstract so formuliert worden wie die Kurzfassung von Caos und Zhus Artikel: Sie las sich wie eine Werbeanzeige, etwas spezifisch Mathematisches jedenfalls war nicht zu erkennen. Sie lautete: »In diesem Artikel geben wir einen vollständigen Beweis der Poincaré- und der Geometrisierungsvermutung. Unsere Arbeit beruht auf den kumulativen Arbeiten vieler geometrischer Analytiker in den letzten dreißig Jahren. Dieser Beweis sollte als die Krönung der Theorie des Ricci-Flusses von Hamilton und Perelman betrachtet werden.« Ganz offensichtlich waren die Autoren der Ansicht, Hamilton und Perelman hätten zwar die Grundlagen für die Beweise der Poincaré- und der Geometrisierungsvermutung geschaffen, das letzte Stück aber hätten sie selbst erarbeitet, weswegen sie den Durchbruch – und somit auch den Ruhm, die Ehre und die Million Dollar – für sich reklamierten. Das ist das Gesetz der Mathematik: Wem der letzte Schritt zum Beweis gelingt, der kassiert die ganzen Lorbeeren. Der Unterschied zwischen dem letzten Schritt *zum* Beweis und der Explikation *des* Beweises ist eine Frage des Inhalts, und dieser lässt sich bisweilen nur schwer bewerten und vergleichen. Am 3. Juni 2006 lud Yau zu einer Pressekonferenz in sein mathematisches Institut in Peking, und dessen stellvertretender Direktor erklärte: »Hamilton trug über fünfzig Prozent bei, der Russe Perelman etwa fünfundzwanzig Prozent und die Chinesen, Yau, Zhu, Cao et al., ungefähr dreißig Prozent.« (Offenbar war, unter anderem, auch ein arithmetisches Wunder geschehen. Allerdings hat Yau diese Berechnung, die zunächst in einer chinesischen Zeitung und später auch im Westen erschien, im Nachhinein bestritten.)[28]

Eine Woche darauf fand unter Yaus Leitung eine Tagung in Peking statt, auf der es um Stephen Hawking gehen sollte. Einige hundert Teilnehmer kamen, die meisten von ihnen Physiker, dennoch nutzte Yau die Gelegenheit, um Caos und Zhus angeblichen Durchbruch zu verkünden. »Chinesische Mathematiker«, sagte er, »können stolz sein auf diesen Riesenerfolg, die vollständige Lösung des Rätsels gefunden zu haben.«[29]

Yau schusterte hektisch eine Chronologie zusammen, um seine Geschichte – mit Cao und Zhu als Helden der Mathematik – zu untermauern. In einem im Juni 2006 veröffentlichten Artikel zeichnete er folgendes Bild: »In den letzten drei Jahren haben viele Mathematiker herauszufinden versucht, ob die Überlegungen von Hamilton und Perelman zusammenpassen. Kleiner und Lott veröffentlichten (im Jahr 2004) auf ihrer Website einige Kommentare zu verschiedenen Teilen von Perelmans Arbeit. Diese Kommentare reichten aber keineswegs aus. Nachdem die Arbeit von Cao und Zhu im April 2006 von der Zeitschrift angenommen und angekündigt worden war (das Heft erschien am 1. Juni 2006) [sic]. Am 24. Mai 2006 stellten Kleiner und Lott eine neue und vollständigere Version ihrer Kommentare ins Internet. Ihr Ansatz ist anders als der von Cao und Zhu. Es wird einige Zeit dauern, um ihre Kommentare, die an verschiedenen wichtigen Punkten nur skizzenhaft zu sein scheinen, zu verstehen.«[30] Offenkundig war Yau darauf bedacht, den Artikel von Cao und Zhu so schnell wie möglich zu veröffentlichen – er ließ ihn nicht begutachten und warf bereits angekündigte Beiträge aus dem Heft[31] –, damit seine Autoren behaupten konnten, sie hätten Kleiner und Lotts Kommentare gar nicht lesen können.[32]

Das Wettrennen war eröffnet, nicht zuletzt deshalb, weil im Spätsommer der nächste Internationale Mathematikerkongress (ICM) stattfinden sollte, die erste Versammlung dieser Art, seit Perelman seine Preprints ins Netz gestellt hatte. Es stand zu erwarten, dass die Poincaré-Vermutung – und der Eine-Million-Dollar-Preis – zum Hauptthema des Kongresses würden.

Der ICM in Madrid begann am 22. August. Am Morgen des Eröffnungstages ging eine Meldung – versehen mit einem Sperrvermerk bis zum Mittag – an Presseorgane auf der ganzen Welt, in der es hieß, Perelman werde »für seine Beiträge zur Geometrie und seine revolutionären Erkenntnisse im Hinblick auf die analytische und geometrische Struktur des Ricci-Flusses« mit der Fields-Medaille ausgezeichnet. Und weiter: »In diesem Sommer 2006 sind Mathematiker aus aller Welt noch dabei, seine Arbeit zu überprüfen und festzustellen, ob sie korrekt ist und die Vermutungen tatsächlich bewiesen wurden. Nach über drei Jahren intensiver Prüfung sind die bedeutendsten Fachleute auf diesem Gebiet auf keine ernsthaften Probleme in der Arbeit gestoßen.«[33] Mit anderen Worten: Auch in der offiziellen Presseerklärung scheute man sich noch, Perelman den Beweis der Poincaré-Vermutung zuzuschreiben. Am gleichen Tag erschien die neue Ausgabe des *New Yorker*, die einen Artikel von Sylvia Nasar, der Autorin von *A Beautiful Mind,** und dem Wissenschaftsjournalisten David Gruber enthielt. Der Artikel – »Manifold Destiny« betitelt – zeichnete die Geschichte von Perelmans Beweis nach, von Caos und Zhus Artikel

* Dt.: *Genie und Wahnsinn. Das Leben des genialen Mathematikers John Nash.* Das Buch wurde mit Russell Crowe in der Hauptrolle verfilmt; Anm. d. Übers.

sowie von Yaus Kampagne für die Sache der beiden chinesischen Wissenschaftler. Der *New Yorker* brachte sogar Auszüge aus einem Gespräch mit Perelman in St. Petersburg, zu dem die Autoren ihn überredet hatten. Zitiert wurde Anderson: »Yau möchte der König der Geometrie sein. Er meint, es solle alles von ihm ausgehen, er müsse die Kontrolle haben. Er mag es nicht, wenn sich jemand auf sein Gebiet vorwagt.« Auch Morgan kam zu Wort und widersprach Caos und Zhus Behauptung, Perelmans Beweis enthalte fatale Lücken, die erst von ihnen ausgefüllt worden seien. »Perelman hat es schon gemacht, und es war vollständig und korrekt«, so Morgan zu den Autoren des *New Yorker*. »Ich sehe nicht, dass sie irgendetwas anderes gemacht haben.«

»Ein Riesenspaß war das«, erzählte mir ein Mathematiker. »Es platzte mitten in den Kongress, und sofort liefen die Kopierer heiß. Vielleicht hätte ich mich sonst gelangweilt, aber so, es war richtig lustig.«[34]

Am 29. August, einen Tag nach dem offiziellen Erscheinungsdatum des *New Yorker* (dem sogenannten *cover date*), veröffentlichte der tägliche ICM-Newsletter ein Interview mit Cao und ein älteres mit Jim Carlson, dem Direktor des Clay Mathematics Institute.[35] Cao lobte Hamilton und Perelman über den grünen Klee, sagte, sie hätten »die wichtigsten Grundlagenarbeiten gemacht«. Und er fügte hinzu: »Sie sind Riesen, unsere Helden!« Allerdings vermied er, Perelman als den zu bezeichnen, der die Poincaré- und die Geometrisierungsvermutung bewiesen hatte. Tatsächlich hörte es sich so an, als seien Hamilton und Perelman Riesen aus der Vergangenheit, auf deren Schultern sich heutige Mathematiker gestellt hätten, um den endgültigen Beweis zu entwickeln. Carlson dagegen war eindeutig: »Perelman erfüllt alle Voraussetzungen für den Millennium-Preis«, so sein Urteil, und er bezeichnete die Arbeiten von Kleiner und Lott, von Morgan und Tian sowie von Cao und Zhu als diejenigen Beiträge, die dafür gesorgt hätten, dass auch das vom Clay Mathematics Institute geforderte Veröffentlichungskriterium in diesem Fall erfüllt sei.

Derart hitzige Kontroversen, zumal vor großem Publikum, sind Mathematiker nicht gewohnt. Natürlich hatte es auch zuvor Auseinandersetzungen über Autorschaft und Anerkennung gegeben – zum Beispiel den Streit zwischen dem russischen Topologen Alexander Givental, wiederum Yau und einem seiner Schüler, der behauptet hatte, einen Beweis vervollständigt zu haben, den Givental auf den Weg gebracht hatte. Aber solche Auseinandersetzungen hatten niemals zuvor Eingang in die Massenmedien gefunden. Im Unterschied zu Sozialwissenschaftlern oder auch Ärzten verfügten die Mathematiker, die Nasar und Guber befragt hatten, über wenig Erfahrung im Umgang mit Presseleuten. Entsetzt lasen sie gedruckt – oder in den Kopien, die unter den Kollegen zirkulierten –, wie sie zitiert worden waren. Yau beauftragte einen Rechtsanwalt, an den *New Yorker* zu schreiben und eine Richtigstellung und eine Entschuldigung zu verlangen. Er jedenfalls, so behauptete Yau jetzt, habe nie versucht, Perelman um die ihm gebührende Anerkennung zu bringen.[36] Drei im Artikel des *New Yorker* zitierte Mathematiker schickten Schreiben an Yau, in denen sie sich mehr oder weniger bei ihm entschuldigten, und erlaubten deren Veröffentlichung auf verschiedenen Websites. Anderson gehörte zu denen, die behaupteten, ihre Zitate seien aus dem

Zusammenhang gerissen worden. Als ich ein Jahr später mit ihm sprach, wollte er sich nicht recht erinnern. Die Yau-Kontroverse, so versuchte er mir klarzumachen, sei von Nichtmathematikern unnötig hochgespielt worden.

Von alledem hat Perelman wahrscheinlich nichts mitbekommen. Er hatte die Gemeinschaft der Mathematiker verlassen und machte ohnehin keinen regen Gebrauch vom Internet. Aber Rukschin, Experte für Blogs und Links, war in seinem Element, als er diesen beispiellosen Mathematik-Skandal verfolgte. Es hätte ihm eine große Genugtuung bereitet, hätte er Perelman berichten können, was sie beide längst vermuteten: Die Mathematikergemeinschaft stand nicht ein für ihre Mitglieder, nicht einmal für einen, der ihr das größte Geschenk in hundert Jahren gemacht hatte.

Die mathematische Fachwelt in den Vereinigten Staaten, ja, eigentlich in der ganzen Welt, ist sehr klein und sehr friedlich. »Und das ist eine sehr schöne Seite des Mathematikerlebens«, sagte mir John Morgan ein Jahr nach der Kontroverse. »Es ist nicht wie in der Soziologie oder der Geschichtswissenschaft, wo es ziemlich politisch zugeht. Vielleicht ist das auch ein Grund, warum Mathematiker solche Streitereien scheuen und hoffen, dass sie schnell vorübergehen. Wissen Sie, es fängt mit Kämpfen in einzelnen Lagern an und plötzlich fliegt der ganze Fachbereich auseinander. Die, die für X sind, reden nicht mehr mit denen, die für oder gegen Y sind, und davon, versteh'n Sie, hat keiner was. Der Fachbereich muss ein netter Ort bleiben, um dort seine Arbeit zu tun. Nur wenige Leute verstehen, was wir tun, wissen es zu schätzen, und das ist ganz angenehm. Diese Gemeinschaft ist wirklich eine von

Leuten, die sich mit Achtung begegnen und sich anständig behandeln.« Die meisten jedenfalls. In einem so kleinen Kreis kann man es sich nicht leisten, Brücken hinter sich abzubrechen. Yau mit seinen akademischen Ämtern auf zwei Kontinenten und einer Armee von Schülern mit Professorenstellen war nicht nur institutionell sehr einflussreich, sondern stand auch im Zentrum einer großen und lebendigen intellektuellen Gemeinschaft. Aus dieser ausgeschlossen zu werden, wäre für die meisten Mathematiker eine Tragödie.

Die gegenwärtige westliche Mathematikergemeinschaft verhält sich wie ein Unternehmen, wenn auch ein ziemlich kleines: Sie schützt den eigenen Bereich vor der Außenwelt, und damit es funktioniert, muss es friedlich, kooperativ und kommunikativ zugehen. Aber weil sie eben ein ziemlich kleines Unternehmen ist, verhält sie sich gelegentlich wie eine Familie, die Ideale und Prinzipien auf dem Altar einer gemeinsamen Geschichte und wechselseitiger Abhängigkeit opfert. Mit einer Familie konnte Perelman, sehen wir von seiner Mutter ab, ebenso wenig anfangen wie mit einem Unternehmen. Er verstand beides nicht. Und mit Dingen, von denen er nichts verstand, gab er sich nicht nur nicht gerne ab, sondern gar nicht.

Ein Jahr vor jenem turbulenten Sommer 2006 hatte der Programmausschuss des ICM Perelman per Brief eine Einladung zu einem Vortrag auf dem Madrider Kongress geschickt. Der Programmausschuss und der Ausschuss, der für die Verleihung der Medaille zuständig war, arbeiteten unabhängig voneinander; ihre jeweilige personelle Zusammensetzung wurde bis zum Kongress geheim gehalten, lediglich die Namen der Vorsitzenden wurden bekanntgegeben. Perelman reagierte weder auf diesen Brief noch auf solche, die danach kamen. Darauf wandte sich ein Vertreter des Ausschusses telefonisch an Kisljakow – damals hatte Perelman das Institut noch nicht verlassen –, und dieser rief Perelman zu Hause an. Der erklärte ihm, er habe auf die Briefe nicht reagiert, weil die Namen der Ausschussmitglieder geheim gehalten würden; er habe keine Lust, an Verschwörungen mitzuwirken.

Kisljakow teilte dem Ausschuss Perelmans Einwände mit, worauf dieser erneut an Perelman schrieb und die Namen seiner Mitglieder preisgab. Aber Perelman antwortete wieder nicht, und wieder schaltete der Ausschuss Kisljakow ein, der noch einmal Kontakt mit ihm aufnahm. Er blieb bei seiner Ablehnung, diesmal mit der Begründung, die Auskunft, die der Ausschuss gegeben habe, sei unzureichend und komme zu spät – und im Übrigen sei die Diskussion für ihn damit beendet.

Dass Perelman sich weigerte, mit dem Programmausschuss auch nur in Kontakt zu treten, und es damit ablehnte, auf dem Kongress zu sprechen, war ein harter Schlag für die Organisatoren des ICM. Jedermann wusste, dass die Poincaré-Vermutung den Kongress beherrschen würde. Zugleich hatte der andere Ausschuss Perelman für die Verleihung der Fields-Medaille nominiert. Diese Medaille, die weithin als eine Art Nobelpreis für Mathematik gilt (Nobel hat keinen Preis für Mathematik gestiftet), wird alle vier Jahre an zwei bis vier Mathematiker verliehen, die vor dem 1. Januar des Jahres, in dem sie ausgezeichnet werden, jünger als vierzig Jahre gewesen sein müssen. Perelman wurde kurz vor dem Kongress vierzig, es war also das letzte Jahr, in dem er für diese Auszeichnung infrage kam. Und obwohl seit Sommer 2005 unter den Topologen mehr oder weniger Konsens war, dass Perelman die Poincaré-Vermutung tatsächlich bewiesen hatte – was dem Ausschuss bekannt war, weil ihm Jeff Cheeger angehörte –, war noch immer ein Rest Unsicherheit vorhanden. Kleiner und Lott wie auch Morgan und Tian hatten ihre Rekonstruktion des Beweises noch nicht abgeschlossen, insofern konnte noch niemand mit absoluter Sicherheit sagen, dass kein größerer oder sogar, wie Yau unterstellte, fataler Fehler mehr auftauchen werde. Daher verfasste der Ausschuss eine sorgfältig formulierte Einladung an Perelman, die Fields-Medaille anzunehmen – eine Einladung, in der, wie in der Presseerklärung ein Jahr später, nicht ausdrücklich festgestellt wurde, dass er die Poincaré-Vermutung bewiesen hatte.[37]

Normalerweise werden die Namen derjenigen, die mit der Fields-Medaille ausgezeichnet werden sollen, nicht vor dem Kongress bekanntgegeben. Auch die Preisträger selbst kennen die Entscheidung nicht, aber in der Regel sind sie ohnehin auf dem Kongress zugegen und als Redner vorgesehen. Perelman jedoch hatte es abgelehnt, einen Vortrag zu halten, deshalb war eine besondere Einladung vonnöten. Man stelle sich Perelmans Reaktion vor! Das sollte, nach allem, was er geleistet hatte, alles sein, was ihm die Welt der Mathematik anzubieten hatte? Eine Auszeichnung zusammen mit drei anderen Mathematikern, von denen keiner etwas so Bedeutendes zustande gebracht hatte wie den Beweis der Poincaré-Vermutung? Und dazu eine Begründung, deren Formulierung den Eindruck erweckte, man wolle vermeiden, Perelman die verdiente, die wahre

Anerkennung für das, was er geleistet hatte, zu zollen! Spätestens jetzt konnte sich Perelman davon überzeugen, dass auch Mathematiker zu schmutziger Politik fähig sind.

Um Perelman doch noch zu bewegen, am Kongress teilzunehmen und die Medaille anzunehmen, schickte der Fields-Medaillen-Ausschuss seinen Vorsitzenden – den Präsidenten der Internationalen Mathematischen Union, Oxfordprofessor Sir John Ball – nach St. Petersburg. Noch nie hatte es eine derartige Mission gegeben, aber schließlich war auch noch nie ein so schwieriges Problem wie die Poincaré-Vermutung gelöst worden und noch nie hatte man es mit einem so schwierigen potenziellen Preisträger zu tun gehabt wie Grigori Perelman. In der Woche bevor er die Medaille erhalten sollte, sprachen er und Ball in einem Konferenzzentrum in St. Petersburg einige Stunden miteinander. Perelman wollte die Auszeichnung nicht annehmen. Ball machte ihm einige alternative Vorschläge, die Medaille könne zum Beispiel in St. Petersburg verliehen werden – wie es früher Usus war, als sowjetische Mathematiker nicht zum ICM reisen durften. Aber Perelman blieb bei seinem Nein.

Während der feierlichen Eröffnung des ICM am 22. August in Madrid gab Sir John Ball die Namen der vier Fields-Medaillen-Preisträger bekannt. Es waren Andrei Okunkow, ein russischer Mathematiker, der in Princeton arbeitete und seit 2010 an der Columbia University tätig ist, Perelman, Terence Tao, ein ehemaliges Wunderkind aus Australien, jetzt an der University of California in Los Angeles, und der französische Mathematiker Wendelin Werner. Perelman stand als Zweiter auf Balls Liste, die alphabetisch geordnet war. »Eine Fields-Medaille wird Grigori Perelman aus St. Petersburg für seine Beiträge zur Geometrie und seine revolutionären Erkenntnisse im Hinblick auf die analytische und geometrische Struktur des Ricci-Flusses verliehen«, sagte Ball. »Ich bedauere, dass Dr. Perelman es abgelehnt hat, die Medaille anzunehmen.«[38]

Bei ihrem Besuch im Frühsommer hatte Perelman den Journalisten des *New Yorker* erklärt, die Aussicht, die Fields-Medaille zu bekommen, habe ihn quasi dazu gezwungen, vollständig mit der institutionellen Mathematik zu brechen: Er würde damit ins Rampenlicht gezerrt, viel zu sichtbar werden. Das klingt ein bisschen nach nachträglicher Rechtfertigung, denn tatsächlich war, als er das Steklow Anfang Dezember 2005 verließ und zum Abschied sagte, er werde die Mathematik ganz aufgeben, die Fields-Medaille zwar eine Möglichkeit, aber noch nicht konkret im Gespräch. »In gewisser Weise kann man sagen, dass er absolut nach seinen Grundsätzen lebt«, sagte Jeff Cheeger knapp zwei Jahre später zu mir. »Aber er ist sicher nicht ganz offen, was seine Motive betrifft. Außerdem glaube ich, dass er ein sehr emotionaler Mensch ist. Und er gebraucht seinen scharfen Verstand, um seine Gefühle im Nachhinein zu erklären.«

Das Debakel um die Fields-Medaille scheint Cheegers Geduld mit seinem glänzenden jüngeren Kollegen auf eine harte Probe gestellt zu haben. »Es macht ein wenig den Eindruck, als stehe er drüber, und vielleicht ist mit den Fachleuten im Allgemeinen tatsächlich etwas nicht in Ordnung.« Cheeger suchte angestrengt nach Worten, die Perelman nicht verletzen würden – für den astronomisch unwahrscheinlichen Fall, dass er dieses Buch jemals liest. »Sein Verhalten sollte reiner als rein sein, bewirkte aber im Grunde gerade deshalb, dass sich die gesamte Aufmerksamkeit auf ihn konzentrierte – nicht nur wegen der außerordentlichen Bedeutung seiner Leistung, sondern auch weil er sich so verhielt, wie er es tat. Das war schon paradox. Von den anderen Preisträgern der Fields-Medaille sprach praktisch niemand mehr.«

Wenn es stimmt, dass Perelman die Fields-Medaille auch deshalb als Beleidigung empfand, weil er sie mit drei weiteren Mathematikern teilen sollte, wo ihm doch eine einzige, ungeteilte Ehrung zustand, so schaffte er es schließlich doch, sich von diesen abzuheben, indem er die Auszeichnung ablehnte. Als Perelman sich 1996 geweigert hatte, den EMS-Preis der Europäischen Mathematischen Gesellschaft anzunehmen, war Werschik gekränkt; jetzt waren einige seiner Kollegen beleidigt, fühlten sich schlecht behandelt, zumindest aber missverstanden, und fanden keine Erklärung für sein Verhalten. Allein Gromow behauptete, er könne Perelman vollkommen verstehen und sei ganz auf seiner Seite. »Als er das Schreiben des Ausschusses bekam, die Einladung zu einem Vortrag«, so Gromow, »sagte er, er werde nicht mit Ausschüssen reden. Und genau so muss man es machen! Wir nehmen so viele Dinge hin, die wir eigentlich nicht hinnehmen sollten. Wissen Sie, wenn es diesen typischen Konformismus unter Mathematikern nicht gäbe, würde niemand denken, er sei überspannt.«

»Aber warum sollte man nicht mit Ausschüssen reden?«, entgegnete ich.

»Man spricht nicht mit Ausschüssen!«, ereiferte er sich, »man spricht mit Menschen! Wie kann man mit einem Ausschuss reden? Wer ist in dem Ausschuss? Vielleicht sitzt Jassir Arafat mit drin.«

»Aber sie haben ihm die Namen der Ausschussmitglieder genannt, und trotzdem weigerte er sich, auf die Einladung einzugehen.«

»Nach dem, wie es angefangen hat, war es richtig, dass er nicht mit ihnen geredet hat. Sobald die Community wie eine Maschine zu agieren beginnt, muss man sich zurückziehen – das ist alles! Merkwürdig daran ist nur, dass nicht mehr Mathematiker so handeln. Das ist das Merkwürdige! Die meisten reden gern mit Ausschüssen. Sie haben kein Problem damit, nach Peking zu reisen und einen Preis aus der Hand des Vorsitzenden Mao entgegenzunehmen. Oder des Königs von Spanien, was dasselbe ist.«

Ich wollte wissen, warum es dem König von Spanien nicht zustehe, Perelman eine Medaille um den Hals zu hängen.

Nun kam Gromow richtig in Fahrt: »Wer zur Hölle sind schon diese Könige? Könige sind genau derselbe Dreck wie Kommunisten. Warum soll ein König einem Mathematiker einen Preis geben? Wer ist er? Nichts ist er. Aus Sicht eines Mathematikers ist er nichts. Genau wie Mao. Einer hat die Macht wie ein Handtaschendieb an sich gerissen, der andere hat sie von seinem Vater geerbt. Da ist kein Unterschied.« Im Gegensatz zu diesen Leuten, so erklärte mir Gromow, habe Perelman wirklich etwas geleistet.

Nach meinem Gespräch mit Gromow bin ich mit Jean-Michel Kantor, einem französischen Mathematiker, der zum Wissenschaftshistoriker geworden war, durch Paris spaziert. Kennengelernt habe ich ihn auf einer Tagung über Mathematik und Philosophie. Er ist ein typischer französischer Intellektueller, ein kleiner, zerzauster Mann, der nach unserem Spaziergang zur Redaktionskonferenz einer renommierten Rezensionszeitschrift eilen musste. Er kritisierte Gromow. Der Geometer habe tatenlos zugesehen, wie es mit der französischen Mathematik bergab gegangen sei: Mathematische Einrichtung veröffentlichten jetzt Broschüren zur Einwerbung von Forschungsmitteln, in denen nur um Geld gebettelt werde und die nichts zu mathematischen Fragen beitrugen. Professoren führten unverschämte Gehaltsverhandlungen und machten ihre Pläne mitunter von der Höhe der zu erwartenden Bezahlung abhängig. Wo war ihre Liebe zur Wissenschaft, wo ihre Bereitschaft, materielle Nachteile in Kauf zu nehmen, um der gemeinsamen Sache der Mathematik zu dienen?

Was Kantor beschrieben hat, ist die Amerikanisierung der französischen Mathematik. Mich hat beeindruckt, dass jemand die wirtschaftliche, marktorientierte Einstellung des mathematischen Establishments noch immer ungeheuerlich findet und nicht einfach als selbstverständlich hinnimmt, so wie in den Vereinigten Staaten. Leuten wie ihm – und wie Gromow, der offenbar befürchtete, als kapitalistischer Konformist kritisiert zu werden – muss Perelman mit seiner Verachtung für Geld, seiner Abneigung gegenüber Institutionen wie das platonische Ideal eines Mathematikers erscheinen.

Der ICM 2006 fand ohne Perelman statt. John Lott hielt eine Rede, die normalerweise eine Laudatio gewesen wäre und nun zum Vortrag über Perelmans mathematische Karriere und den Entwicklungsweg seines Beweises wurde.[39] Zwei Stunden sprach Richard Hamilton über die Poincaré-Vermutung.[40] Er wird vermutlich auch die Ankündigung dieser Sitzung im Programm verfasst haben, in der auf geradezu virtuose Weise die Anerkennung für den Beweis verteilt wird: Das Lösungsprogramm sei von Hamilton und Yau entwickelt worden, Perelman habe dann einen wichtigen Teil der Lösung geliefert und »die Fertigstellung des Programms« angekündigt, zu dessen Krönung dann der Artikel von Cao und Zhu geworden sei, den Hamilton »eine vollständige Darstellung« nannte.[41] Mit dieser Formulierung wurde zwar nicht mehr der Eindruck erweckt, Cao und Zhu hätten die Anerkennung für den Beweis verdient, sie besagte aber auch nicht, dass sie Perelman gebühre – sondern nur, dass Perelman selbst dieser Meinung sei. Während der Diskussion in Madrid jedoch war Hamilton, wenn er von Perelman sprach, so liebenswürdig wie immer. Er habe, so erinnerte sich einer der Teilnehmer, zugegeben, dass er zunächst sehr skeptisch gewesen sei, ob Perelman, wie er selbst behauptete, die Probleme mit seinem Ricci-Fluss-Programm wirklich vollständig gelöst habe. Bei näherem Hinsehen sei er indessen zu der Auffassung gelangt, dass Perelman recht habe. Es war, wie Cheeger sagte, »ein Ausdruck echter Bewunderung. Und dies umso mehr, als seine erste Reaktion ja gewesen war: ›Der Kerl muss verrückt sein!‹«

Am Ende des Kongresses hatte sich die internationale Mathematikergemeinschaft die Mehrheitsposition der Topologen zu eigen gemacht: Perelman hatte den vollständigen Beweis der Poincaré-Vermutung erbracht. Und so nahm das Clay Mathematics Institute den Kongress zum Ausgangspunkt für das Preisverleihungsverfahren.[42]

Spätestens im folgenden Herbst verstummten dann

auch die letzten Stimmen, die meinten, eigentlich gebühre Cao und Zhu die Anerkennung für die Lösung des Problems. Da nämlich begann eine pdf-Datei unter den Mathematikern zu kursieren,[43] die zwei Spalten enthielt: links standen Auszüge aus Kleiners und Lotts Kommentaren zu Perelmans erstem Preprint, wie dieser 2003 ins Internet gestellt worden war, rechts Exzerpte aus Caos und Zhus Artikel. Man sah sofort, dass umfangreiche Passagen offenbar wortwörtlich übereinstimmten. In einer Notiz unter der Rubrik »Errata« des *Asian Journal of Mathematics* erklärten Cao und Zhu, sie hätten vergessen, dass sie das Material drei Jahren zuvor in ihre Kommentare kopiert hatten.[44] Anfang Dezember stellten sie eine überarbeitete Fassung ihres Artikels in arXiv, nun unter dem Titel »Hamilton-Perelman's Proof of the Poincaré Conjecture and the Geometrization Conjecture«. Im Abstract wurde nicht mehr der Anspruch erhoben, es werde der vollständige Beweis geliefert oder es handele sich um die »Krönung«. Der Text liest sich fast schon wie ein Reuebekenntnis: »In diesem Artikel liefern wir eine im Wesentlichen in sich abgeschlossene und detaillierte Darstellung der grundlegenden Arbeiten von Hamilton und der jüngsten bahnbrechenden Studie von Perelman über den Ricci-Fluss und ihrer Anwendung auf die Geometrisierung von 3-Mannigfaltigkeiten. Insbesondere geben wir eine genaue Erläuterung eines vollständigen Beweises der Poincaré-Vermutung nach Hamilton und Perelman.«[45]

Nach dem internationalen Mathematikerkongress und dem Artikel im *New Yorker* war der Teufel los, und zwar dort, wo es Perelman am meisten treffen konnte: in den russischen Medien. Ununterbrochen riefen Journalisten der verschiedensten Zeitungen an, auch von Boulevardblättern mit Millionenauflage. An manchen Tagen war die Schule Nr. 239 nonstop mit Pressekonferenzen beschäftigt. Perelmans alte Lehrer äußerten sich zu seinem Geisteszustand und seinem Verhältnis zu den mathematischen Institutionen. Kanal 1, der über 98 Prozent der russischen Haushalte erreichte, berichtete, Perelman habe den Millionen-Preis abgelehnt.[46] Tamara Jefimowa, die Direktorin der Schule Nr. 239, sagte einem Massenblatt, Perelman sei nicht zum ICM in Spanien gefahren, weil er kein Geld für eine Fahrkarte gehabt habe.[47] Auch Alexander Abramow, sein alter Trainer, schaltete sich ein, mit einem Artikel in einer anspruchsvollen Moskauer Wochenzeitung; es gebe, schrieb er dort, »kein Geheimnis Perelman«, sondern nur ein Versagen der akademischen Institutionen Russlands, die ihm die gebührende Anerkennung für seine Leistungen vorenthalten hätten.[48] Kanal 1 rief Perelman zu Hause an und sendete das Gespräch, in dem er unter anderem sagte, er betreibe keine Mathematik mehr, seit er das Steklow-Institut verlassen habe. »Man könnte sagen, dass ich mich in einem Prozess befinde, in dem ich mich selbst bilde. Ich kann nicht sagen, was ich tun werde.«[49] Das Kamerateam einer Talkshow auf Kanal 1 stürmte in seine Wohnung und schob seine Mutter vor laufender Kamera beiseite, um ein ungemachtes Bett zu filmen. Grischa wurde nun auf der Straße und in der Oper erkannt. Bald bestritt er, Grigori Perelman zu sein, wenn er angesprochen wurde. Fremde Menschen fotografierten ihn mit ihren Mobiltelefonen und stellten die Bilder ins Netz.

Auch Politiker beteiligten sich an diesem Wahnsinn. Der Stadtrat von St. Petersburg überlegte, die Wohnung, in der Perelman mit seiner Mutter lebte, unter Polizeischutz zu stellen. Wie es schien, wollten ihm alle Geld geben. Ein Kabinettsmitglied bat um ein Gespräch. Perelman lehnte ab. Seine früheren Lehrer, bedrängt von mächtigen und geachteten Männern, erklärten sich bereit, als Vermittler zu fungieren, und riefen bei Grischa an. Er schrie obszöne Worte in den Hörer, die die älteren Herren mir gegenüber nicht wiederholen wollten. Sie sagten lediglich, dass er grob geworden sei, sehr grob. In Zusammenarbeit mit Rukschin kam eine private Moskauer Stiftung auf die Idee, seiner Mutter Geld zu geben, eine Art Belohnung dafür, dass sie ein Genie großgezogen hatte. Perelman hörte mit, als sie am Telefon sprach, und riss ihr unter lautem Geschrei den Hörer aus der Hand. Der einst so sanfte, auffallend wohlerzogene jüdische Junge hatte sich, in die Ecke getrieben, in einen Haustyrannen verwandelt. Wenn die Welt draußen seine Abgeschiedenheit nicht respektierte, würde er sie – die ganze Welt – als seinen Feind betrachten.

Als ich ein Jahr später Rukschin bat, Perelman ein Exemplar des neuen Buchs von Morgan und Tian zu übergeben, zögerte er. Das letzte Mal, als er ihm ein Geschenk eines ausländischen Bewunderers gebracht habe – eine CD mit klassischer Musik –, habe Perelman es ihm an den Kopf geworfen.

11.
Die Eine-Million-Dollar-Frage

In der Grundschule fand Jim Carlson Rechnen langweilig.[1] Er war mit seinen Gedanken ständig woanders. Seine Mutter musste ihm Nachhilfeunterricht mit Lernkärtchen geben, damit er nicht durchfiel. Im letzten Jahr der Oberschule gab ihm sein Mathematiklehrer ein Blatt Papier und sagte, er solle sich in die letzte Reihe setzen. Auf dem Papier standen, mit Schreibmaschine getippt, die Titel von einem Dutzend Büchern über Mathematik, von denen der Lehrer dachte, sie könnten Carlson interessieren – er könne darin lesen, solange er wolle und solange er seine übrigen Schularbeiten nicht vernachlässige. Auf der Liste stand auch Courants und Robbins' Klassiker *What is Mathematics?*.* Darin las Carlson unter anderem zum ersten Mal etwas über irrationale Zahlen. Als er 1963 ans College der University of Idaho ging, wollte er als Hauptfach eigentlich entweder Physik oder Psychologie studieren. Psychologie studierte er gar nicht, die Physik kam ein wenig besser weg, aber dafür belegte er bereits im zweiten Semester Fortgeschrittenenkurse in Mathematik.

1971 wurde er in Princeton promoviert, lehrte in Stanford und Brandeis, ging letzten Endes zur University of Utah, wo er ein Vierteljahrhundert blieb und schließlich dem mathematischen Fachbereich vorstand. Anschließend

* Dt.: *Was ist Mathematik?*, Berlin/Heidelberg: Springer 2010; Anm. d. Übers.

wechselte er nach Cambridge, Massachusetts, um die Leitung des Clay Mathematics Institute zu übernehmen. Die Stelle sagte ihm aus verschiedenen Gründen zu, nicht zuletzt weil sich die Arbeitszeiten mit seinen persönlichen Lebensumständen in Einklang bringen ließen. Aber auch die Aufgabe, die ihn dort erwartete, gefiel ihm. Sie bestand darin, die Mathematik zu fördern; unter anderem sollte er dafür sorgen, dass Kinder und Jugendliche auf elegantere Weise an die Mathematik herangeführt werden, als er es selbst erlebt hatte, damals in der letzten Bank des Klassenzimmers. Im Grunde sollte er der amerikanischen Mathematik etwas vom Glanz und der professionellen Organisation der russischen Mathematik geben. Und ein Instrument, das ihm zur Verfügung gestellt wurde, um die Mathematik populärer zu machen, war der ambitionierte und außerordentlich üppig dotierte Millennium-Preis. Allerdings ging Jim Carlson davon aus, dass er dieses Geld niemals in die Hand nehmen werde; er glaubte in Wahrheit nicht daran, dass eines der Millennium-Probleme tatsächlich noch zu seinen Lebzeiten gelöst würde.

Carlson trat seine Stellung als Präsident des Clay Mathematics Institute im Sommer 2004 an, just zu jener Zeit, in der sich der Streit um Perelmans Beweis zusammenbraute. Ich hatte stets den Eindruck, dass Carlson eine große, potenziell überwältigende Scheu in Schach halten musste, um der zu sein, der er war, und um das zu tun, was er tat. Er sprach leise, war zurückhaltend und extrem höflich, also so ziemlich die letzte Person, die man sich als im Mittelpunkt einer Kontroverse stehend vorstellen würde. Zum Glück wusste er, als er Präsident des Clay Mathematics Institute wurde, nicht genug, um sich ausmalen zu können, welchen Sturm der Preis in den Medien entfachen würde. »Ich hörte davon [von Perelmans Preprints]«, erinnerte sich Carlson im Gespräch mit mir, »und weiß noch, dass ich dachte: ›Ist es nicht toll, dass es vielleicht eine Lösung für die Poincaré-Vermutung gibt?‹ Und natürlich dachte ich auch an die Millennium-Preise, und dass dies mit Sicherheit der Einzige wäre, den jemand zu meinen Lebzeiten bekommen würde. Natürlich weiß man das nicht genau. Ich finde, so etwas ist wie ein Erdbeben: Man weiß es erst, wenn es passiert. Man kann vielleicht sagen, im Gestein baut sich eine Spannung auf, aber niemand hat bisher ein Erdbeben zuverlässig prognostizieren können. Und hier ist es genauso: Niemand weiß, wann jemand eine bahnbrechende Idee hat, die zu einer Lösung führt.«

So dachte Carlson, einige Monate bevor er die Leitung des Clay Mathematics Institute übernahm. Er wusste, dass Perelman seine Preprints in arXiv gestellt hatte – heutzutage nichts Ungewöhnliches. Viele Mathematiker, die ihre Artikel zur Publikation bei Zeitschriften einreichen, stellen sie parallel dazu ins Netz, um die Diskussion darüber in Gang zu bringen, während das Begutachtungsverfahren der Zeitschrift noch läuft. Aber es stellte sich heraus, dass Perelman seine Artikel nicht bei einer Zeitschrift eingereicht hatte und dies offenbar auch nicht vorhatte. Was eine vollkommen harmlose und selbstverständliche Bedingung für die Millennium-Preise zu sein schien, entpuppte sich als mögliche Streitfrage.

Mit Geschick und Noblesse steuerte Carlson das Millennium-Boot, organisierte Workshops zu Perelmans Beweis sowie zu den Bemühungen von Kleiner und Lott beziehungsweise von Morgan und Tian, ihn zu erläutern.

Im Gespräch mit mir verglich er Perelmans Arbeit mit einem »Lichtblitz, der einem hilft, den Wald zu durchqueren«. Natürlich sei »noch sehr viel zu tun, man muss jede Menge Bäume fällen, über Felsen klettern und so weiter. Aber das Schwierigste ist, diesen neuen Weg zu finden, denn wenn man ihn nicht findet, dann kann man noch so viel arbeiten, es führt zu nichts. Und Perelman hat genau das getan.« Dass die Projekte, die der Erklärung des Beweises dienten, deutlich weniger Ruhm versprachen als die ursprüngliche Lösung, liegt auf der Hand. Doch es gab sie, und auch das erfüllte Carlson mit Bewunderung – für die Mathematiker und für das mathematische »System«, das sich den ungewöhnlichen, von Perelman gesetzten Bedingungen gebeugt hatte, um die Art von Prüfung und Erklärung zu liefern, die sein Beweis erforderte.

Carlson öffnete sein MacBook Air, um mir eine Passage aus Kleiners und Lotts veröffentlichten Kommentaren zu Perelmans Beweis vorzulesen, die er besonders bemerkenswert fand: »Hier ist es: ›Wir sind nicht auf ernsthafte Probleme gestoßen, das heißt auf Probleme, die sich nicht mit den von Perelman eingeführten Methoden richtigstellen lassen.‹ Ich glaube, das trifft genau, was passiert ist. Wissen Sie, es musste noch viel gearbeitet werden, um nachzuweisen, dass der Beweis richtig und vollständig ist. Aber der entscheidende Punkt ist, dass es keine ›ernsthaften Probleme‹ gab, solche, die sich nicht ›mit den von Perelman eingeführten Methoden richtigstellen lassen‹. Und an Methoden und Ideen herrschte kein Mangel. Diese einer größeren Öffentlichkeit zu vermitteln, ist immer schwer, aber ich hoffe, Sie können das machen, wenn Sie Ihr Buch schreiben.« Er meinte also, ich solle schreiben,

Perelman sei fraglos der Autor des Beweises, und dass Kleiner und Lott dies in einer Art und Weise bestätigt hätten, die er, Carlson, enorm bewundere.

Die Monate vor dem ICM in Madrid – mit dem Artikel von Cao und Zhu sowie der ungewöhnlichen medialen Aufmerksamkeit – waren nervenaufreibend gewesen. Aber durch den Kongress schien der Streitfall beigelegt, und als im Herbst 2006 Beweise für das Plagiat der Chinesen auftauchten, wurde es still um die Frage der Autorschaft. Dann erschien Morgans und Tians Buch über den Beweis, und das Clay Mathematics Institute eröffnete die zweijährige Wartezeit, die zu den Bedingungen der Millennium-Preise gehört. Nach Ablauf dieser Zeit würde es eine Kommission einsetzen, die im Herbst 2009 ihre Empfehlung aussprechen könnte. Falls nicht doch noch ein Fehler auftauchen oder sonst eine unvorhergesehene und höchst unwahrscheinliche Katastrophe passieren würde, wird der Ausschuss empfehlen, Grigori Perelman den Eine-Million-Dollar-Preis zu geben. Womit sich nur noch eine Frage stellt: Was dann?

War Perelmans Einstellung zu Preisen, Auszeichnungen und Ehrungen in sich stimmig? Wenn ja, müsste er, wenn sie ihm angeboten würde, die Clay-Million eigentlich annehmen. Sein Einwand gegen den Preis der Europäischen Mathematischen Gesellschaft hatte ja darin bestanden, dass er ihn für eine Arbeit bekommen sollte, die er selbst als unvollständig betrachtete. Nichts dergleichen lässt sich über den Poincaré-Beweis sagen. Nicht nur hatten andere Mathematiker den Beweis für vollständig erklärt; auch Perelman selbst war klarerweise der Ansicht, sein Projekt dieses Mal abgeschlossen zu haben. Sein Einwand gegen die Fields-Medaille, den er allerdings nie wirklich deutlich formuliert hatte, schien zwei Gründe gehabt zu haben: Erstens sah er sich nicht mehr als Mathematiker und konnte deshalb keinen Preis annehmen, der als Ansporn für Forscher in der Mitte ihrer Karriere gedacht war. Und zweitens wollte er mit dem Internationalen Mathematikerkongress, mit der Öffentlichkeit, den Reden, den Feierlichkeiten, dem König von Spanien und mit allem, was sonst noch dazugehört, nichts zu tun haben.

Der Clay-Preis jedoch wird für eine besondere mathematische Leistung verliehen, ohne die Bedingung, dass der Empfänger sich weiterhin als Mathematiker betätigt. Und die Verleihung ist nicht notwendig mit einer feierlichen Übergabe verbunden. Der Preis ist eine Ehrung, die einem Mathematiker vonseiten seiner Kollegen zuteilwird, ohne Beteiligung irgendwelcher mathematikferner Würdenträger. Auch in einer weiteren, sehr wesentlichen Hinsicht ist der Preis etwas anderes als der EMS-Preis und die Fields-Medaille: Er ist die Anerkennung von Perelmans einzigartiger Leistung. Niemand zuvor hat ihn bekommen, und es ist recht wahrscheinlich, dass es sehr lange dauern wird, vermutlich länger, als wir alle leben, bis ein weiterer Millennium-Preis verliehen wird.

»Er hat vielleicht einen Plan«, sagte Alexander Abramow, Perelmans ehemaliger Mathe-Olympiaden-Trainer in unserem Gespräch. »Womöglich hat er längst entschieden, den Clay-Preis, wenn er ihm zugesprochen wird, anzunehmen, weil er ihn als Zeichen vollkommener Anerkennung betrachtet und er dann leben könnte, wie er wollte, von niemandem abhängig.« Abramow machte eine

Pause. »Aber gut, ich sage das natürlich auch, weil man ja irgendeine vernünftige Hypothese braucht.« Anders gesagt: Man musste sich für Perelman Szenarien mit glücklichem Ausgang ausdenken, weil man sich andernfalls Sorgen um ihn machen müsste, jedenfalls dann, wenn einem etwas an ihm liegt. Abramow machte sich Sorgen: »Ich befürchte, das ist eine Situation, die nicht gut ausgehen wird. Er hat zu viele Sachen im Kopf und ist viel zu allein.« Auch Abramow rief Perelman nicht mehr an, nachdem dieser am Telefon grob geworden war. Davor hatte er sich gelegentlich gemeldet, ihm moralische und finanzielle Unterstützung angeboten. Zum Beispiel hatte er ihm den Vorschlag gemacht, er könne, wenn er mit Preisen nichts zu tun haben, sich aber ein bisschen Geld verdienen wolle, einen Artikel für *Kwant* schreiben, die von Kolmogorow gegründete, populärwissenschaftliche Zeitschrift, für die Abramow als Redakteur arbeitete. Perelman lehnte alle Angebote ab und zuletzt auch Abramows Freundschaft. »Er sagte mir, es sei einer seiner Grundsätze, nie irgendwem seine Freundschaft aufzudrängen. Daraufhin fragte ich ihn, ob er die Geschichte von Kolmogorows und Alexandrows Freundschaft kenne, und plötzlich wollte er mehr wissen. Fast zehn Minuten sprachen wir darüber. Am meisten interessierte ihn die Geschichte, wie Kolmogorow Lusin eine Ohrfeige gab.« Kolmogorow hatte Lusin, seinen und Alexandrows früheren Lehrer, damals attackiert, weil dieser nicht für Alexandrows Aufnahme in die Akademie der Wissenschaften gestimmt hatte, obwohl er es versprochen hatte. Abramow jedenfalls war glücklich, eine Gesprächsbasis mit seinem früheren Schüler gefunden zu haben, und bot Perelman an, ihm ein Buch über Kolmogorow und Alexandrow zu schicken. »Ich lese nicht«, habe Perelman erwidert – also die Ausrede gebraucht, mit der er alle Bücher zurückwies, auch solche über seinen eigenen Beweis. Für Abramow war das Gespräch dennoch ein Hoffnungsschimmer: »Zumindest hatte er nicht jedes Interesse verloren.« Ich dagegen sehe die Sache anders. Perelman war bald so weit, auch noch die letzte enge persönliche Beziehung zu beenden, die er hatte – ausgenommen die zu seiner Mutter –, nämlich die zu Rukschin. Irgendwann im Winter oder Frühjahr 2008 stellte er jeden Kontakt zu seinem früheren Lehrer ein.

Bevor Perelman mit Rukschin nicht mehr redete, sprachen sie eine gewisse Zeit lang über den Eine-Million-Dollar-Preis und legten sich gemeinsam eine Strategie zurecht, wie in dieser Angelegenheit zu verfahren sei. Ebenso wie der Rest der mathematischen Welt habe auch das Clay Mathematics Institute Perelman betrogen, so ihre Ansicht. Rukschin hatte mir gegenüber sogar die Vermutung geäußert, das Institut habe seine Regeln zwischenzeitlich geändert und die Veröffentlichung in einer anerkannten Fachzeitschrift sowie die zweijährige Wartezeit als Bedingung nur eingeführt, um die Auszahlung des Geldes an Perelman zu verzögern oder möglicherweise sogar ganz vermeiden zu können. Tatsächlich aber sind an den Regeln des Millennium-Preises keine Veränderungen mehr vorgenommen worden, seit dieser im Jahr 2000 ausgelobt wurde. Natürlich könnte jemand in Jim Carlsons Position insgeheim darüber nachgedacht haben, ob und wie sich die Entscheidung hinausschieben lassen könnte – und damit auch das wahrscheinliche Scheitern aller Bemühungen, Perelman zur Annahme zu bewegen, sowie die unschöne Presseberichterstattung, die das nach sich ziehen würde. Dies alles entspräche nicht dem Bild von Triumph und Herrlichkeit der Mathematik, das das Institut vor Augen hatte, als es den Preis aussetzte. Zwar würde es der Mathematik öffentliche Aufmerksamkeit verschaffen, aber nicht so, wie gedacht. Es wäre eben nicht jene fabelhafte Story, die Scharen junger Leute inspirieren sollte, eine Karriere als Mathematiker einzuschlagen. Denkbar ist, dass Jim Carlson es so lange wie möglich hinauszögern wollte, seinen Fuß auf dieses schwierige Gelände zu setzen. Aber nichts deutet darauf hin, dass er tatsächlich demgemäß agierte. Vielmehr tat er alles, was in seiner Macht stand, um den Prozess zu beschleunigen, vor allem deshalb, weil er seine große Mission unbedingt erfüllen wollte, indem er Perelmans Leistung die ihr gebührende Anerkennung verschafft – aber auch ein wenig deshalb, weil er hoffte, dann endlich einmal den berühmten Perelman persönlich zu treffen.

Für das Frühjahr 2008 plante Carlson eine Reise und entschloss sich zu einem Abstecher nach St. Petersburg. Der Zeitpunkt schien genau richtig: Die Kontroverse war eingeschlafen, die Zweifel an Perelmans Beweis waren verstummt, und der Augenblick, da jemand – vermutlich Carlson selbst – ihn fragen müsste, ob er eine Million Dollar annehmen würde, rückte näher. Es war Zeit, Kontakt mit Perelman aufzunehmen.

Vielleicht hoffte Carlson, er würde mit Perelman zumindest so sprechen können wie seinerzeit Sir John Ball: ausführlich und tiefschürfend, im Ergebnis aber ohne Erfolg. Irgendwelche Gründe anzunehmen, dass sein Gespräch anders verlaufen würde, gab es nicht, aber er durfte die Hoffnung nicht aufgeben.

An seinem ersten Tag in St. Petersburg rief Carlson aus seinem Hotel bei Perelman an. Er stellte sich vor und erklärte den zeitlichen Ablauf für die Verleihung des Clay-Preises; noch einmal zählte er all das auf, was Perelman mit Sicherheit schon wusste – dass nach der Veröffentlichung in einer anerkannten Fachzeitschrift zwei Jahre vergehen müssten und dass das Morgan-Tian-Buch den Zeitpunkt gesetzt habe, von dem an die Wartefrist gerechnet werde. Wahrscheinlich im Mai 2009, so teilte er Perelman mit, würde der Preisverleihungsausschuss gebildet werden, dessen Bericht dann etwa im August 2009 zu erwarten sei.

Perelman hörte höflich zu.

Carlson hat ihn nicht gefragt, ob er das Geld annehmen werde, wenn es ihm angeboten würde. »So wie das Gespräch lief«, sagte er mir, »wäre es unpassend gewesen, ihm diese Frage zu stellen.« Vielleicht war es ein Anflug jener Scheu, die Carlson so lange hatte in Zaum halten können. Vielleicht wollte er die Frage auch deshalb nicht stellen, weil er sich die geringe Hoffnung, dass Perelman vielleicht doch annehmen werde, noch für ein weiteres Jahr bewahren wollte. »Ich hatte nicht den Eindruck, dass die Tür ganz und gar verschlossen war.«

Gegen Ende des Gesprächs sagte Perelman: »Ich sehe keinen Sinn darin, dass wir uns treffen.«

Am Tag darauf traf ich Carlson im Steklow-Institut. Er besuchte seinen alten Freund Anatoli Werschik, den Vorsitzenden der St. Petersburger Mathematischen Gesellschaft. Werschik hatte Perelman einst für den EMS-Preis vorgeschlagen, den dieser dann ablehnte. Werschik und

Carlson tranken Tee. Yaus Name fiel, offenbar veranstaltete er eine Tagung zur Feier seines neunundfünfzigsten Geburtstags.[2] »Ich verstehe das nicht«, grummelte Werschik, »ich weiß, dass Gian-Carlo Rota eine Tagung aus Anlass seines vierundsechzigsten Geburtstags veranstaltet hat,[3] aber vierundsechzig ist zwei hoch sechs – und was ist neunundfünfzig? Eine Primzahl!« Klatschgeschichten unter Mathematikern.

Den Rest seines dreitägigen Besuchs verbrachte Carlson damit, alte Mathematikerfreunde wiederzusehen, in seinem Hotelzimmer Cello zu spielen – auf einem speziellen, perfekt geometrischen Reisemodell – und über Perelman und den Preis nachzudenken. Er kam zu dem Schluss, dass der Clay-Preis, ganz egal, wie sich Perelman entscheiden würde, zum Wohle der Mathematik eingesetzt werden kann, ja, dass dies schon jetzt gelungen sei. Als wir auf einen exotischen Mittagswodka in ein Café namens *Idiot* gingen, sagte er zu mir: »Es ist gut, wenn der Öffentlichkeit erklärt wird, dass es ungelöste mathematische Probleme gibt. Erstaunlicherweise wissen viele Leute das nicht.«

Viele Mathematiker kritisierten Geldpreise wegen ihrer Oberflächlichkeit, das sei schon wahr. Einige empfänden diese Praxis sogar als Beleidigung; selbst sein Freund Werschik habe aus genau diesen Gründen kritisch über den Millennium-Preis des Clay Mathematics Institute geschrieben.[4] Andererseits aber hat Carlson, wie er mir erzählte, viele Gespräche mit Studenten geführt, die wissen wollten, was denn diese Eine-Million-Dollar-Probleme seien. In gewisser Weise habe der Trubel um den Preis auch unerwartete Vorteile gehabt. »Die Mathematik der

Öffentlichkeit näherzubringen, ohne einen Pfennig auszugeben, ist schon eine Leistung«, sagte Carlson nicht ohne Stolz. Perelman sei, ohne es zu wissen, sein Komplize: »Die Öffentlichkeit interessiert sich stärker für jemanden, den das Geld nicht interessiert.«

Carlson setzte gewiss eine tapfere Miene auf, aber er war sich auch ganz sicher, alles in seiner Macht Stehende getan zu haben, um einer Leistung die Aufmerksamkeit zu verschaffen, die sie verdient hat. In keinem meiner Gespräche mit ihm hatte ich den Eindruck, dass er Perelman etwas übel nahm, womit er sich ein bisschen von anderen Mathematikern unterschied, die ich interviewt habe: Anders als Kleiner musste Carlson wegen Perelmans Leistung keine seiner beruflichen Ambitionen aufgeben; anders als Tian ist er von Perelman nie persönlich gekränkt worden. Er verstand Perelman nicht – zumindest behauptete er nicht, ihn zu verstehen. Er respektierte ihn – ohne Einschränkung.

Ich habe nur eine Person getroffen, die nicht nur behauptete, Perelman zu verstehen, sondern die ihn manchmal wohl auch beeinflusst hat, und das ist Gromow.

»Glauben Sie, dass er die Million Dollar annehmen wird?«, fragte ich ihn.

»Nein, das glaube ich nicht.«

»Warum nicht?«

»Er hat seine Grundsätze.«

»Welche Grundsätze?«

»Clay ist ein Nichts, aus seiner Sicht – warum sollte er Geld von ihm annehmen?«

»Gut, Clay ist Geschäftsmann, aber es sind Perelmans Kollegen, die die Entscheidung treffen«, wandte ich ein und gebrauchte dabei ein Wort, das im Russischen sowohl »Entscheidung« als auch »Lösung« bedeutet.

»Diese Kollegen machen Clays Spiel mit!« Gromow geriet in Rage. »Sie entscheiden [haben die Lösung]! Er kann mit ihren Lösungen nichts anfangen! Er hat das Theorem gelöst, was gibt es da sonst noch zu lösen? Niemand löst irgendwas! Er hat das Theorem gelöst.«*

* Am 18. März 2010 sprach das Clay Mathematics Institute Perelman tatsächlich den Millennium-Preis zu. Und er lehnte ihn tatsächlich ab; Anm. d. Übers.

Dank

Besonderen Dank schulde ich allen meinen Gesprächspartnern. Ein Buch über einen Mann zu schreiben, der nicht will, dass über ihn geschrieben wird, ist ein ungewöhnliches Unterfangen, und einigen von Perelmans Freunden und Lehrern wird die Entscheidung, mit mir zu sprechen, nicht leichtgefallen sein. Insbesondere Alexander Golowanow, Wiktor Salgaller und Sergei Rukschin haben sich sehr darum bemüht, dass ich ihren Freund und Schüler verstehen lernte. Ich hoffe, dass ich mit diesem Buch zumindest einigen ihrer Erfahrungen gerecht werde. Auch Jim Carlson, Sergei Gelfand und vor allem Leonid Dschalilow habe ich zu danken: Sie haben ihr Möglichstes getan, damit das, was ich über Mathematik und mathematische Fragestellungen geschrieben habe, Sinn ergibt. Alle Fehler freilich habe ich zu verantworten. Schließlich danke ich meiner Agentin Elyse Cheney sowie meinen Lektorinnen Becky Saletan und Amanda Cook, die das Buch sehr viel besser gemacht haben, als es ohne sie geworden wäre.

Der Suhrkamp Verlag dankt zudem Dr. Carlos Ramos-Cuevas vom Mathematischen Institut der Ludwig-Maximilians-Universität in München für seine kenntnisreiche Unterstützung bei der Übersetzung sowie Jan Trautmann für die Transkription der russischen Namen.

Anmerkungen

Prolog: Eine Aufgabe für eine Million Dollar

1 Zu diesen und den folgenden Zitaten vgl. die unter der Leitung von François Tisseyre herausgegebene Dokumentation *The CMI Millennium Meeting Collection*, New York: Springer 2002.
2 Eine anschauliche Formulierung dieser Vermutung und ihrer Hintergründe findet sich unter: ⟨http://www.igt.uni-stuttgart.de/eiserm/popularisation/Poincare-Vermutung/index.html⟩, zuletzt besucht 14. Februar 2013; Anm. d. Übers.
3 Vgl. die Hinweise, die Michael Eisermanns zuvor genannte Website auf das Presseecho gibt: »Links zum Thema«; Anm. d. Übers.

1. Flucht in imaginäre Welten

1 A. J. Chinčin, »Matematika«, in: F. N. Petrov (Hg.), *Desjat' let sovetskoj nauke*, Moskau: N.P. 1927.
2 »Sud'by matematiki v Rossii«, Vortrag von Michail Cfasman, ⟨http://www.polit.ru/lectures/2009/01/30/matematika.html⟩, zuletzt besucht am 14. Februar 2013.
3 Aleksandr Esenin-Vol'pin, Interview, ⟨http://www.peoples.ru/family/children/alexander_esenin-volpin/⟩, zuletzt besucht am 14. Februar 2013.
4 I.V. Stalin, »Marksizm i voprosy jazykoznanija«, in: *Pravda*, 20. Juni 1950, ⟨http://www.philology.ru/linguistics1/stalin-50.htm⟩, zuletzt besucht am 14. Februar, 2013.
5 V. D. Esakov, »Novoe o sessii VASChNIL 1948 goda«, ⟨http://russcience.euro.ru/papers/esak940s.htm⟩, zuletzt besucht am 14. Februar 2013.
6 J. J. O'Connor und E. F. Robertson, »Dimitri Fedorovich Egorov«, ⟨www-history.mcs.st-andrews.ac.uk/Biographies/Egorov.html⟩, zuletzt besucht am 14. Februar 2013.
7 S. S. Demidov und V. D. Esakov, »Delo akademika N. N. Luzina' v kollektivnoj pamjati naučnogo soobščestva«, *Delo akademika N. N. Luzina*, St. Petersburg: RChGI 1999.

8 Dennis Shasha und Cathy Lazere, *Out of Their Minds. The Lives and Discoveries of Fifteen Great Computer Scientists*, New York: Springer 1998, S. 142.

9 Lew Pontrjagins Erinnerungen beschäftigen sich im Wesentlichen mit den Verrätereien und Intrigen, an denen sich dieser hervorragende Mathematiker persönlich beteiligte. Lev Pontrjagin, *Žizneopisanie L'va Semënoviča Pontrjagina, matematika, sostavlennoe im samim*, Moskau: Komkniga 2006.

10 Sergei Gelfand, im Gespräch mit der Autorin, Providence, RI, 9. November 2007.

11 Richard Overy, *Russia's War: A History of the Soviet War Effort: 1941-1945*, New York: Penguin 1998, S. 73-85 (dt.: *Russlands Krieg*, Reinbek bei Hamburg: Rowohlt 2011, S. 128 ff.)

12 Diese Arbeit von Andrei Kolmogorow unterliegt der Geheimhaltung. Daher sind die Ergebnisse, die unter dem Titel *Streljanyj sbornik* dokumentiert sein sollen, nicht verfügbar. Eine Information von Alexander Abramow, seinem Schüler und Biografen, im Gespräch mit der Autorin, Moskau, 5. Dezember 2007; vgl. auch: A. N. Širjaev (Hg.), *Ėtich strok beguščich tes'ma*, Moskau: Fizmatlit 2003, S. 355, 500.

13 Mathematics Genealogy Project, ⟨http://genealogy.math.ndsu.nodak.edu/id.php?id=10480⟩, zuletzt besucht am 14. Februar 2013.

14 Zitiert in: Roger S. Whitcomb, *The Cold War in Retrospect. The Formative Years*, Westport, CT: Praeger Publishers 1998, S. 71.

15 Zhores A. Medvedev, *Soviet Science*, New York: Norton 1978, S. 46.

16 Clifford G. Gaddy, *The Price of the Past: Russia's Struggle with the Legacy of a Militarized Economy*, Washington DC: Brookings Institution Press 1998, S. 24-25.

17 *Ėtich strok*, S. 293, 467.

18 Pontrjagin, a. a. O., S. 169.

19 Leonid Levin, »Kolmogorov glazami shškolnika i studenta«, in: *Kolmogorov v vospominanijyachh*, S. 168 f.

20 Shasha und Lazere, a. a. O., S. 139-156; Leonid Lewins Homepage an der Boston University, ⟨http://www.cs.bu.edu/~lnd/⟩, zuletzt besucht am 14. Februar 2013. Zum P- und zum NP-Problem vgl.: ⟨http://www.claymath.org/millennium/P_vs_NP/⟩, zuletzt besucht am 14. Februar 2013.

21 Dusa McDuff, »Advice to a Young Mathematician«, in: Timothy Gowers, June Barrow-Green und Imre Leader (Hg.), *Princeton Companion to Mathematics*, Princeton, NJ: Princeton University Press 2008, S. 1007.

22 Dusa McDuff, »Some Autobiographical Notes«, ⟨http://www.math.

sunysb.edu/~tony/visualization/dusa/dusabio.html⟩, zuletzt besucht am 14. Februar 2013.

23 Vladimir Uspenskij, »Apologija matematiki, ili O matematike kak časti duchovnoj kul'tury«, in: *Novyj Mir* 11, 2007.

24 Grigori Schabat, Professor an der Moskauer Staatsuniversität, im Gespräch mit Katerina Belenkina, Moskau, April 2007.

2. Wie Mathematiker gemacht werden

1 Alexander Golowanow, im Gespräch mit der Autorin, St. Petersburg, 18. und 23. Oktober 2008.

2 Nach Rukschins Auskunft waren dies der spätere Chemiker Nikolai Schubin sowie Alexander Wassiljew und Alexander Lewin, die beide Computerwissenschaftler wurden.

3 Boris Sudakow, im Gespräch mit der Autorin, Jerusalem, 31. Dezember 2007.

4 Sergei Rukschin im Gespräch mit der Autorin, St. Petersburg, 17. und 23. Oktober 2007 und 13. Februar 2008; Alexander Abramow, im Gespräch mit der Autorin, Moskau, 5. Dezember 2007.

5 John Morgan, im Gespräch mit der Autorin, New York, 9. November 2007; Juri Burago, Telefongespräch mit der Autorin, 26. Februar 2008.

6 Nach einem Gespräch mit Rukschin.

7 Dort, in St. Petersburg, war ich am 13. Februar 2008.

8 ⟨http://mathworld.wolfram.com/PartyProblem.html⟩, zuletzt besucht am 14. Februar 2013. Deutsche Website: ⟨http://www.siebold-gymnasium.de/wordpress/wp-content/uploads/2011/02/mathewettbewerb 10-fertig.pdf⟩, zuletzt besucht am 14. Februar 2013.

9 Ronald Graham, Bruce Rothschild, Joel Spencer, *Ramsey Theory*, New York: John Wiley and Sons 1990.

10 Nach einem Gespräch mit Golowanow.

3. Eine schöne Schule

1 Steven Pinker, *The Stuff of Thought. Language as a Window into Human Nature*, New York: Viking 2007, S. 177.

2 Ebd., S. 179 f.

3 Ebd., S. 180.

4 Richard Courant und Herbert Robbins, *What Is Mathematics? An Elemen-*

tary Approach to Ideas and Methods, 2. Auflage, durchgesehen von Ian Stewart, New York: Oxford University Press 1996, S. 235 (dt.: *Was ist Mathematik?*, Berlin/Heidelberg: Springer 2010, S. 180, 198).

5 V. M. Tichomirov, »Genij, živuščij sredi nas«, in: Aleksandr Abramov (Hg.), *Javlenie črezvyčajnoe: Kniga o Kolmogorove*, Moskau: FAZIS 1999, S. 73. Tichomirow merkt an, dass auch Iwan Winogradow, Nikolai Lusin und Pawel Alexandrow verhindern konnten, zu hochgeheimen Arbeiten herangezogen zu werden, meint aber, ihre Forschungsarbeit habe zu dieser Zeit wohl keine militärische Verwendung gefunden. Das lässt sich von Kolmogorows Arbeit nicht sagen.

6 Andrej Kolmogorov, »Vospominanija o P. S. Aleksandrove«, in: A. N. Kolmogorov, *Matematika v eë istoričeskom razvitii*, Moskau: LKI 2007, S. 141.

7 Zu den Nahrungsmittelspenden für die Bevölkerung im belagerten Leningrad, siehe: A. N. Širjaev (Hg.), *Ėtich strok begušččich tes'ma*, Moskau: Fizmatlit 2003, S. 332. Probleme, die sich in den gemeinsamen Wohnungen und Hotelunterkünften ergaben, tauchen in der in *Ėtich strok* veröffentlichten Korrespondenz immer wieder auf, vgl. etwa ebd., S. 80.

8 »Poslednee interview«, in: *Javlenie*, a.a.O., S. 205.

9 R. F. Matveev, »Vspominaja Kolmogorova …«, in: Al'bert Širjaev (Hg.), *Kolmogorov v vospominanijach učenikov*, Moskau: MCNMO 2006, S. 170.

10 M. Arato, »A. N. Kolmogorov v Vengrii«, in: *Kolmogorov v vospominanijach*, a.a.O., S. 31.

11 Alexander Abramow, im Gespräch mit der Autorin, Moskau, 5. Dezember 2007.

12 Gemeint sind Alexander Abramow und Wladimir Tichomirow.

13 »Avtobiografija Andreja Nikolajeviča Kolmogorova«, in: *Matematika*, a.a.O., S. 21.

14 ⟨http://www.dalton.org/philosophy/dalton_plan⟩, zuletzt besucht am 14. Februar 2013.

15 »Poslednee interview«, S. 186.

16 Vladimir Arnol'd, »Ob A. N. Kolmogorove,« in: *Kolmogorov v vospominanijach*, a.a.O., S. 40.

17 Kolmogorov, »Vospominanija«, a.a.O., S. 143.

18 Harry Oosterhuis, *Homosexuality and Male Bonding in Pre-Nazi Germany: The Youth Movement, the Gay Movement, and Male Bonding Before Hitler's Rise*, New York: Haworth Press 1991.

19 *Ėtich strok*, a.a.O., S. 63.

20 Ebd., S. 430.

21 A. V. Bulinskij, »Štrichi k portretu A. N. Kolmogorova«, in: *Kolmogorov v vospominanijach*, S. 114f.

22 Al'bert Širjaev (Hg.), *vukov serdca tichoe ėcho: Iz dnevnikov,* Moskau: Fizmatlit 2003, S. 110 f.
23 B. V. Gnedenko, »Učitel' i drug«, in: *Kolmogorov v vospominanijach*, a. a. O., S. 131. Kolmogorow war nicht der Erfinder des Wettbewerbs, der erste fand schon ein Jahr zuvor in Leningrad statt; er war aber maßgeblich an der Durchführung der Wettbewerbe auf nationaler Ebene beteiligt. Siehe N. B. Vasil'ev, »A. N. Kolmogorov i matematičeskie olimpiady«, in: *Javlenie*, a. a. O., S. 168.
24 »Istorija olimpiady«, ⟨http://phys.rusolymp.ru/default.asp?trID=118⟩, zuletzt besucht am 24. Januar 2008.
25 Mitteilung von Abramow, im Gespräch mit der Autorin.
26 Aleksandr Abramov, »O pedagogičeskom nasledii A. N. Kolmogorova«, in: *Javlenie*, a. a. O., S. 105.
27 A. A. Egorov, »A. N. Kolmogorov i kolmogorovskij internat«, in: *Javlenie*, a. a. O., S. 163.
28 Abramov, a. a. O., S. 107.
29 Egorov, a. a. O., 164.
30 Alexander Prochorow, im Gespräch mit der Autorin, Moskau, 8. Dezember 2007.
31 Abramov, a. a. O., S. 111.
32 Egorov, a. a. O., S. 165.
33 Gnedenko, a. a. O., S. 149.
34 L. A. Levin, »Kolmogorov glazami školnika i studenta«, *Kolmogorov v vospominanijach*, a. a. O., S. 167.
35 A. S. Monin, »Dorogi v Komarovku«, in: Levin, a. a. O., S. 182.
36 Aleksandr Abramov, *»O položenii s matematičeskim obrazovaniem v srednej škole« (1978-2003)*, Moskau: FAZIS 2003, S. 13.
37 Ebd., S. 40.
38 R. S. Čerkasov, »O naučno-metodičeskom vklade A. N. Kolmogorova«, in: *Javlenie*, a. a. O., S. 156.
39 David Klein, »A Brief History of American K-12 Mathematics Education in the 20th Century«, in: James Royer (Hg.), *Mathematical Cognition*, Greenwich: Information Age Publishing 2003, siehe den Preprint unter: ⟨http://www.csun.edu/~vcmthoom/AHistory.html⟩, zuletzt besucht am 14. Februar 2013; Patrick Suppes und Shirley Hill, »Set Theory in the Primary Grades«, in: *New York State Mathematics Teachers' Journal* 13 (1963), S. 46-53.
40 Siehe Klein, a. a. O., S. 183.
41 Abramov, a. a. O., S. 54; Abramow, im Gespräch mit der Autorin.
42 Prochorow, im Gespräch mit der Autorin.
43 Abramov, a. a. O., S. 48.
44 Egorov, a. a. O., S. 166.

45 Leonid Aškinazi, »Škola kak fenomen kul'tury«, in: *Chimija i žizn'* 1 (1991), S. 16.

46 Michail Iwanow, Direktor des mathematisch-naturwissenschaftlichen Gymnasiums und ehemaliger Lehrer an der Schule Nr. 239, im Gespräch mit der Autorin, St. Petersburg, 23. Oktober 2007.

47 Tamara Jefimowa, Direktorin der Schule Nr. 239, im Gespräch mit der Autorin, St. Petersburg, 17. Oktober 2007.

48 Tatjana Hein, Bildungsaktivistin und ehemalige Schülerin der Leningrader Schule Nr. 317, im Gespräch mit Katerina Belenkina, Moskau, April 2007.

49 Aleksandr Krauz, »Zapiski o vtoroy shkole«, ⟨http://ilib.mccme.ru/2/07-krauz.htm⟩, zuletzt besucht am 14. Februar 2013.

50 Aškinazi, a. a. O.

51 Boris Lewit, im Gespräch mit Katerina Belenkina, April 2007.

52 Arkadi Zurkow, israelischer Mathematiker und früherer sowjetischer Dissident, im Gespräch mit Katerina Belenkina, April 2007.

53 Iwanow, im Gespräch mit der Autorin.

54 Michkhail Berg, »Tridctsat' let spustjya«, ⟨http://litpromzona.narod.ru/berg/30let.html⟩, zuletzt besucht am 14. Februar 2013.

55 Wiktor Kistlerow, Moskauer Computerwissenschaftler, im Gespräch mit Katerina Belenkina, April 2007.

56 Jefimowa, im Gespräch mit der Autorin.

57 Arnold in: *Kolmogorov v vospominanijach*, S. 37; Abramow, im Gespräch mit der Autorin.

58 Arnold in: *Kolmogorov v vospominanijach*, S. 45.

59 Prochorow, im Gespräch mit der Autorin.

60 »Poslednee interview«, in: *Javlenie*, a. a. O., S. 191.

61 Viktoria Sudakowa, in einem Telefongespräch mit der Autorin, Jerusalem, 31. Dezember 2007.

62 Jefimowa, Rukschin, Iwanow, im Gespräch mit der Autorin.

63 Waleri Ryschik, im Gespräch mit der Autorin, St. Petersburg, 28. Februar 2008. Die biografische Information stammt von einer Website, die der Erinnerung an die Lehrer und ehemaligen Schüler der Schule Nr. 239 gewidmet ist. ⟨http://club.sch239.spb.ru:8001/club/htdocs/teach_page/ryzhik/⟩, zuletzt besucht am 23. März 2008.

64 Natalija Alexandrowna Konstantinowa, Erinnerungen, ⟨http://club.sch239.spb.ru:8001/club/htdocs/teach_page/ryzhik/words.shtml⟩, zuletzt besucht am 23. März 2008.

65 Golowanow, im Gespräch mit der Autorin.

66 Jonah Lehrer, *How We Decide*, Boston: Houghton Mifflin Harcourt 2009, S. 44.

67 Sergei Rukschin, im Gespräch mit der Autorin, St. Petersburg, 17. und 23. Oktober 2007 und 13. Februar 2008.
68 Ryschik, im Gespräch mit der Autorin. Jelena Wereschtschagina, eine ehemalige Klassenkameradin von Perelman, im Gespräch mit der Autorin, St. Petersburg, 13. Februar 2008.
69 Siehe zum Beispiel ‹http://scholar-vit.livejournal.com/159422.html?thread=5221566#t15221566›, zuletzt besucht am 14. Februar 2013.
70 Ryschik, Jefimowa und Wereschtschagina, im Gespräch mit der Autorin.
71 Golowanow, im Gespräch mit der Autorin.
72 Jefimowa, Golowanow und Rukschin, im Gespräch mit der Autorin.
73 Wereschtschagina, im Gespräch mit der Autorin.
74 Erinnerungen von Alexander Kolotow, Abitursjahrgang 1970, ‹http://club.sch239.spb.ru:8001/club/HTDOCS/teach_page/ostrovsk/alternative.shtml›, zuletzt besucht am 23. März 2008.
75 Wereschtschagina, im Gespräch mit der Autorin.
76 Rukschin, im Gespräch mit der Autorin.

4. Eine perfekte Punktzahl

1 Waleri Ryschik, im Gespräch mit der Autorin, St. Petersburg, 28. Februar 2008; Alexander Golowanow, Gespräch mit der Autorin, St. Petersburg, 18. und 23. Oktober 2008.
2 G. F. Krivošeev (Hg.), *Rossija i SSSR v vojnach XX veka*, Website von Zabytyj Polk, ‹http://www.polk.ru/pl/afg1.php›, zuletzt besucht am 27. März 2008.
3 1979 ging der erste Platz an Alexander Lewin und Grigori Perelman, der zweite Platz an Boris Sudakow und Nikolai Schubin. Alle vier waren Mitglieder von Rukschins Matheclub. Alterman (sein Vorname ist unbekannt) und Wadim Zemechman, die im Vorjahr den ersten und zweiten Platz erreicht hatten, wurden lobend erwähnt. Dmitri Fomin, Historiker der St. Petersburger/Leningrader Mathematik-Olympiaden, in einer E-Mail an die Autorin, 14. und 15. März 2008.
4 Vgl. ‹http://www.mathcenter.spb.ru/history/fomin.html›, zuletzt besucht am 14. Februar 2013.
5 Fomin, in einer E-Mail an die Autorin, 14. März 2008.
6 Alexander Abramow, im Gespräch mit der Autorin, Moskau, 5. Dezember 2007.
7 Sergei Rukschin, im Gespräch mit der Autorin, St. Petersburg, 17. und 23. Oktober 2007 und 13. Februar 2008; Golowanow, im Gespräch mit der Autorin.

8 Fomin, »Istoricheskiy ocherk«, a. a. O.
9 Rukschin, im Gespräch mit der Autorin.
10 Simon Singh, *Fermat's Enigma: The Epic Quest to Solve the World's Greatest Mathematical Problem*, New York: Anchor 1998 (dt.: *Fermats letzter Satz: Die abenteuerliche Geschichte eines mathematischen Rätsels*, München: DTV 2000).
11 Jelena Wereschtschagina, im Gespräch mit der Autorin, St. Petersburg, 13. Februar 2008.
12 Alexander Spiwak, sowjetisches Teammitglied bei der IMO 1982 und später Mathematiklehrer, im Gespräch mit der Autorin, Moskau, 7. Februar 2008.
13 Sergei Samborski, Mitglied des sowjetischen Reserveteams bei der IMO 1982, später Computerwissenschaftler, im Gespräch mit der Autorin, Moskau, 14. Februar 2008.
14 ⟨http://russian-sport.narod.ru/files/norms_gto.html⟩, zuletzt besucht am 1. April 2008.
15 Jefimowa, im Gespräch mit der Autorin.
16 Abramow und Spiwak, im Gespräch mit der Autorin.
17 Abramow, im Gespräch mit der Autorin.
18 Siehe die offizielle Website der IMO, ⟨http://www.imo-official.org/year_country_r.aspx?year=1981⟩, zuletzt besucht am 14. Februar 2013.
19 ⟨http://www.math.kit.edu/iag1/~grinberg/de⟩, zuletzt besucht am 14. Februar 2013.
20 ⟨http://www.imo-official.org/participant_r.aspx?id=7901⟩, zuletzt besucht am 14. Februar 2013.
21 ⟨http://www.mathlinks.ro/Forum/viewtopic.php?t=101785⟩, zuletzt besucht am 14. Februar 2013.
22 Siehe ⟨http://www.imo-official.org/year_country_r.aspx?year=1978⟩, zuletzt besucht am 14. Februar 2013. Die Information über die Gerüchte stammt aus meinem Gespräch mit Rukschin.
23 Abramow, Sawin und Spiwak, im Gespräch mit der Autorin.
24 Abramow, Sawin und Spiwak, im Gespräch mit der Autorin.
25 Abramow und Spiwak, im Gespräch mit der Autorin.
26 Siehe ⟨http://imo-official.org/participant_r.aspx?id=10481⟩, zuletzt besucht am 14. Februar 2013.

5. Regeln für den Erwachsenen

1 Alexander Golowanow, im Gespräch mit der Autorin, St. Petersburg, 18. und 23. Oktober 2008, Mechmet Muslimow, im Gespräch mit

der Autorin, St. Petersburg, 27. Februar 2008. (In seiner Studenten- und Matheclubzeit hieß Muslimow Aleksei Pawlow, später trat er zum Islam über, nahm den neuen Namen an und wurde Sprachwissenschaftler.)

2 Siehe ⟨http://naukograd-peterhof.ru/peterhof/history⟩, zuletzt besucht am 14. Februar 2013.

3 Muslimow, im Gespräch mit der Autorin.

4 Golowanow, im Gespräch mit der Autorin.

5 Wiktor Salgaller, im Gespräch mit der Autorin, Rehovot, Israel, 16. März 2008.

6 Michail Ivanov (Hg.), *Sbornik vospominanij o 239 škole*, unveröffentlichtes Manuskript.

7 Biografie von A. D. Alexandrow unter ⟨http://www.univer.omsk.su/LGS/#S2⟩, zuletzt besucht am 14. Februar 2013.

8 O. A. Ladyženskaja, »Očerk o žizni i dejatel'nosti A. D. Aleksandrova«, in: G. M. Idlis, O. A. Ladyženskaja (Hg.), *Akademik Aleksandr Danilovič Aleksandrov. Vospominanija, publikacii, materialy*, Moskau: Nauka 2002, S. 7.

9 A. M. Veršik, »A. D., kakim ja ego znal«, ⟨http://www.pdmi.ras.ru/~vershik/B22.pdf⟩, zuletzt besucht am 14. Februar 2013.

10 Idlis, Ladyženskaja, a. a. O., S. 8 ff.

11 Ebd., S. 74

12 Veršik, a. a. O.

13 Idlis, Ladyženskaja, a. a. O.

14 Veršik, a. a. O.

15 Ebd.

16 Lev Pontrjagin, *Žizneopisanie L'va Semënoviča Pontrjagina, matematika, sostavlennoe im samim*, Moskau: Komkniga 2006, S. 113.

17 Ladyženskaja, »Bor'ba«, S. 75 f.

18 Mathematics Genealogy Project, ⟨http://www.genealogy.math.ndsu.nodak.edu/id.php?id=42580⟩, zuletzt besucht am 14. Februar 2013.

19 Salgaller, im Gespräch mit der Autorin; Jeff Cheeger, Professor an der New York University, im Gespräch mit der Autorin, New York, 1. April 2008.

20 V. A. Zalgaller, »Vospominanija ob A. D. Aleksandrove i ego leningradskom geometričeskom seminare«, in: Idlis, Ladyženskaja, a. a. O., S. 16.

21 A. V. Kuz'minych »Pamjati učitelja«, a. a. O., S. 120.

22 M. A. Rozov, »Lev v kresle«, a. a. O., S. 155.

23 J. G. Rešetnjak, »Vospominanija o našem učitele: A. D. Aleksandrov i ego geometričeskaja škola«, a. a. O., S. 40.

24 O. M. Koševeva, »My otvetstvenny za vsë«, a. a. O., S. 125 f.

25 Zit. nach: ebd., S. 126.

26 Siehe Nazarows Hochschulseite unter ⟨http://www.kent.edu/math/people/~fnazarov/⟩, zuletzt besucht am 14. Februar 2013.

27 Siehe Bogomolnajas Hochschulseite unter ⟨http://economics.rice.edu/~annab/⟩, zuletzt besucht am 14. Februar 2013.

28 ⟨https://web-ast.dsi.cnrs.fr/l3c/owa/personnel.frame_infos?p_etat=pe&p_numero_sel=732699&p_i=0&p_nb_res=0&p_numero=0⟩, zuletzt besucht am 14. Februar 2013.

29 Siehe dazu das Kapitel 10; Anm. d. Übers.

30 Rukschin, im Gespräch mit der Autorin.

31 Siehe Kochas' Hochschulseite unter ⟨http://www.math.spbu.ru/analysis/members/kohas/index.html⟩, zuletzt besucht am 14. Februar 2013.

32 *The Peter Principle: Why Things Always Go Wrong*, New York: William Morrow and Company 1969, S. 46 (dt.: *Das Peter-Prinzip oder die Hierarchie der Unfähigen*, Reinbek bei Hamburg: Rowohlt 2009, S. 27, 46).

33 Anna Bogomolnaja, im Telefongespräch mit der Autorin, 18. April 2008.

6. Schutzengel

1 *Chronika tekušich sobytij* 51, 1. Dezember 1978, ⟨http://www.memo.ru/history/DISS/chr/XTC51-60.htm⟩, zuletzt besucht am 14. Februar 2013, zit. nach G. A. Freiman, *It Seems I Am a Jew. A Samizdat Essay*, übers. und hg. von Melvyn B. Nathanson, Carbondale: Southern Illinois University Press 1980, S. 87.

2 Wiktor Salgaller, im Gespräch mit der Autorin, Rehovot, Israel, 16. März 2008.

3 Aleksei Werner und Waleri Ryschik, im Gespräch mit der Autorin, St. Petersburg, 27. Februar 2008.

4 Mathematics Genealogy Project, ⟨http://www.genealogy.math.ndsu.nodak.edu/id.php?id=14999⟩, zuletzt besucht am 14. Februar 2013.

5 Ol'ga Orlova, »Počemu učënye prodolžajut uezžat' iz Rossii«, ein Gespräch mit Anatoli Werschik, ⟨http://www.svobodanews.ru/Article/2007/11/22/20071122161321910.html⟩, zuletzt besucht am 14. Februar 2013.

6 ⟨http://www.ihp.fr/fr/presentation/institut⟩, zuletzt besucht am 14. Februar 2013.

7 Michail Gromow, im Gespräch mit der Autorin, Paris, 24. Juni 2008.

8 Siehe ⟨http://www.math.duke.edu/conferences/geomfest97/PreviousSpeakers.html⟩, zuletzt besucht am 14. Februar 2013.

9 G. Perelman, Y. Burago, M. Gromov, »Aleksandrov Spaces with Curvatures Bounded Below«, in: *Russian Math Surveys* 47, Nr. 2 (1992), S. 1-58.

10 Jeff Cheeger, Professor an der New York University, im Gespräch mit der Autorin, New York, 1. April 2008.

11 Jean-Michel Kantor, Mathematiker am Institut Mathématique à Jussieu, Université de Paris, im Gespräch mit der Autorin.

7. Nach Amerika. Und zurück nach Russland

1 Gang Tian, im Gespräch mit der Autorin, Princeton, NJ, 9. November 2007.

2 Siehe ⟨http://www.wisdom.weizmann.ac.il/alm_phd_name.shtml⟩, zuletzt besucht am 14. Februar 2013.

3 Andrei Minarski, im Gespräch mit der Autorin, St. Petersburg, 23. Oktober 2008.

4 Jeff Cheeger und Detlef Gromoll, »On the Structure of Complete Manifolds of Nonnegative Curvature«, in: *Annals of Mathematics* 96 (1972), S. 413-443.

5 Grigori Perelman, »Proof of the Soul Conjecture of Cheeger and Gromoll«, in: *Journal of Differential Geometry* 40 (1994), S. 209-212.

6 Rankings von *U.S. News & World Report*, ⟨http://grad-schools.usnews.rankingsandreviews.com/best-graduate-schools/top-science-schools/mathematics-rankings⟩, zuletzt besucht am 14. Februar 2013. Michael Anderson: Fakultätsseite ⟨http://www.math.sunysb.edu/~anderson⟩, zuletzt besucht am 14. Februar 2013; Michael Anderson, im Gespräch mit der Autorin, Stony Brook, NY, 8. November 2007.

7 G. Perelman, »Spaces with Curvature Bounded Below«, ⟨http://www.mathunion.org/ICM/ICM1994.1/Main/icm1994.1.0517.0525.ocr.pdf⟩, zuletzt besucht am 14. Februar 2013.

8 Zur Rednerliste siehe: ⟨http://www.mathunion.org/db/ICM/Speakers/SortedByCongress.php⟩, zuletzt besucht am 14. Februar 2013.

9 Richard Borcherds (1998), Gerd Fairings (1986), Maxim Konzewitsch (1998) und Jean-Christophe Yoccoz (1994).

10 Mitteilungen von zwei, auch an anderen Stellen in diesem Buch zitierten Mathematikern, die nicht namentlich genannt werden wollen.

11 Bruce Kleiner, im Gespräch mit der Autorin, New York, 9. April 2008.

12 Zur Miller Fellowship siehe ⟨http://millerinstitute.berkeley.edu/page.php?nav=11⟩, zuletzt besucht am 14. Februar 2013.

13 Zu Peter Sarnak siehe ⟨http://www.math.ias.edu/people/faculty/sar nak⟩, zuletzt besucht am 14. Februar 2013.
14 Peter Sarnak, E-Mail an die Autorin, 1. Juni 2008.
15 Jeff Cheeger, Professor an der New York University, im Gespräch mit der Autorin, New York, 1. April 2008; E-Mail von Sarnak.
16 Siehe ⟨http://www.6ecm.pl/en/history/past-ecm⟩ und ⟨http://www. euro-math-soc.eu/prizes.html⟩, zuletzt besucht am 14. Februar 2013.
17 Anatoli Werschik, im Gespräch mit der Autorin, St. Petersburg, 24. Mai 2008.
18 Bernhard Leeb, E-Mail an die Autorin, 7. Juli 2008.
19 Grigori Perelman, E-Mail an Michael Anderson, 28. Februar 2000.
20 Michael Anderson, E-Mail an Grigori Perelman, 29. Februar 2000.
21 Michael Anderson, E-Mail an Grigori Perelman, 2. März 2000.
22 Grigori Perelman, E-Mail an Michael Anderson, 20. März 2000.

8. Das Problem

1 Henri Poincaré, *La science et l'hypothèse*, Paris 1902 (dt.: *Wissenschaft und Hypothese*, Neuausgabe Berlin: Xenomos 2003, S. 8).
2 Donald O'Shea, *The Poincare Conjecture: In Search of the Shape of the Universe*, New York: Walker & Company 2007, S. 46 (dt.: *Poincarés Vermutung. Die Geschichte eines mathematischen Abenteuers*, Frankfurt am Main: Fischer 2007, S. 70 f.).
3 Euklid, *Die Elemente*, übersetzt und herausgegeben von Clemens Thaer, Frankfurt am Main: Harry Deutsch 2003, S. 1 ff. (I. Buch, »Definitionen, Postulate, Axiome«).
4 Zum Postulat 1 und seiner Interpretation siehe ⟨http://alepho.clar ku.edu/~djoyce/java/elements/bookI/post1.html⟩, zuletzt besucht am 14. Februar 2013.
5 Euklid, *Die Elemente*, a. a. O. Ein Sonderfall dieses Postulats ist es, wenn die beiden Winkel zusammen genau zwei rechte ergeben, dann nämlich schneiden sich die Geraden nicht – das Parallelenaxiom; Anm. d. Übers.
6 Bertrand Russell, *The Autobiography of Bertrand Russell I*, London: George Allen & Unwin 1967, S. 31 (dt.: *Autobiographie I, 1872-1914*, Frankfurt am Main: Suhrkamp 1972, S. 42). Auf diesen Text wurde ich hingewiesen durch eine Passage in William Dunham, *Journey Through Genius: The Great Theorems of Mathematics*, New York: Penguin 1990.
7 Richard Courant und Herbert Robbins, *What is Mathematics?*, a. a. O. (dt.: *Was ist Mathematik?*, a. a. O., S. 171).
8 Ebd., S. 172 ff.

9 George Szpiro *Poincarés Prize: The Hundred-Year Quest to Solve One of Math's Greatest Puzzles*, New York: Dutton 2007, S. 54 ff., J. J. O'Connor, E. F. Robertson, »A History of Topology«, ⟨http://www-groups.dcs.st-and.ac.uk/~history/HistTopics/Topology_in_mathematics.html⟩, zuletzt besucht am 14. Februar 2013.

10 Eine anschauliche Einführung zum Brückenproblem und seinen Folgen findet sich unter: ⟨http://www.matheprisma.uni-wuppertal.de/Module/Koenigsb/index.htm⟩, zuletzt besucht am 14. Februar 2013; Anm. d. Übers.

11 J. Stallings, »Polyhedral Homotopy Spheres«, in: *Bulletin of the American Mathematical Society* 66 (1960), S. 485-488.

12 Mathematics Genealogy Project, ⟨http://www.genealogy.math.ndsu.nodak.edu/id.php?id=452⟩, zuletzt besucht am 14. Februar 2013.

13 S. Smale, »Generalized Poincaré's Conjecture in Dimensions Greater than Four«, in: *Annals of Mathematics* 74 (1961), S. 391-406.

14 E. C. Zeeman, »The Poincaré Conjecture for $n \geq 5$«, in: M. K. Fort (Hg.), *Topology of 3-Manifolds and Related Topics*, Englewood Cliffs, NJ: Prentice Hall 1962.

15 A. Wallace, »Modifications and Cobounding Manifolds«, ⟨http://cms.math.ca/cjm/v12/cjm1960v12.0503-0528.pdf⟩, zuletzt besucht am 14. Februar 2013.

16 Ebd.

17 Stallings' Website, ⟨http://math.berkeley.edu/~stall/⟩, zuletzt besucht am 14. Februar 2013.

18 John R. Stallings, »How Not to Prove the Poincare Conjecture«, ⟨http://math.berkeley.edu/~stall/notPC.pdf⟩, zuletzt besucht am 14. Februar 2013.

19 M. H. Freedman, »The Topology of Four-Dimensional Manifolds«, in: *Journal of Differential Geometry* 17 (1982), S. 357-453.

20 Szpiro, a. a. O., S. 169 ff.

21 John Morgan, im Gespräch mit der Autorin, New York, 6. November 2007.

9. Der Beweis taucht auf

1 Grigori Perelman, E-Mail an Michael Anderson, 20. November 2002.

2 Ebd., 31. März 2003.

3 In der Fußnote hieß es unter anderem: »Ich lebte zum Teil von Ersparnissen, die mir von meinen Aufenthalten am Courant Institute im Herbst 1992, an der SUNY in Stony Brook im Frühjahr 1993 und als

Miller Fellow an der University of California at Berkeley in den Jahren 1993-95 geblieben waren. Ich möchte allen danken, die mir diese Möglichkeiten geboten haben.« Grisha Perelman, »The Entropy Formula for Ricci Flow and Its Geometric Applications«, ⟨http://arxiv.org/pdf/math/0211159v1.pdf⟩, zuletzt besucht am 14. Februar 2013.

4 Grigori Perelman, »Ricci Flow with Surgery on Three-Manifolds«, ⟨http://arxiv.org/pdf/math/0303109v1.pdf⟩, zuletzt besucht am 14. Februar 2013.

5 Sara Robinson, »Russian Reports He Has Solved a Celebrated Math Problem«, in: *New York Times* (15. April 2003), ⟨http://www.nytimes.com/2003/04/15/science/russian-reports-he-has-solved-a-celebrated-math-problem.html⟩, zuletzt besucht am 14. Februar 2013.

6 Michail Gromow, im Gespräch mit der Autorin, Paris, 24. Juni 2008.

7 Grigori Perelman, E-Mail an Michael Anderson, 2. April 2003.

8 Nikolai Mnjow, Mathematiker, im Gespräch mit der Autorin, St. Petersburg, 22. April 2008.

9 Alexander Golowanow, im Gespräch mit der Autorin, St. Petersburg, 18. und 23. Oktober 2008.

10 Gespräch mit Gromow; Wiktor Salgaller, im Gespräch mit der Autorin, Rehovot, Israel, 16. März 2008; Yuri Burago, im Telefongespräch mit der Autorin, 26. Februar 2008.

11 Grigori Perelman, E-Mail an Michael Anderson, 31. März 2003.

12 Nach einem Gespräch mit Anderson.

13 George Johnson, »The Nation: A Mathematician's World of Doughnuts and Spheres«, in: *New York Times* (20. April 2003), ⟨http://www.nytimes.com/2003/04/20/weekinreview/the-nation-a-mathematician-s-world-of-doughnuts-and-spheres.html⟩, zuletzt besucht am 14. Februar 2013.

14 Grigori Perelman, Telefongespräch mit Abramow im Jahr 2007, in dem Perelman zu diesem sagte, dies sei einer seiner Grundsätze.

15 Andrei Minarski, im Gespräch mit der Autorin, St. Petersburg, 23. Oktober 2008.

16 Grisha Perelman, »Finite Extinction Times for the Solutions to the Ricci Flow on Certain 3-Manifolds«, ⟨http://arxiv.org/pdf/math/0307245v1.pdf⟩, zuletzt besucht am 14. Februar 2013.

17 Die Ergebnisse dieser Website stehen jetzt in arXiv, ⟨http://arxiv.org/pdf/math/0605667v4.pdf⟩, zuletzt besucht am 14. Februar 2013.

18 Allyn Jackson, »Conjectures No More? Consensus Forming on the Proof of the Poincare and Geometrization Conjectures«, in: *Notices of the AMS* 53, Nr. 8 (September 2006), S. 897-901.

1 Sylvia Nasar und David Gruber, »Manifold Destiny: A Legendary Problem and the Battle Over Who Solved It«, in: *New Yorker* (28. August 2006), ⟨http://www.newyorker.com/archive/2006/08/28/060828fa_fact2⟩, zuletzt besucht am 14. Februar 2013.

2 Sergei Rukschin, im Gespräch mit der Autorin, St. Petersburg, 17. und 23. Oktober 2007 sowie 13. Februar 2008.

3 Boris Sudakow, im Gespräch mit der Autorin, Jerusalem, 31. Dezember 2007.

4 V. E. Kogan, »Preodolenie: Nekontaktnyj rebënok v sem'e«, ⟨http://www.autism.ru/read.asp?id=29&vol=2000⟩, zuletzt besucht am 14. Februar 2013. Tony Attwood gibt in *The Complete Guide to Asperger's Syndrome*, London und Philadelphia: Jessica Kingsley Publishing 2007 (dt.: *Ein ganzes Leben mit dem Asperger-Syndrom. Von Kindheit bis Erwachsensein – alles, was weiterhilft*, 2. Aufl. Stuttgart 2012, S. 46) den Namen der Psychiaterin irrtümlich mit Ewa Sutscharewa an.

5 Attwood, a. a. O., S. 16.

6 Simon Baron-Cohen, Telefongespräch mit der Autorin, 18. Februar 2008.

7 Simon Baron-Cohen, *The Essential Difference. Men, Women and the Extreme Male Brain*, New York: Basic Books 2003 (dt.: *Frauen denken anders, Männer auch. Wie das Geschlecht ins Gehirn kommt*, München: Heyne 2009, vgl. S. 14 ff.).

8 Simon Baron-Cohen, Sally Wheelwright, Amy Burtenshaw, Esther Hobson, »Mathematical Talent Is Linked to Autism«, in: *Human Nature* 18, Nr. 2 (Juni 2007), S. 125-31.

9 Simon Baron-Cohen, Sally Wheelwright, Richard Skinner, Joanne Martin, Emma Clubley, »The Autism-Spectrum Quotient (AQ)«, in: *Journal of Autism and Developmental Disorders* 31 (2001), S. 5-17.

10 Lev Pontrjagin, *Žizneopisanie L'va Semënoviča Pontrjagina, matematika, sostavlennoe im samim*, Moskau: Komkniga 2006, S. 22.

11 Alexander Abramow, im Gespräch mit der Autorin, Moskau, 5. Dezember 2007.

12 Ebd.

13 Attwood, a. a. O., S. 143, definiert die Theory of Mind (ToM) als »Fähigkeit, Gedanken, Überzeugungen, Wünsche und Absichten anderer Menschen zu erkennen und zu verstehen, um deren Verhalten einschätzen und vorhersagen zu können, was diese als Nächstes tun werden. Fehlt diese Fähigkeit, kann man sich nur schwer in andere hineinversetzen. Ein synonymer Begriff ist Empathie«; Anm. d. Übers.

14 Simon Baron-Cohen, Alan M. Leslie, Uta Frith, »Does the Autistic Child Have a ›Theory of Mind‹?«, in: *Cognition* 21 (1985), S. 37-46.

15 Attwood, *Ein ganzes Leben mit dem Asperger-Syndrom*, a. a. O.

16 Ebd., S. 150.

17 »Esenin-Vol'pin Aleksandr Sergeevič«, in: *Novoe zerkalo chronosa*, ⟨http://www.hrono.ru/biograf/bio_we/volpin.html⟩, zuletzt besucht am 14. Februar 2013.

18 Michelle G. Winner, Gründerin und Leiterin des Center for Social Thinking in San José, CA, im Telefongespräch mit der Autorin, 1. Februar 2008.

19 Jelena Wereschtschagina, im Gespräch mit der Autorin, St. Petersburg, 13. Februar 2008.

20 Francesca Happe und Uta Frith, »The Weak Coherence Account: Detail-Focused Cognitive Style in Autism Spectrum Disorders«, in: *Journal of Autism and Developmental Disorders* 36 (Januar 2006), S. 5-25.

21 Henri Poincaré, *Wissenschaft und Methode*, a. a. O., S. 14 f.

22 Attwood, *Ein ganzes Leben mit Asperger*, a. a. O., S. 117.

23 John Elder Robison, *Look me in the Eye. My Life With Asperger's*, New York: Three Rivers Press 2007 (dt.: *Schau mich an! Mein Leben mit Asperger*, Köln: Fackelträger 2008).

24 Perelmans letzte Jahre am Steklow-Institut habe ich mir in erster Linie von Sergei Kisljakow, dem Direktor des Instituts, beschreiben lassen; Gespräch mit der Autorin, St. Petersburg, 21. April 2008.

25 Tamara Jakowlewna, Buchhalterin am Steklow, im Gespräch mit der Autorin, St. Petersburg, am 22. April 2008.

26 Huai-Dong Cao und Xi-Ping Zhu, »A Complete Proof of the Poincaré and Geometrization Conjectures – Application of the Hamilton-Perelman Theory of the Ricci Flow«, in: *Asian Journal of Mathematics* 10, Nr. 2 (Juni 2006), S. 165-492.

27 Dana Mackenzie, »Mathematics World Abuzz Over Possible Poincare Proof«, in: *Science*, 18 (April 2003).

28 Nasar, Gruber, a. a. O.

29 Nasar, Gruber, a. a. O.; George Szpiro, *Poincaré's Prize: The Hundred-Year Quest to Solve One of Math's Greatest Puzzles*, New York: Dutton 2007, S. 238.

30 Shing-Tung Yau, »Structure of Three-Manifolds – Poincaré and Geometrization Conjectures«, ⟨http://doctoryau.com/papers/yau_poincare.pdf⟩, zuletzt besucht am 14. Februar 2013. Veröffentlichungsdatum unter ⟨http: //www.mcm.ac.cn/Active/yau_new.pdf⟩, zuletzt besucht am 4. Oktober 2008.

31 Nachdem viel Kritik laut geworden war, gab Yau im Newsletter der

American Mathematical Society seinerseits eine Darstellung des Vorgangs. Er habe, schrieb er, den Artikel für eine Veröffentlichung in seiner Zeitschrift allein durchgesehen und gebilligt. Shing-Tung Yau, »The Proof of the Poincare Conjecture«, in: *Notices of the AMS*, April 2007, S. 472 f., ⟨http://www.ams.org/notices/200704/commentary-web.pdf⟩, zuletzt besucht am 14. Februar 2013.

32 Bruce Kleiner und John Lott, »Notes on Perelman's Papers«, a. a. O.

33 ⟨http://www.icm2006.org/dailynews/fields_perelman_info_en.pdf⟩, zuletzt besucht am 14. Februar 2013.

34 Sergei Gelfand, im Gespräch mit der Autorin, Providence, RI, 9. November 2007.

35 ⟨http://www.icm2006.org/dailynews/dailynews29.pdf⟩, zuletzt besucht am 14. Februar 2013.

36 ⟨http://www.doctoryau.com/9.18.06.pdf⟩, zuletzt besucht am 9. September 2008.

37 Jeff Cheeger, Professor an der New York University, im Gespräch mit der Autorin, New York, 1. April 2008.

38 International Congress of Mathematics 2006, feierliche Eröffnung, ⟨http://www.icm2006.org/proceedings/Vol_I/2.pdf⟩, zuletzt besucht am 14. Februar 2013.

39 John Lott, »The Work of Grigory Perelman«, Vortrag auf dem ICM 2006 ⟨http://www.icm2006.org/proceedings/Vol_I/6.pdf⟩, zuletzt besucht am 14. Februar 2013.

40 ICM 2006 schedule, ⟨http://icm2006.org/v_f/web_fr.php?PagIni=1pl⟩, zuletzt besucht am 14. Februar 2013.

41 ⟨http://icm2006.org/v_f/AbsDef/Invited/hamilton.pdf⟩, zuletzt besucht am 14. Februar 2013.

42 James Carlson, im Gespräch mit der Autorin, Boston, 27. August 2007.

43 ⟨http://www.cds.caltech.edu/~nair/pdfs/CaoZhu_plagiarism.pdf⟩, zuletzt besucht am 14. Februar 2013.

44 Denis Overby, »The Emperor of Math«, in: *New York Times* (17. Oktober 2006), ⟨http://www.nytimes.com/2006/10/17/science/17yau.html?ref=dennisoverbye&_r=0⟩, zuletzt besucht am 14. Februar 2013.

45 Huai-Dong Cao und Xi-Ping Zhu, »Hamilton-Perelman's Proof of the Poincare Conjecture and the Geometrization Conjecture«, ⟨http://arxiv.org/pdf/math/0612069v1.pdf⟩, zuletzt besucht am 14. Februar 2013.

46 »Rossijskij matematik razgadal zagadku, kotoraja mučaet učënych uže 100 let«, Wortlaut der Fernsehsendung, ⟨http://www.1tv.ru/owa/win/ort6_main.print_version?p_news_title_id=92602⟩, zuletzt besucht am 12. September 2008.

47 »Perel'man igraet v prjatki«, *MK v Pitere* (30. August 2006), ⟨http://www.mk-piter.ru/2006/08/31/022/⟩, zuletzt besucht am 12. September 2008.
48 Aleksandr Abramov, »Zagadki Perel'mana net«, in: *Moskovskie Novosti* (1. September 2006).
49 ⟨http://www.youtube.com/watch?v=jG-DGAdughs⟩, zuletzt besucht am 12. September 2008; das Video wurde inzwischen vom Nutzer entfernt; Anm. d. Übers.

11. Die Eine-Million-Dollar-Frage

1 James Carlson, in diversen Gesprächen mit der Autorin, unter anderem in Boston am 27. August 2007 und in St. Petersburg am 24. und 25. Mai 2008.
2 »International Conference in Honor of the 59th Birthday of Shing-Tung Yau!«, ⟨http://qjpam.henu.edu.cn/home.jsp⟩, zuletzt besucht am 5. Oktober 2008.
3 Diese Tagung wurde von Rotas Schülern organisiert. Sie wird in einem Nachruf auf Rota erwähnt. ⟨http://www.math.binghamton.edu/zaslav/Nytimes/+Science/+Math/+Obits/rota-mit-obit.html⟩, zuletzt besucht am 14. Februar 2013.
4 Anatoly Vershik, »What Is Good for Mathematics? Thoughts on the Clay Millennium Prizes«, in: *Notices of the AMS*, Januar 2007, ⟨http://www.ams.org/notices/200701/comm-vershik.pdf⟩, zuletzt besucht am 14. Februar 2013.